第2版

活力地球

陈颙　张尉　著

科学出版社
北　京

内 容 简 介

太阳系里只有一个地方愿意“收留”我们人类，那就是地球。地球是房东，我们是房客。

如果把46亿年的地球历史浓缩为一天，有文字记载的人类历史不过是这一天里短暂的最后几秒。作为“房东”，地球过去不知接待过多少“房客”，从古老的菌藻类到蕨类、裸子类、被子类植物，从无脊椎动物、两栖动物、爬行动物到哺乳类动物。

人类在地球“一天”的末尾出现后，创造出灿烂辉煌的文明，对地球产生了深远影响。与此同时，正值“中年”且充满活力的地球，也时刻影响着人类的生存与发展。地球与人类相互作用、彼此影响，关系错综复杂。

本书作为一部科普版的简易“地球百科全书”，将以独特视角深入剖析地球与人类的关系。书中涵盖多门学科知识，语言通俗易懂、生动活泼，兼具思想性、科学性和趣味性，适合青少年、社会公众以及科技人员阅读。

审图号：GS京（2025）0618号

图书在版编目（CIP）数据

活力地球 / 陈颙，张尉著. --2版. --北京：科学出版社，2025. 6.
--ISBN 978-7-03-081906-2

Ⅰ. P-49

中国国家版本馆CIP数据核字第2025S3X912号

责任编辑：韩　鹏　崔　妍 / 责任校对：何艳萍
责任印制：肖　兴 / 装帧设计：北京美光设计制版有限公司

科学出版社出版
北京东黄城根北街16号
邮政编码：100717
http://www.sciencep.com
北京汇瑞嘉合文化发展有限公司印刷
科学出版社发行　各地新华书店经销

*

2023年9月第　一　版　开本：720×1000　1/16
2025年6月第　二　版　印张：24 3/4
2025年9月第七次印刷　字数：380 000

定价：108.00元

序

陈颙院士与张尉的科普著作《活力地球》2023年首次出版，我就荣幸受邀为之作序。如今得知科学出版社即将推出《活力地球》第二版，我自然感到十分地惊喜，同时也在思考，究竟是什么因素激发了陈颙院士的饱满激情呢？难道是《活力地球》出版后不久便荣获2024年度文津图书奖以及入选首都科普好书，给了作者更多的信心和力量？在不到两年的时间内，作者就又对该书做了那么多的修改，可见用心之良苦，正印证了我曾经说过的一句大话，叫做“用做科研的精神来做科普”。无论如何，吃惊之余，我更感到由衷的敬佩。

该书是陈颙院士集其毕生所学的用心、倾心之作。贯穿全书的是当今地球科学研究领域广为推崇的“地球系统科学”的思想以及宜居地球的最新理念，能够将地球的不同圈层（大气圈、水圈、生物圈、岩石圈）及其相互作用关系，如此娓娓道来，没有深厚的知识积累和对地球演化的整体理解，是很难做到的。该书起名“活力地球”也非常传神，地球的活力来自地球内外的能量；没有能量，就没有地球上的各种物质之循环以及地球之神奇万物，包括我们人类自身；因此，没有活力，就谈不上宜居。该书正是从这一思路出发，逐一讲述人类面临的各种自然灾害现象。

陈颙院士在平常与我的闲聊中，也常常感叹：当今市场所见的科普书中，许多都不能免去“天下文章一大抄”之俗。诚然，许多东拼西凑来的东西，外表光亮，但因为缺少了作者自身的思考，而缺少了灵魂。于是，他下决心写作一本原创的科普书。然而，如何保障科学性与权威性，又同时兼顾通俗性呢？这是科学普及的永恒难题。为此，作者可谓煞费苦心，对于那些对普通读者来说比较生疏的专业词汇，作者想出了大量生动的比喻（其中大量的比喻我还是头一次听说）。从该书章节的名称开始，读者可以体会作者的良苦用心。譬如，将“地热能”比喻为“地下的太阳”，将“寒潮”比喻为“顶牛的风”。在该书的文字中，这样的案例比比皆是，例如，将“板块的边界”比喻为“岩石圈的裂隙”，将“地幔柱”比喻为“岩石圈的破洞”。

该书是一部常规意义上的高级科普，有较强的专业性，同时又因为涉及话题的广泛性，适合不同领域的读者阅读。然而，我更愿意将该书归入著名的科普作家卞毓麟先生提出的“元科普”的范畴。所谓元科普追求的不是畅销，而是权威和标杆，以及严谨的科学态度。

我与陈颙院士称得上是忘年之交。作为前辈，他为人刚正不阿，以身作则，提携后辈不遗余力；作为晚辈，在过去二十多年的交往中，我从他身上学到了不少宝贵的东西，特别是知识分子的独立精神。然而，属于天赋的东西，也不是一般人所能学的，譬如，他通常话语不多，说话也不快，但凡所言皆逻辑清晰，富有哲理与智慧，还自带特有的幽默感，彰显豁达之心。这个风格也体现在他的文字中，满满的干货，很少见到无用的空话和废话。

正如作者在书中所表达的一样，常识中的许多自然灾害如火山，其实也不完全都是有害无益的，从历史的教训中，人类需要学会的不仅仅是防患未然，更需要的是对大自然的敬畏之心，只有当我们学会了更好地与自然和谐共处，正如中国古人所倡导的“天人合一”，唯有如此，我们恐怕才能更好地理解什么是真正的“宜居地球”。因此，该书虽提及不少自然灾害，然而作者所要表达的更深层次的理念却是我们应当通过科学地认识自然，尊重自然，去寻找到更好的生存之道。

再版后的新书，给我耳目一新的感受。与第一版相比，有几点比较突出的印象，或者说有“几多”与“几少”：更多通俗的语言，更多有趣的故事，更多漂亮的图片，更多的整体思维（譬如，人地关系讲了更多的人，少了单纯的地），少了专业的词汇。此外，作者还与时俱进，拥抱新媒体，专门录制了配套视频，新书每章增加了二维码。

写序前，陈颙院士告诉我，这本书要“让读者看得懂，又看不懂”，我自然明白他的用意，看得懂自然是指通俗，看不懂指的是科学上还有许多未知，写书的目的如果能够引发读者更多的兴趣和思考，乃至质疑，岂不是更好。

写到最后，我突然想到陈颙院士年过八旬依然思维敏捷，还在坚持打网球，他的身体和精神的活力，岂不正与《活力地球》一书书名很契合。

周忠和

中国科学院院士

中国科普作家协会名誉理事长

前言

身为人类，我们无疑是幸运的，因为我们拥有一位无比慷慨的“房东”——地球。在太阳系中，唯有地球同时具备岩石圈、大气圈、水圈和生物圈。若没有这些圈层，地球断然无法成为我们宜居的家园。因此，本书开篇便从地球的圈层结构开始讲起。

地球的各圈层无时无刻不在发生变化，驱动这些变化的能量主要源自两个“太阳”：一个是高悬天际的太阳，为地球带来光与热；另一个则是深藏地下的“太阳”——地热能。两个“太阳”的能量之巨大，时间之长久，无论我们如何想象，都不为过。正是它们赋予了地球源源不断的活力。

我们寄居于地球之上，是地球的“房客”，因此有责任去了解地球的组成、环境以及漫长的历史等基本情况。许多人从不同学科的专业角度研究地球的各个方面，逐渐形成了地球物理学、地质学、地理学、气象学、海洋学、生态学等地球科学多个分支。

我们期望跳出学科的固有框架，运用通俗易懂的语言和生活中常见的实例，向公众介绍大家所关心的地球。地球是一个由多种物理、化学和生物过程相互交织构成的复杂系统，从岩石的形成、大气和海洋的运动，到生物多样性的产生，地球的各个圈层紧密相连，相互影响。例如，气候变化不仅会对大气产生影响，还会波及生态系统，进而影响人类社会。所以，只有将地球视作一个有机整体去认识，才能深刻理解地球系统与人们生活之间千丝万缕的关系。

本书着重介绍人地关系，通过讲述地球各圈层与人类之间的趣味故事来展开。这些故事启示我们，地球科学的众多理论和假说，皆源于人们对大自然的好奇。然而，这些理论和假说并非尽善尽美，存在诸多有待探索之处，需要我们对传统认知持有怀疑态度，并不断追问。我们期待能有更多年轻人去思考这些关乎地球未来的重大问题。

承蒙广大读者的厚爱，前作出版后不久便荣获第十九届文津图书奖，许多朋友还分享了读后感，这让我们备受鼓舞。但我们也清醒地认识到，写书如同做科学研究，是一个永无止境的发展过程。随着认知水平的提高，我们希望在内容架构、版式设计和图文搭配上进行优化，让本书更具活力与可读性。于是，便有了此次的修订版。我们衷心希望这次的努力能够得到大家的认可，也期待通过讲述地球过往的故事，启发读者对地球的现在和未来展开更多思考。

书中部分图片和插图来源于美国国家航空航天局（NASA）、美国地质调查局（USGS）以及 Pixabay、Pexels、Unsplash 等图片网站，在书中均已注明出处，部分图片来自视觉中国。但仍有部分图片，因种种原因，我们无法找到原作者，或难以与原作者取得联系，在书中我们已尽量给出间接出处。在此，我们向这些作者致以诚挚的歉意，希望能得到他们的谅解与支持。

陈颙　张尉

2024年10月24日

目录

第七章　活力水圈：海中海啸、陆地受灾

第八章　活力生物圈：生物碳循环、地质年代表、人类世

第九章　滑坡和泥石流

第十章　近地空间

第十一章　宜居地球和地球系统

第一章 地球和我们

——房东和房客

据我们现在所知，太阳系里只有一个地方愿意收留我们人类，那就是地球。地球是房东，我们是房客。虽然房本上的“建筑面积”很大，但真正能用的“套内面积”不大，其他地方不是水太多或岩石太多，就是太热或太冷，让我们无法居住。

如果你就此觉得这个房东小气，那也有点苛刻了。只要看一眼烤炉似的金星，或者冰窖似的火星，就能感觉到房东还是挺宅心仁厚的——她至少收留了我们。没有这个房东，我们恐怕要在茫茫宇宙里漂泊，寻找栖息之所呢。房东，至少为我们提供了一处相当不错的家园，一个充满活力的寄居场所。

院士导读

作为新来的房客，我们首先要了解房东的脾气，了解她给我们提供的各种生活条件和设施，认识地球的来龙去脉，有利于我们生活得更舒适，使地球更宜居。

在太阳系的地盘，谁的体积大，谁就是老大。太阳占了整个太阳系 99.86% 的质量，显然是老大。太阳是恒星，而恒星有个规律，就是越大燃烧得就越快（能量和质量的关系：$E=mc^2$）。假如太阳的体积是现在的 10 倍，它就会在 1000 万年（而不是 100 亿年）后消耗干净。幸好，老大的体积不是太大，未来还可以活很久。太阳长寿，地球也沾光。

地球离太阳不远也不近，近地面全年平均温度为 15℃。因为温度适宜，地球上浩瀚的海洋，长期以液体形态保存下来，既不沸腾成气体，

● 太阳系行星分布图。在太阳系中的行星，距离太阳从近到远分别为：水星（Mercury）、金星（Venus）、地球（Earth）、火星（Mars）、木星（Jupiter）、土星（Saturn）、天王星（Uranus）、海王星（Neptune）。只有地球，处在得天独厚的距离范围内：离太阳不远不近，温度不高也不低，是一颗适合人类居住的星球（图源：NASA）

也不冷凝成冰块。

地球是唯一拥有含 21% 氧气的大气层的行星，这个浓度正好，太多太少，都会带来很大的麻烦。

地球具有板块构造。板块构造可以不停地更新地面，使地面发生褶皱，山脉开始顶立，要是地面没有起伏很平坦，那么地球上到处都会被 3 km 深的水覆盖。没了陆地，也就没有人类的生活空间。板块构造是地球能量的传送带，它把构成生命基础的营养物质等送进地球内部，然后返回地表，如此循环往复。

地球是一个具有圈层结构的星球，最外边是大气圈，向下是水圈、生物圈和岩石圈。

● 从外太空看到的地球。苏东坡说，不识庐山真面目，只缘身在此山中。我们要了解地球的全貌，最好离开地球看地球。如果从外太空看地球，地球全貌一览无余：白色的是厚厚的大气（大气圈），蓝色的是海洋（水圈的代表），褐色的是大陆岩石（岩石圈的代表），绿色的是被植被覆盖的陆地（生物圈的代表）。地球是太阳系中一颗非常独特的星球

大气圈——大气运动

友好的组分

有的星球，没有大气；有的星球，虽然充满了大气，但配方不对，如金星，二氧化碳就占了大气的 96.5%，这导致了温室效应，是一个失控的火炉。地球是唯一拥有含 21% 氧气大气层的行星，这是适合进化后的人类生存的浓度。

大气组分包括了许多“世界之最”，氮是大气中含量最多的元素，氧是生物离不开的元素，甲烷则是世界上最简单的有机化合物。

地球的空气组分对人类生存来说非常重要，来看两个例子：

第一，空气中的二氧化碳、甲烷等，因为能产生温室效应而被叫做温室气体，它们的作用是使地球表面变得更暖。目前全世界都在关心全球变暖问题，怕问题太严重了，于是致力于减少二氧化碳的排放。

但如果空气中温室气体含量太少了的话，对人类来说同样不好，因为太少的温室气体会带来漫长的严寒。24 亿年前，空气中甲烷、二氧化

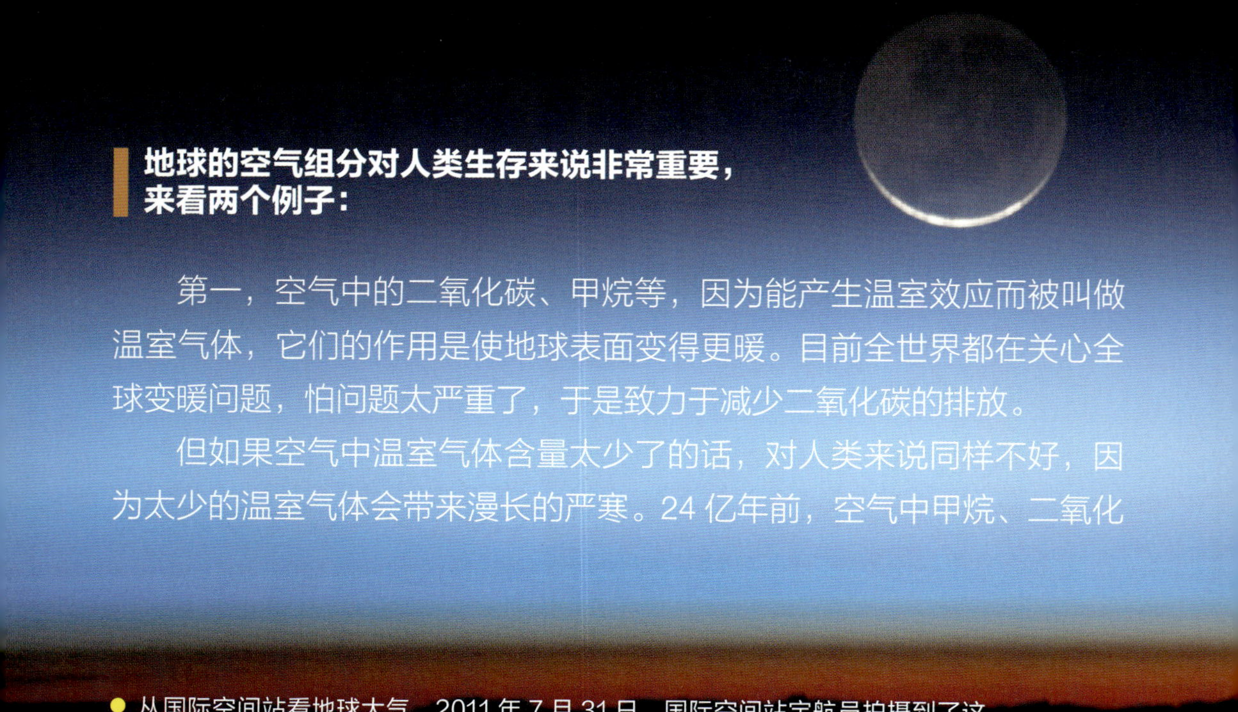

从国际空间站看地球大气。2011 年 7 月 31 日，国际空间站宇航员拍摄到了这张照片，照片展示了地球大气层的对流层（橙红色）、平流层及更高层，因为大气对蓝光的散射最强，可以看到地面以上的大气层是蓝色的，但当太阳处于较低的位置，太阳光走过的大气路径更长，此时红色和橙色光能够更好地透过大气层（图源：NASA）

碳浓度明显降低，温室效应被破坏，全球温度下降到 −50℃。地球进入冰河期，变得十分寒冷，赤道海洋被大约 1.6 km 厚的冰层覆盖，大量生物死亡，只有转入地下或在热温泉中的生物才得以生存下来。这就是地球历史上的“雪球地球”事件。

第二，空气中氧气的比例合适，是人类生存的关键要素。2024 年 6 月 15 日，河南省叶县一辆轻厢式冷藏货车违规载人，车厢密封，与外界空气隔绝。车辆行驶约半小时后，司机发现车厢内的 8 人缺氧窒息昏迷，经医院紧急抢救后，8 人仍不幸遇难。

● 地球和金星的大气组分对比

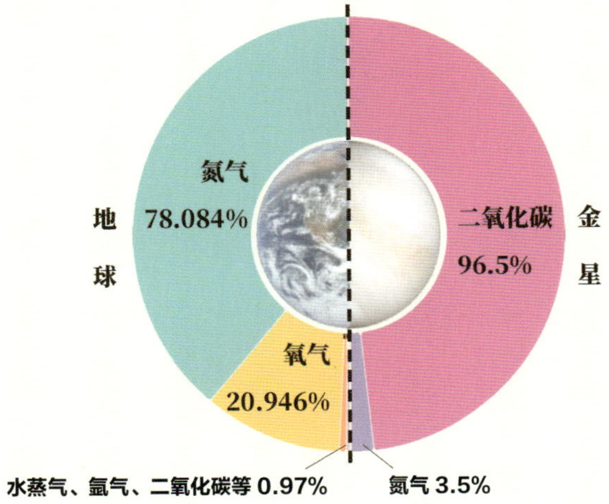

古元古代早期约 24 亿年前，大氧化事件初期随着大气氧气含量增加，温室气体甲烷骤减，引发地球显著降温。两极冰盖不断向低纬度地区扩张，并增强太阳光反射而加剧全球降温，最终触发了可能的第一次“雪球地球”状态，也即著名的休伦冰期。此后在新元古代后期约 7.2–6.35 亿年前，地球又经历了两次更典型的“雪球地球”事件，冰盖甚至延伸至赤道。“雪球地球”假说在科学界还有争议，但是二氧化碳等温室气体含量是调控地球表层温度的关键因素，这点大家都是同意的。（图源：https://www.science.org/content/article/life-may-have-survived-far-north-equator-during-snowball-earth [2025-05-20]）

缺氧会窒息，但是，过高浓度的氧气，也会产生后果严重的“氧气中毒”。如果吸氧时氧气浓度超过 50%，病人也会很快死亡。森林中氧气浓度超过 30%，森林大火就很难扑灭。

读到这里，我们是不是应该感谢一下我们的地球房东呢？她为我们提供了浓度正好的氧气。医学专家的建议：早上屋内开窗换气，更新一下屋子里的含氧量，可见是个好主意。

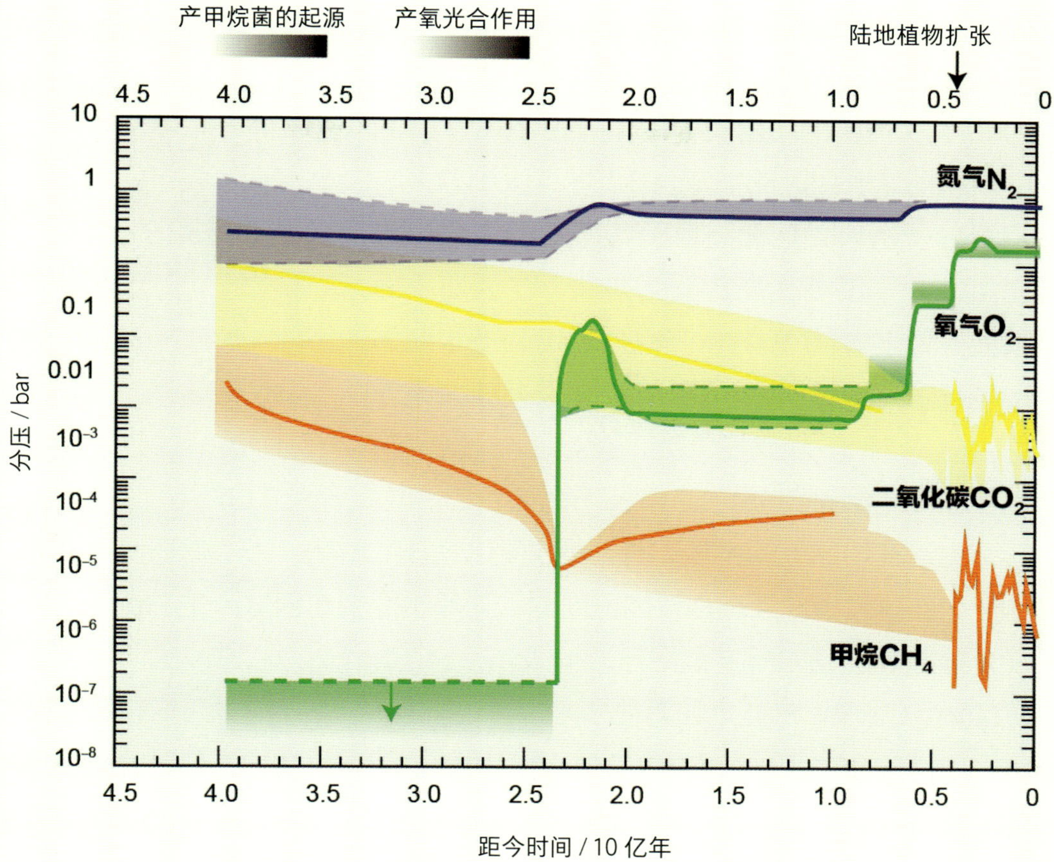

● 大气中氮气、氧气、二氧化碳、甲烷含量演化历程中，产甲烷生物、产氧光合作用生物的出现以及陆地植物扩张等生物演化事件对大气具有重要影响。早期的大气富含二氧化碳，生命形式都是产甲烷菌，加剧了气候变暖。40 亿年前，蓝细菌发展出了利用太阳能作为能量来源的能力，它们可以在太阳照耀到的任何地方生存而不必依赖火山热液或其他化学能量来源，直到 24 亿年前，氧气才开始在地球累积，并促使生物进化出了细胞核，产生了真核生物

气压和气温

受万有引力的吸引，地球的大气在地面最稠密，越往外越稀薄。虽然地球大气圈没有明显的外边界，但从宇宙空间返回的飞行器进入离地球表面 100 km 的范围时，还是能明显地感觉到地球大气圈的影响，于

是人们将离地面 100 km 的地方看成是地球大气与外界空间的边界，称为卡门（Karman）线，约 99%大气圈的质量集中在卡门线之内。

距地球表面近的地方，由于地球吸引力大，空气分子密集，地面温度高，产生的大气压力就大，大气温度就高，反之亦然。在近海平面附近，每上升约 100 m，气压降 10 hPa［约为 0.01 个大气压，是作用在单位面积上的大气压力，一个标准大气压（atm 或 bar）=760 mm 水银柱高（mmHg）= 0.1 MPa（兆帕）］，温度下降 0.65℃。

从地面温度 15 ℃的山下登顶泰山（1532.7 m），山顶的温度和气压是多少？

生活在地球上的生物无时无刻不受到气压的影响。人的血压就是一个例子。血压是指血液在血管内流动时，对单位面积血管壁产生的侧压。人在低处血压的正常标准是高压 0.18 atm（140 mmHg，心脏收缩），低压 0.12 atm（90 mmHg，心脏舒张）。血是人体供氧的关键物质，人在登山时，因为气压的变化会导致血压变化，进而导致供氧不足，这是部分人感到不适的原因之一。

不同海拔高度的温度和气压

海拔（例）/ m	温度 / ℃	气压 / hPa（atm）
0（海平面）	15.0	1013（1.00）
800（太原）	9.8	921（0.91）
1050（呼和浩特）	8.2	893（0.88）
1520（兰州）	5.1	843（0.83）
2261（西宁）	0.3	770（0.76）
3061（五台山）	−4.9	696（0.69）
3650（拉萨）	−8.7	645（0.64）
8848.86（珠穆朗玛峰）	−20～−40	315（0.31）

苏轼在《水调歌头 · 明月几时有》里说，高处不胜寒——越高的地方越冷。但是，1899 年法国气象学家莱昂 · 德波尔却发现在地球表面上空大约 10 km 的地方，气温不再随着海拔的升高而下降，德波尔发现的是大气的一个重要分界面，即对流层顶。

气象学家根据各种高度大气的不同特点（如温度、成分及电离程度等），从地面开始，把大气圈依次细分为对流层、平流层、中间层等。接近地球表面的一层大气，空气的移动是以上升气流和下降气流为主的对流运动，被称为“对流层”。因为受到太阳辐射、地形、纬度等各种要素差异的影响，对流层的厚度在全球范围内并不一致，在地球两极上空为 8 km，在赤道上空为 17 km，全球平均约为 10 km，它是大气中最稠密的一层。因为大气中的水汽几乎都集中于此，所以对流层是展示风云变幻的“大舞台”：刮风、下雨、降雪、冰雹等天气现象都发生在对流层内，也是与人类生活和灾害发生关系最密切的层位，是气象学家最关心的地方。

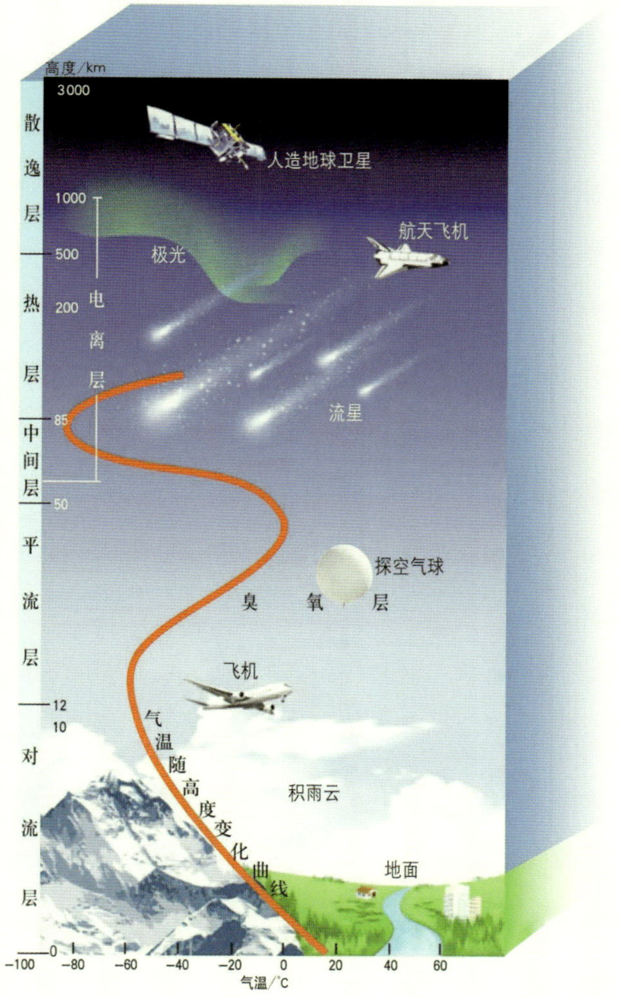

● 地球表面上方大气层的平均剖面。随着纬度的增加，地面附近压力急剧下降，而温度降低。对流层大气以升降为主，是刮风、下雨、降雪等风雨变幻的大舞台；平流层中温度较稳定，无天气变化，大气水平运动，飞机多数在平流层底部飞行

对流层上方，气温不再随着高度的增加而降低，这意味着气流不再像对流层一样，从地面到高空发生强烈的上下运动，这里的气流主要表现为水平方向运动，对流现象减弱，风向常年不变，这一大气层称为“平流层”。这里基本上没有水汽，晴朗无云，很少发生天气变化，所以飞机航行一般都要选择这一层。

为什么中国 – 北美之间喜欢选择北极航线？

之所以会产生平流层，关键因素在于平流层出现了臭氧。在平流层中的 20～30 km 处，氧分子在太阳紫外线作用下，形成臭氧层，像一道屏障保护着地球上的生物免受太阳高能粒子的袭击。之所以在这个高度，犹如地球在太阳系所处的位置一样，如果臭氧高度太低，紫外线辐射相对较弱，不足以大量产生氧原子形成臭氧；如果高度太高，紫外线辐射过强，臭氧又会被迅速分解，难以维持较高的浓度。臭氧的高度，刚刚好。

穿越平流层往外走，气体分子更少了，气温随高度升高而急剧下降，这一层大气被称为“中间层”，主要由稀薄的中性大气组成，离地球表面 60～80 km。

珠穆朗玛峰离太阳更近，为何峰顶温度却很低？

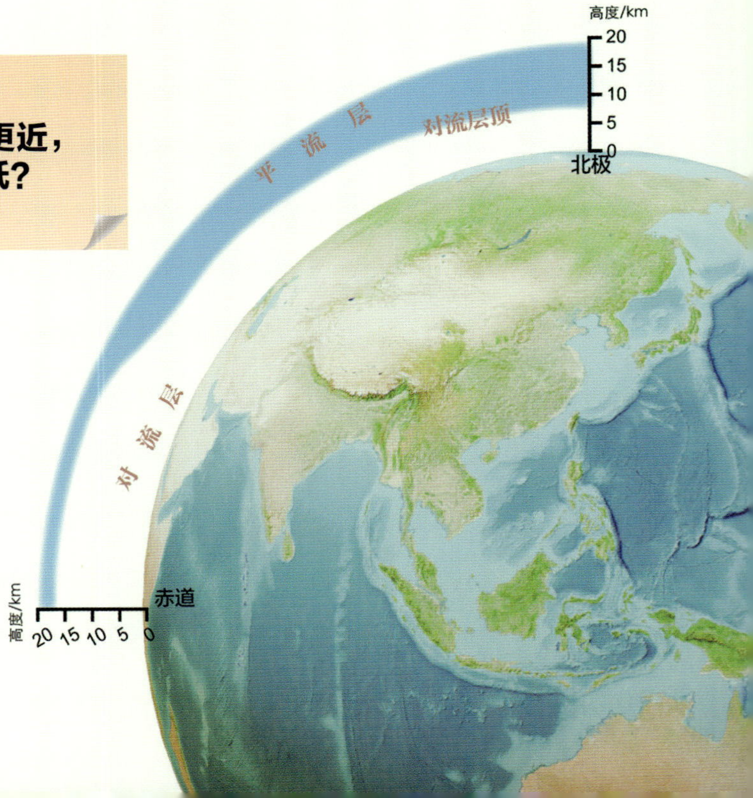

● 地球表层大气沿纬度分布的高度变化。对流层厚度随纬度有变化，赤道厚，两极薄

地球的大气圈原本是中性的，是不带电的。太阳风（来自太阳的高速带电粒子流）喷射到地球，改变了地球大气圈顶部的电磁结构。在太阳辐射、太阳风的共同作用下，60 km 以上的整个地球大气层发生电离，都处于部分电离或完全电离的状态，不带电的粒子变成了带电的粒子。这一层就称为电离层。

地球的毯子

大气，无形、无拘束和不断地运动变化。地球周围的大气，在太阳光和热的作用下，如万马奔腾，运动形式多种多样，范围有大有小。正是这种永不停息的大气运动，形成了地球上不同地区的不同天气和气候，如环流、气旋和对流。大气，带着物质和能量，在地球上不断循环往复，它使地球充满活力。

地球的大气圈，看似很厚，但相对于地球半径而言，简直可以忽略不计，如果把地球缩小到书桌上的地球仪大小，大气层就只有一两层漆的厚度了。

但是，如果地球没有大气，地球会是一个毫无生气的冰球，平均温度只有 –50℃ 。如果没有大气的防护，来自太空的无形的宇宙射线会像小小的匕首那样插进我们的身体；如果没有大气的缓冲，连雨点都会把我们打晕在地。可见，大气圈是地球的一个毯子，为我们人类“遮风挡雨”。

过去谈到大气圈，生活在地面上的人们想的更多的是天气和气候。今天，大气层对人类生活是越来越重要了，因为随着交通的发展，很多人俨然成了“空中飞人”。2016 年 BBC 的《空中城市》的纪录片显示，地球上的任何时刻，乘坐飞机在大气层这个“空中城市”的人口超过了 100 万！

如果没有大气层，地球会怎样？

水圈——水循环

水是地球上最常见的物质，也是充满奥秘和引人想象的物质。我们都知道水有三种状态——固态、液态和气态，在常温下就可以实现三种相态变化的物质，恐怕就只有水了，这是水对于地球之所以重要的关键所在。

地球上是山高，还是水深？

水是生命之源，地球最早期的生命，就诞生于海洋，而我们，都是这些生物的后代。人体中约 60% 的重量都是水，联合国环境规划署 UNEP 推荐过一部纪录片 *Home*（《家园》）（2009），提到生产 1 kg 马铃薯，需要 0.1 t 水，生产 1 kg 大米，需要 4 t 水，生产 1 kg 牛肉，需要 13 t 水。某些生物生长可以没有太阳，但不能没有水。

● 如果没有水，就没有生命。所有生物都离不开水，没有水圈，地球就不是“宜居地球”

一棵树含有约 60% 水　　多数蘑菇含有约 80%～90% 水　　多数动物含有约 50%～65% 水

奔流到海要复回——水循环

君不见黄河之水天上来，奔流到海不复回。诗人李白在写这首诗的时候，显然没有意识到水循环问题，黄河之水的确来自天上，只不过“奔流到海不复回”却不完全对。因为黄河的水流入海洋后，一部分被太阳蒸发，形成的水蒸气会在空气中上升，逐渐冷却并凝结成云。这些云会随着风四处飘荡，并在不同的地方形成降水，地表径流和地下径流使大部分水又回归海洋。

水，正是在循环过程中不断释放或吸收热能，调节着地球上各圈层的温度，不断地塑造着地表的形态，创造和滋养着生命。

● 地球上的水循环

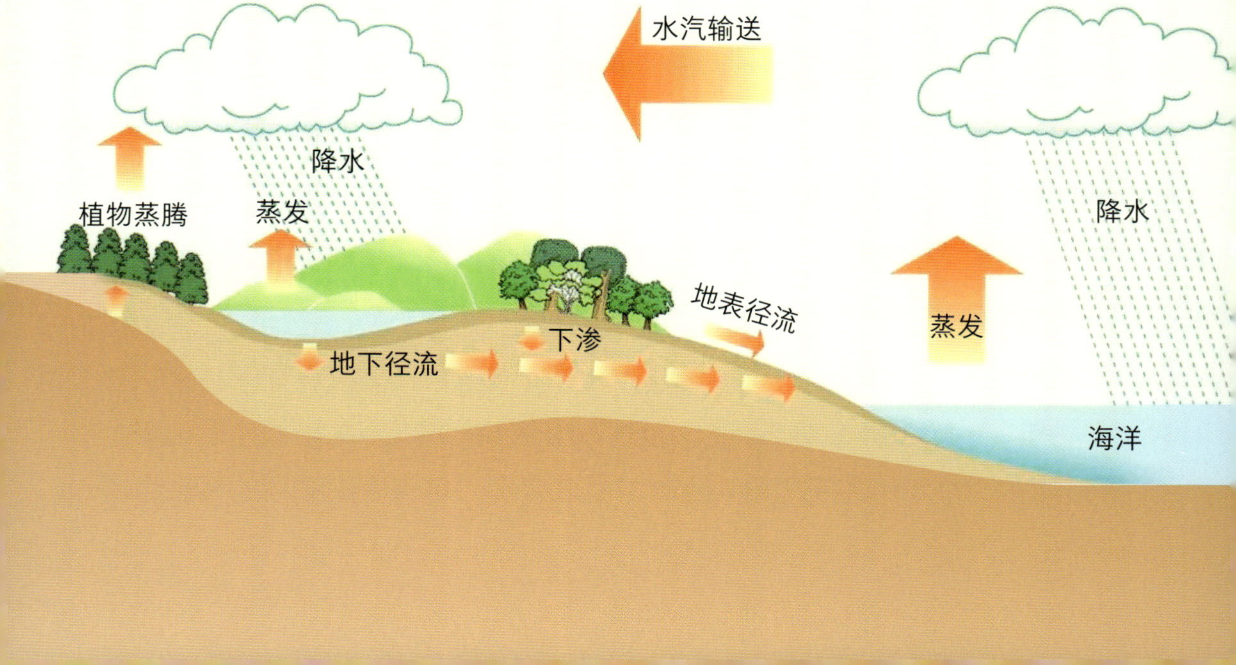

● 地球上水的分布

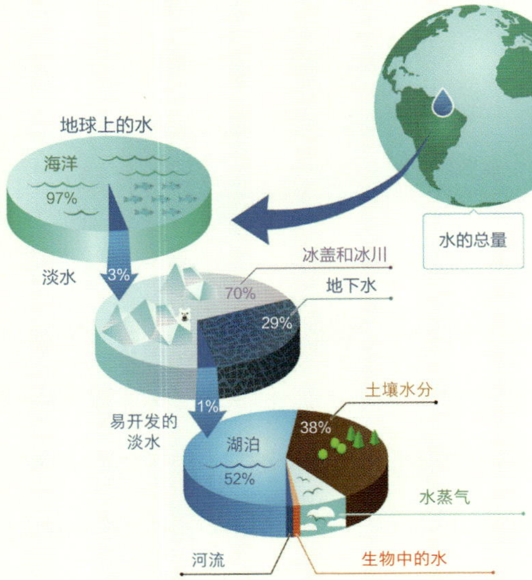

少得可怜的淡水（3%中的 1%）

太阳系八大行星之中，只有地球是大部分被液态水覆盖的星球。海洋是地球上最大的水体，占地球总水量的 97%。我们的陆地家园，就像漂泊在水上的船舶，被这些又咸又苦的水体包围。太平洋最大，占有海水的一半以上；大西洋占大约四分之一；印度洋稍小，占不到四分之一；其他海洋加起来只占有 3.6%。

相比之下，地球上的淡水不到 3%，少得可怜。更可怜的是，近 77% 的淡水储存在冰川和冰山中，22% 存在于地下水和土壤中，而常见的江、河、湖、泊，只占 1% 左右。也就是说，在我们身边活跃的淡水，仅占地球水总量 3%里的 1%。

蓄热池和交通要道

地球表面 70%是海洋，海洋平均深度为 3800 m，如果让海平面下降 2000 m，地球表面仍有一半以上是海洋。海水不仅体积很大，它的热容量更是巨大，水的比热容是 4.2×10^3 J/（kg · ℃），烧开一升水的热量，相当于吃 300 多块巧克力，而 1 cm^3 的海水降低 1℃所放出的热量，可以使 3100 cm^3 的空气升温 1℃。反之亦然，这种高比热容的特性也解释了为什么海洋在气候调节和温度稳定方面发挥了重要作用。海洋是地球温度的稳定器，可以称作地球的蓄热池。决定地球表面天气变化的真正动力是海洋，未来气象学家和海洋学家的合作将会越来越多。

美国的建国元勋、科学家本杰明·富兰克林曾是美国第一任邮政局局长。当时，美国和欧洲的邮件都通过邮轮运输，他发现信件从欧洲到美国总是比从美国到欧洲要多花几周时间。后来发现，原来这是洋流在捣鬼。受海面风力、地球偏转力、海水的温度和盐度等原因影响，海洋会发生大规模的海水运动，它们沿着特定的路径流动，被称为洋流。就像河水在河道中流动，洋流是海水在海洋中流动的“河道”，是海中的“交通要道”。和大气流体一样，洋流在地球上也发挥着热传导的功能，如果洋流消失了，将有许多地方会像冰天雪地的格陵兰岛那样终日被冰雪覆盖。

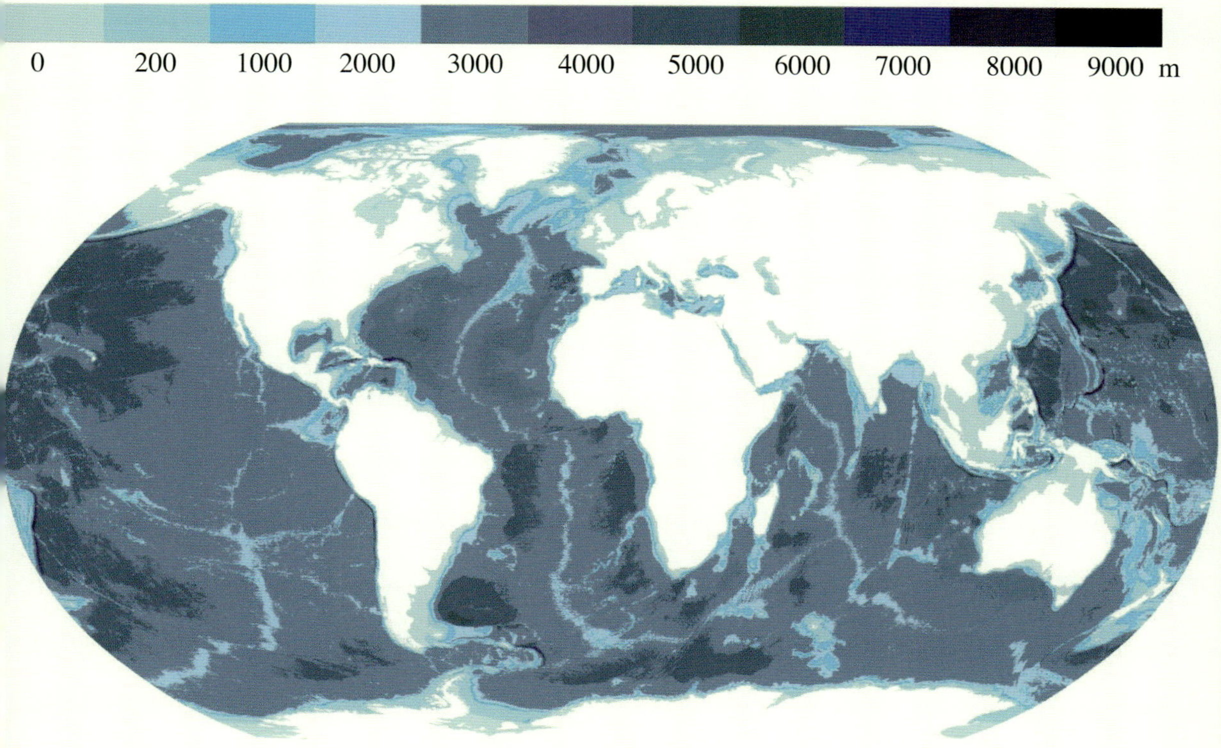

● 地球表面一半是水深超过 2000 m 的深海（图源：http://databayou.com/ocean/depth.html[2024-09-11]）

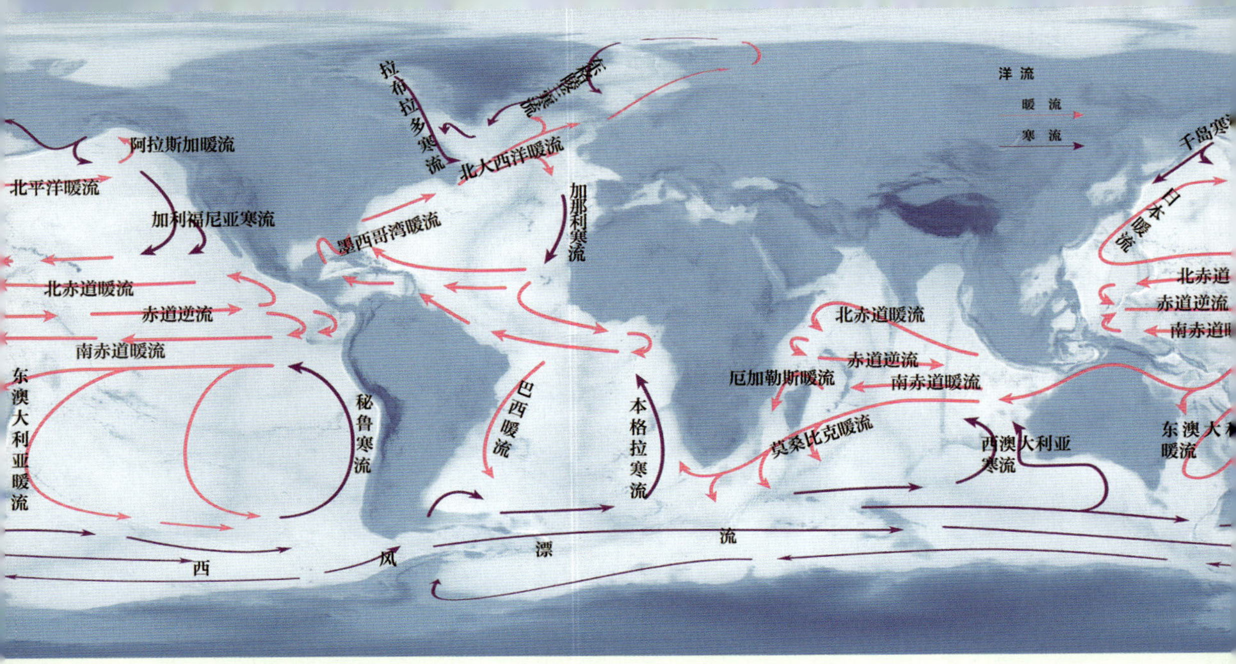

● 世界表层洋流分布图。1992 年，一艘从中国香港开往美国的远洋货轮在北太平洋遇到风暴，几万个儿童洗澡玩具——橡皮鸭掉落海中，于是，橡皮鸭们开始了一次史诗般的旅行。10 个月后，它们被冲往阿拉斯加，然后向西漂往日本，再返回北美，成为了洋流的活动浮标。今天，洋流是世界上被研究最多的水流，全世界的洋流是一个完整的循环系统

水的怪脾气

水分子是由氢原子和氧原子组成的。由于静电吸引力较小的氢键的作用，水分子易于结合成为液体，当温度升高时，氢键便会断裂开来形成水蒸气；当温度下降时，氢键便会紧密结合起来并形成冰。水的性质很特殊，因为它的三种状态可同时同地存在。

海水是咸的，
为什么海冰却是淡的？

由于水是无处不在的，我们往往注意不到“水”是一种极不寻常的物质。大多数物体都会热胀冷缩。水却有一个“怪脾气”，那就是：热胀冷也胀。水在4℃时密度最大、体积最小，低于或高于这个温度，水的体积都会大。例如，水结冰时，体积会膨胀，冰的密度（0.92 g/cm^3）比水（1.0 g/cm^3）小，所以冰块浮在水面上。要是水没有这种反常的特性，冰块会往下沉，湖泊和海洋就会从底部向上结冰，整个冻得结结实实的，表面的冰层就起不到保护内部热量的作用。谢天谢地，我们和水中的鱼都应该感谢水的这个怪脾气。此外，因为冰的密度比水小，比盐水更小，所以海水里的冰山总是只有少部分浮在水面，通常仅为整个冰山的九分之一到七分之一。

海洋中的冰山

● 巴塔哥尼亚冰原冰川（glacier）是巨大的流动固体，位于高寒山区终年冰封的地区，由雪再结晶聚结而成。冰川体积巨大，若将海洋冰川与大陆冰川的体积换成水量，将占地球上所有淡水量的 77%。图为南美大陆南端的巴塔哥尼亚冰原，是极地地区之外的世界第二大连续冰原（来源：Pixabay）

地球上有多少冰？

地球之盐

人类的生活离不开盐，我们常用的食盐主要有三种来源：87% 是井矿盐、10% 是海盐、3% 是湖盐。井矿盐是指地下卤水制作的盐，或开采的岩盐经过加工后得到的盐，主要产区在四川、湖北、湖南、陕西、江苏、河南和江西等地。海盐以海水为原料，主要产区在辽宁、河北、天津、山东、江苏等地的沿海地区。湖盐来自盐湖，主要产区在青海、新疆、内蒙古和甘肃等地的内陆地区。

海水的平均盐度为 3.5%（世界最咸的海：红海北部，盐度达 4.2%），这些盐包括氯化钠（占 90% 以上）以及氯化镁、硫酸钾、碳酸镁等，它们来自地壳岩石和土壤中的各种矿物质，当它们与水接触时，其中的一些溶解于水，并被河流带入海洋，从而使海水变咸。此外，海洋生物的代谢过程也会释放盐分。海洋所含的盐，如果铺在大陆，可以厚达 150 m 以上。

中国有很多湖泊，如青海湖、纳木错、鄱阳湖、洞庭湖等。为什么都是湖，同样都接受土地里的矿物质，有些是淡的，有些是咸的？这主要看湖泊的排水系统以及气候条件，如果湖水是开放贯通的，又处在湿润地区，那么它就是淡水湖。如果是封闭系统，又处在干旱－半干旱区，那它就是咸水湖。因为封闭的湖水，水分会从表面蒸发，但盐分仍然存在水里，长此以往，只要水量不变，盐分必然越来越多，水也就越来越咸。

从地球的眼光看，海洋虽然很大，但它相当于地球上最大的“坑”，也是封闭系统，所以海水是咸的，除非有更多的淡水融入海水。

地球是一个系统，牵一发而动全身，它微小的变动就可以产生巨大的自然灾害。以空气中的水为例，虽然含量很低，却可以带来雨水。雨水多，会引发洪水灾害；雨水少，则引发干旱灾害。因此，1997 年国际减灾日主题是：水，太多、太少——都会造成自然灾害。

海水能淡化吗？

生物圈

1875 年奥地利地质学家、古生物学家爱德华·休斯（Eduard Suess）在 *Die Entstehung der Alpen*（《阿尔卑斯山的形成》）一书中首次提到生物圈："在这个由各圈层组成的巨大星球上，有一样东西似乎是陌生的，那就是有机生命。但这种生命仅限于岩石圈表面的特定区域。植物深深扎根于土壤中汲取养分，同时又向空气中生长以进行呼吸，它是大气圈和岩石圈相互作用区域中有机生命的一个例证。在大陆表面，可以单独划分出一个独立的生物圈。"

生物圈的概念，是指地球上有生命活动的区域及其居住环境的整体。它包括海平面上下约 10000 m 的空间，但绝大部分生物都集中在地表以上 100 m 到水下 100 m 的大气圈、水圈、岩石圈、土壤圈等圈层的交界处，这里是生物圈的核心。如果把地球看作一个足球大小，那么生物圈就比一张纸还要薄。

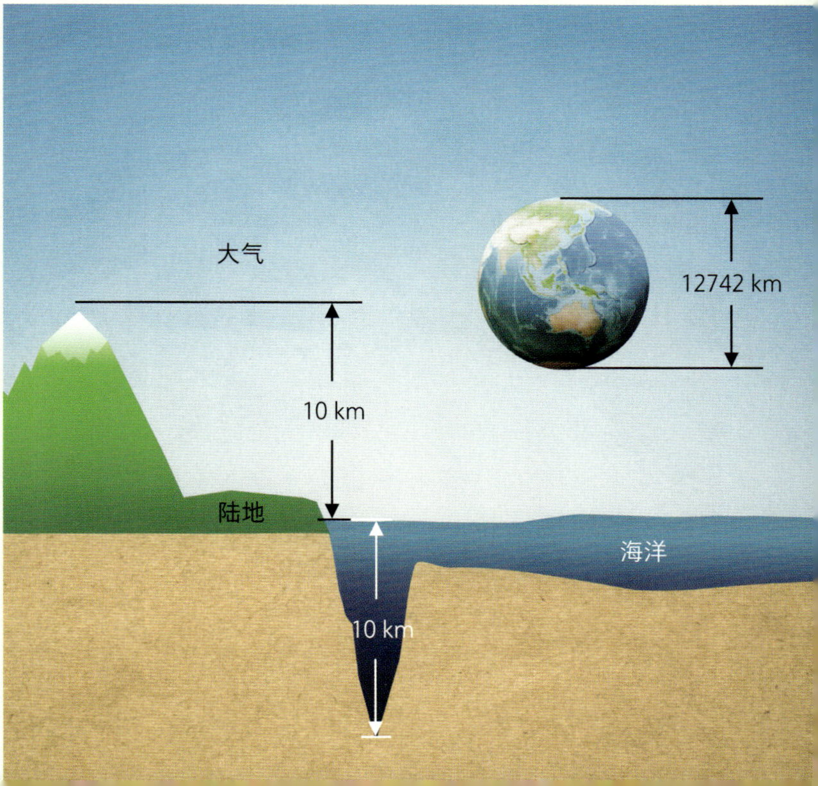

● 生物圈是最大的生态系统，包括大气圈的底层、水圈的大部、岩石圈的表面。生物圈在海平面以上达到大致 10 km 高度，在海平面以下亦延伸至 10 km 的深度

生物圈的三种角色：生产者、消费者和分解者

一般认为生物圈是从35亿年前生命起源后演化而来，是行星地球特有的圈层。生物圈中的各种生物，按其在物质和能量流动中的作用，可分为:

生产者 主要是绿色植物，它能通过光合作用将无机物合成为有机物。

消费者 主要指动物（人当然也包括在内）。有的动物直接以植物为生，叫做一级消费者，比如羚羊；有的动物则以植食动物为生，叫做二级消费者；还有的捕食小型肉食动物，被称作三级消费者。至于人，则是杂食动物。

分解者 主要指微生物，可将有机物分解为无机物。

这三类生物与其所生活的无机环境一起，构成了一个生态系统：生产者从无机环境中摄取能量，合成有机物；生产者被一级消费者吞食以后，将自身的能量传递给一级消费者；一级消费者被捕食后，再将能量传递给二级、三级……最后，当有机生命死亡后，分解者将它们再分解为无机物，把来源于环境的能量，再复归于环境。这就是一个生态系统完整的物质和能量流动。只有当生态系统内生物与环境、各种生物之间在长期的相互作用下，生物的种类、数量及其生产能力都达到相对稳定的状态时，系统的能量输入与输出才能达到平衡；反过来，只有能量达到平衡，生物的生命活动也才能相对稳定。所以，生态系统中的任何一部分都不能被破坏，否则，就会打乱整个生态系统的秩序。

生物圈是一个统一的整体，是所有生物共同的家园。人是生物圈中占统治地位的生物，能大规模地改变生物圈，使其为人类的需要服务。然而，人类毕竟是生物圈中的一个成员，必须依赖于生物圈提供一切生活资料。人类对生物圈的改造应有一定限度，超过限度就会破坏生物圈的动态平衡，造成严重后果。人类在地球上出现以后大约300万年的时期里，人类与其周围的生物和环境处于合理的平衡之中。随着近来人口的急剧增加，人在生物圈中的地位，越来越受到重视。

植物负责固定太阳能、合成有机物，属于生产者；动物负责分解有机物、释放热能，属于消费者；分解者，主要指微生物，可将有机物分解为无机物（图源：Pixabay）

生态系统

生物圈是地球上微生物、植物、动物等所有生物及其生存环境的总和。生态系统是生物圈的一个子集，是指在一定空间和时间范围内，生物与环境相互作用、相互依存而形成的具有一定结构和功能的统一体，它更加强调生物之间以及生物与环境之间的相互作用。

生物圈是地球上最大的生态系统，是所有生物共同的家园，具有较

● 全世界人口密度的地理分布。2022 年，全球人口已超过 80 亿。随着人口快速增长和城市化进程的加快，地球面临着许多新的挑战。如果到 2050 年，全球人口增长到 100 亿，我们将需要生产更多粮食，以确保每个人都能吃饱。一些科学家警告，从全球生态系统的角度来看，我们需要研究人口增长的极限（图源：NASA）

强的稳定性，能够在各种自然和人为因素的影响下保持相对稳定的状态。而生态系统则具有一定的自我调节能力，但是当它受到外界干扰过大或者超过其自我调节能力时，就可能导致崩溃或破坏。

生物圈是人类诞生和生存的空间，也是自然灾害的主要发生地，人的生存和发展离不开整个生物圈的繁荣。因此，保护生物圈就是保护我们自己，所以，从现在开始，关心爱护你身边的生态环境，共同营造我们的绿色家园吧！

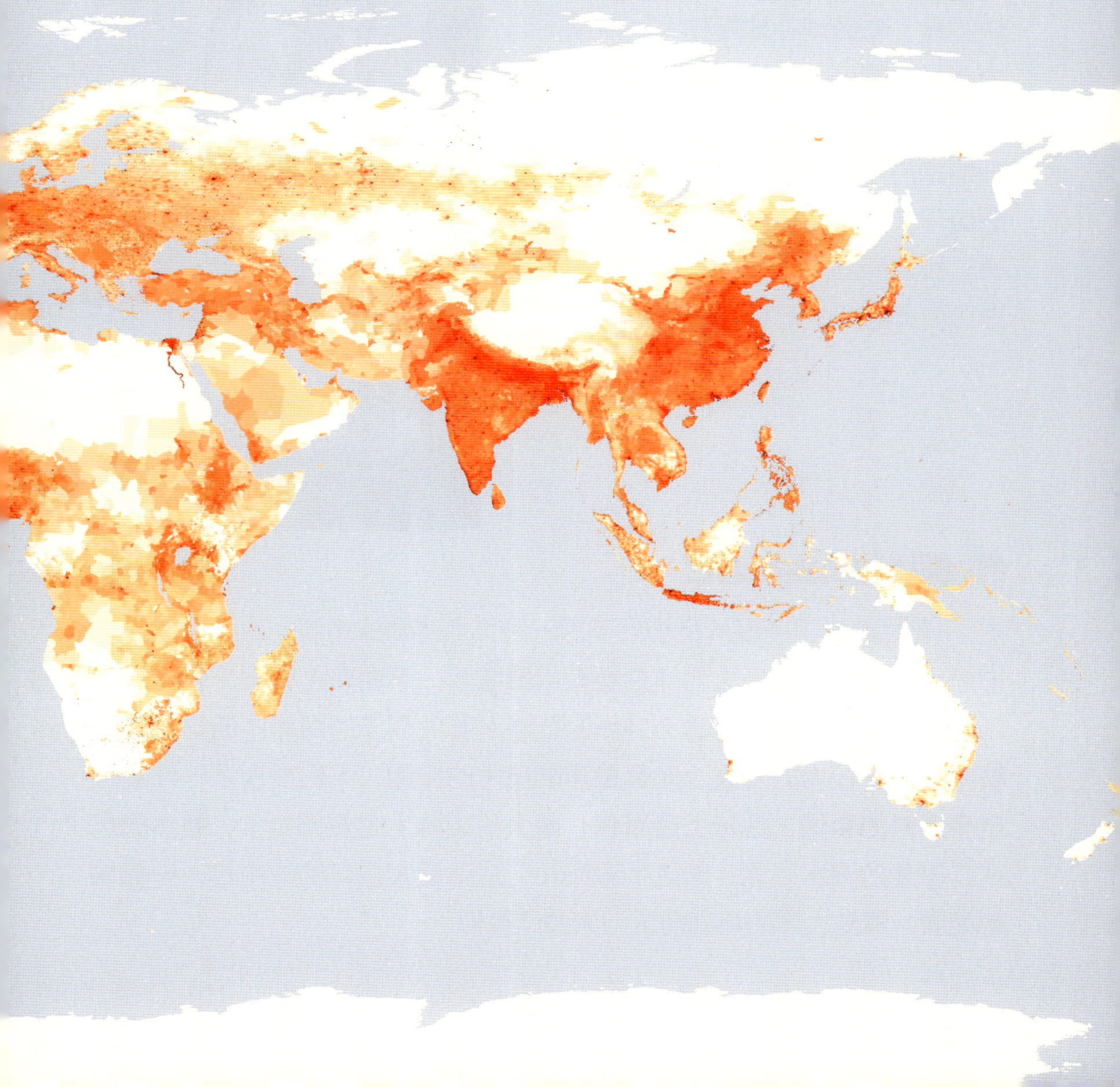

岩石圈
——地球的表层

地球诞生时是一团球形的岩浆，不断冷却后，最外层形成了一层薄薄的岩石外壳，破碎成许多块，叫作板块。板块间有许多裂缝（板块边界）和破洞（地幔柱），地球内部的岩浆可以从这些裂缝和破洞跑上来形成岩石，岩石也可以再回到地球内部变成岩浆，这就是岩石的循环，只不过完成循环的时间很长。板块间的分分合合，构成了地球历史上的一个个精彩的故事。

板块的出生与消亡

19 世纪为了铺设从英国到美国的跨大西洋海底电缆，人们对海底地形进行了探索，发现大西洋中部有山脉隆起，下面有个峡谷（也就是一条裂缝），整个峡谷宽达 20 km，裂缝沿着大西洋的海床不断延伸。随着海洋探测技术的发展，尤其是声呐技术的应用，人们发现了一件更加出乎意料的事情：地球上最雄伟、最大的山脉（主要部分），竟然隐伏在几千米的海水下面，长达 7500 km，这就是大西洋的洋中脊——板块的摇篮。其他大洋的海底情况与大西洋类似。

● 大西洋的洋中脊是地球上最雄伟、最大的山脉（主要部分），这条山脉有 7500 km 长，隐埋在几千米的海水下面

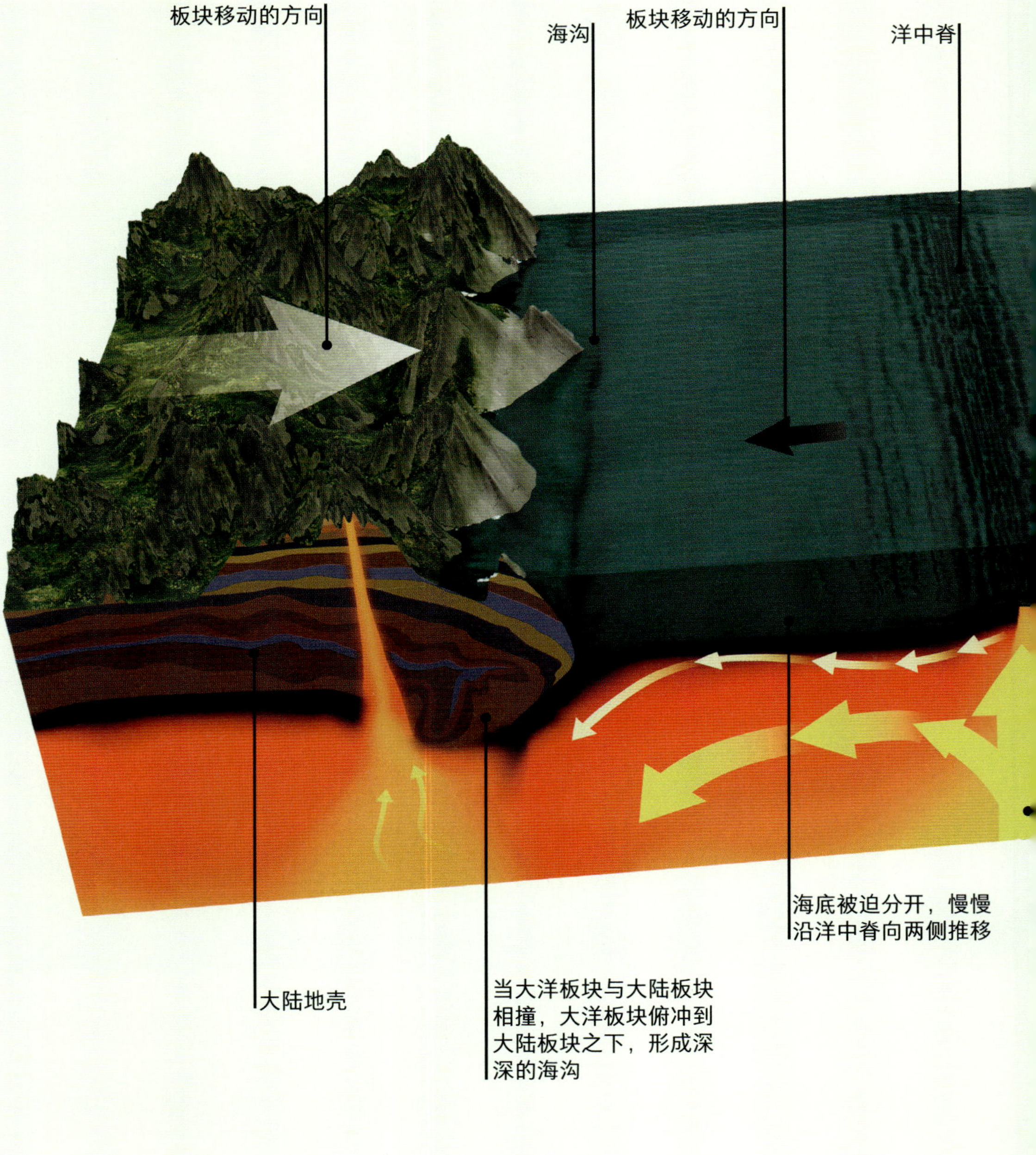

● 地下岩浆由大洋中脊涌向地面，岩浆缓慢地向两边扩张（约为人手指甲生长的速度），冷却后形成岩石，成为新生的板块

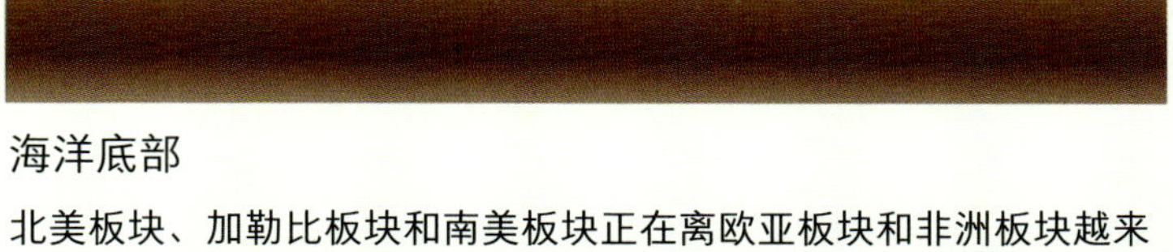

海洋底部

北美板块、加勒比板块和南美板块正在离欧亚板块和非洲板块越来越远，这使得大西洋以每年 2.5cm 的速度不断扩张。这里的板块边界便是中大西洋海岭，上升的岩浆填补了地壳的裂隙

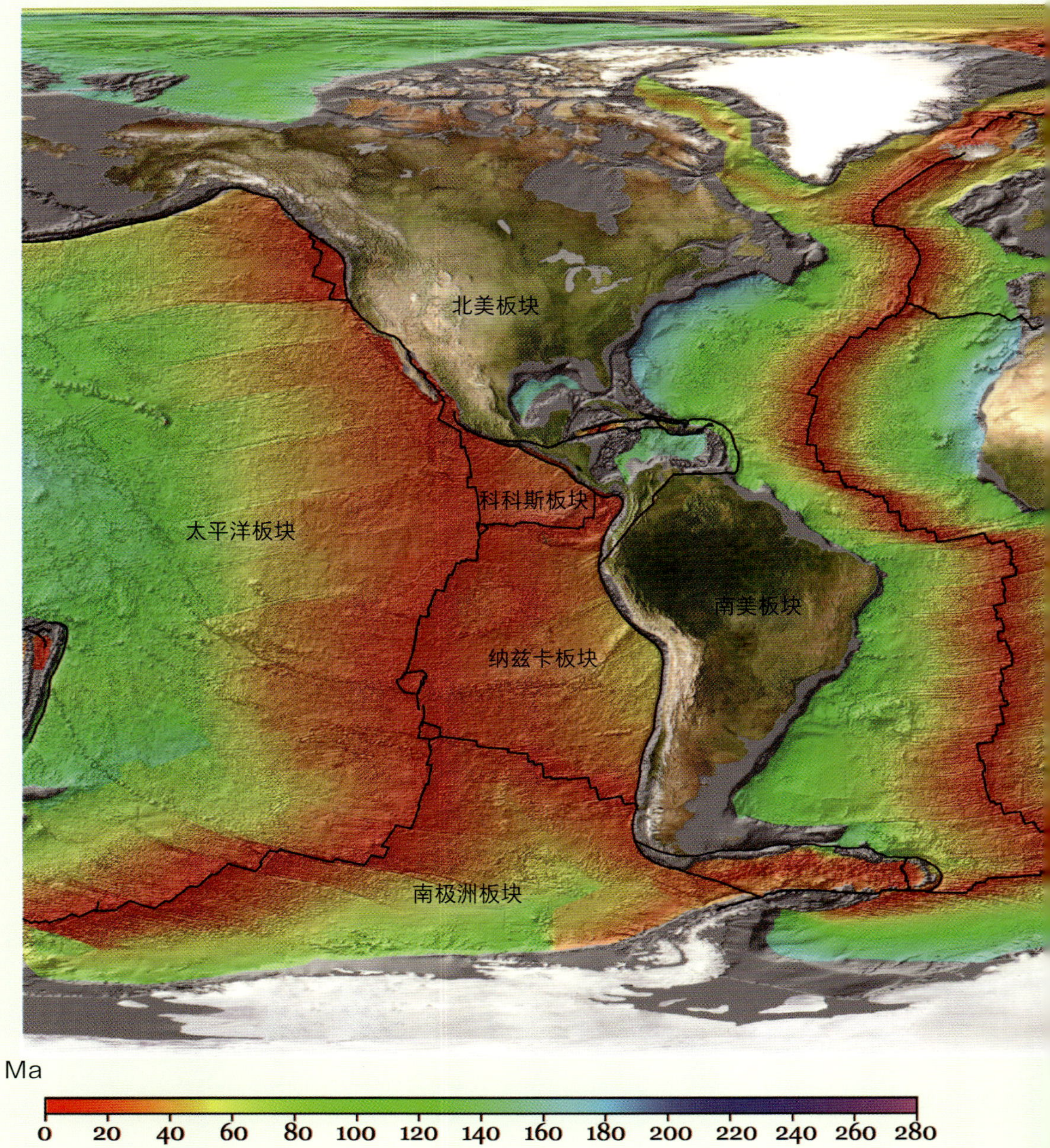

当不断漂移的板块遇到了另一个板块时，它们之间可能会发生碰撞，两个板块互不相让，一个板块俯冲到另一个板块的下面，并进入地球内部变成了岩浆。俯冲带是板块消亡的地方，也是地球上最活跃的地带之一，地震、火山、新生的山脉都形成于此。

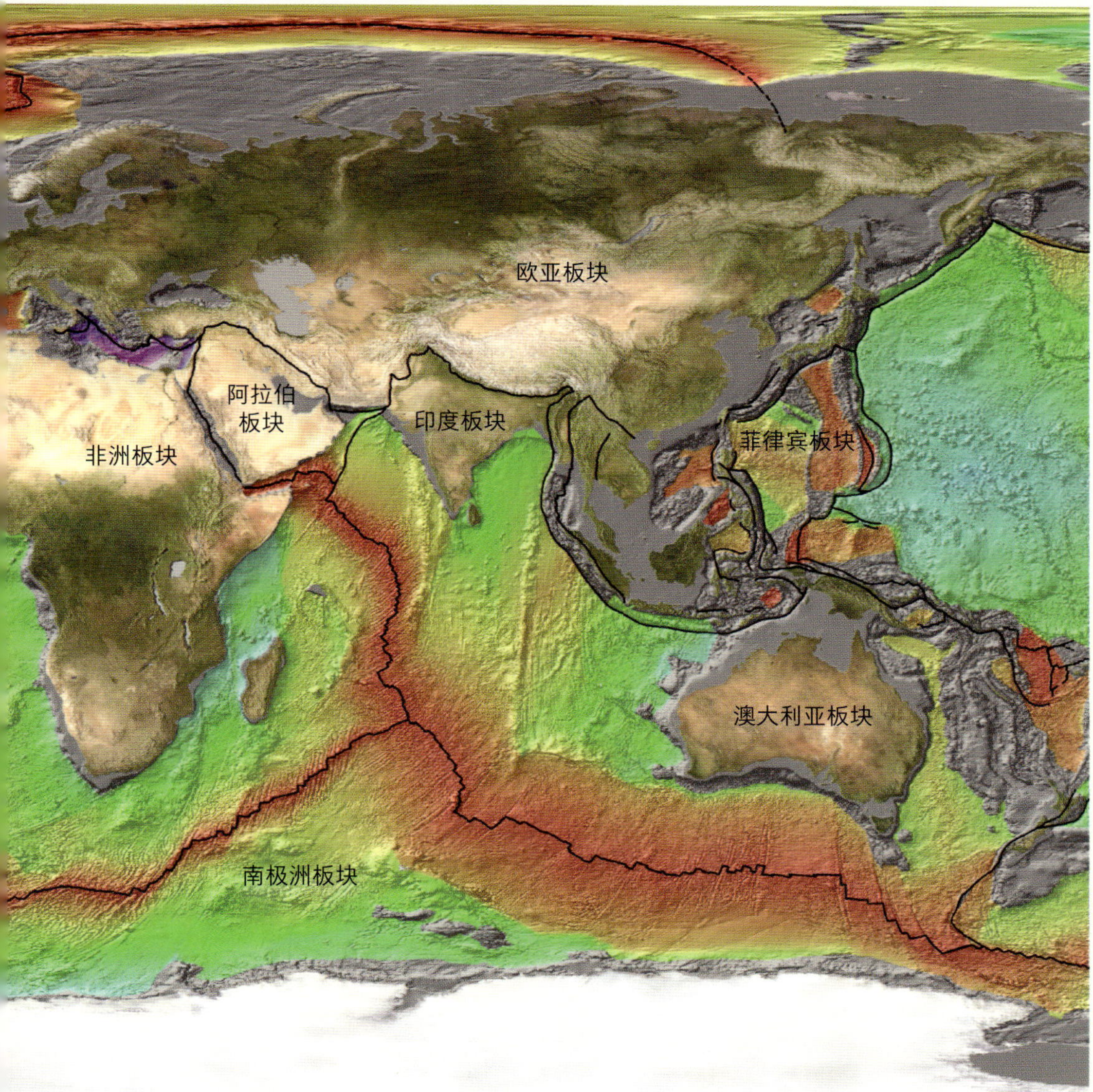

● 海洋岩石圈的年龄。黑线是大洋中脊，即离散板块边界。新生的板块出生在洋中脊，向两边生长。洋中脊附近的板块年轻（不超过 20 Ma），离大洋中脊越远，岩石的年龄越大，在海洋板块消亡的俯冲带，岩石年龄变老，达到 180 Ma。洋中脊是地球上最长的（火）山脉（8 万 km），由于被海水淹没，直到 20 世纪 50 年代才被发现，最先是在大西洋中发现的，后来发现每个大洋均有洋中脊，该发现推动了 20 世纪 60 年代大洋扩张假说的提出（图源：Elliot Lim, CIRES and NOAA/NCEI）

● 紫线代表全球板块消亡地带，长达 55000 km。板块的出生地和消亡地，包围了整个地球，看上去就像一个巨大网球的缝线

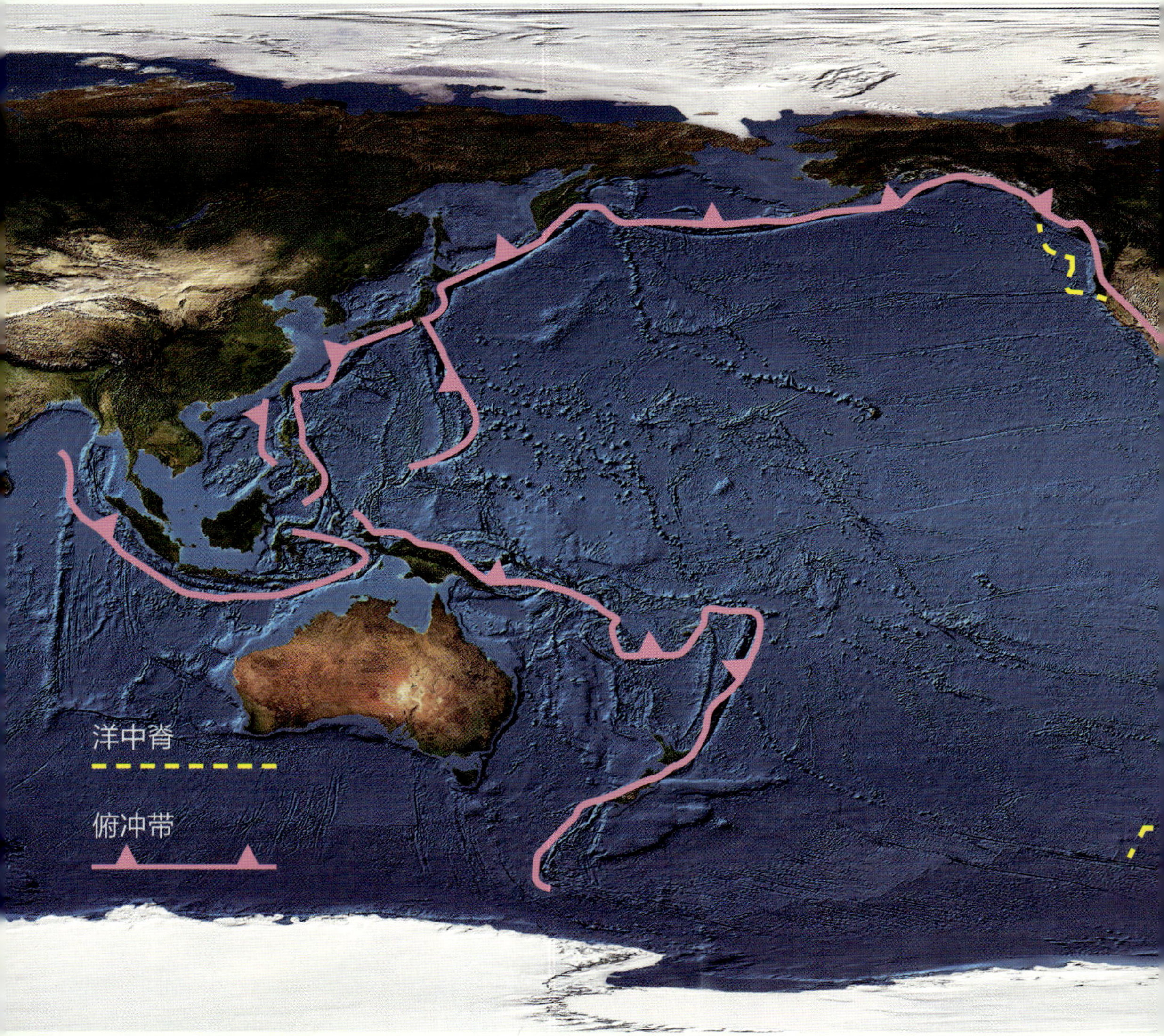

板块的边界——众多地球故事演出的大舞台

板块的分界处或边缘可能会出现三种情况：分离、碰撞或相互错开滑动。有些板块是海洋，而有些板块承载着大陆，在过去的数百万年间，缓慢移动，横跨整个地球。

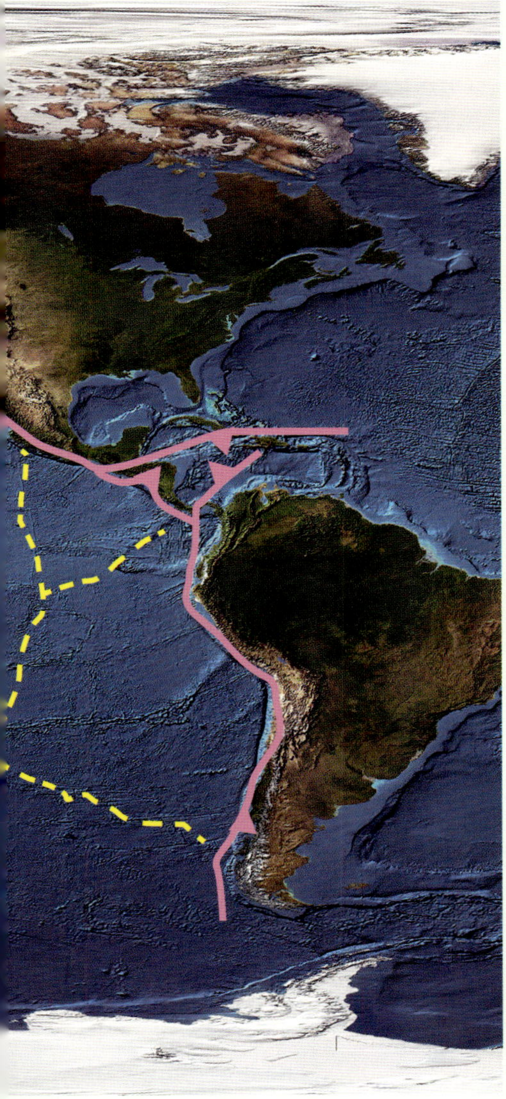

离散边界

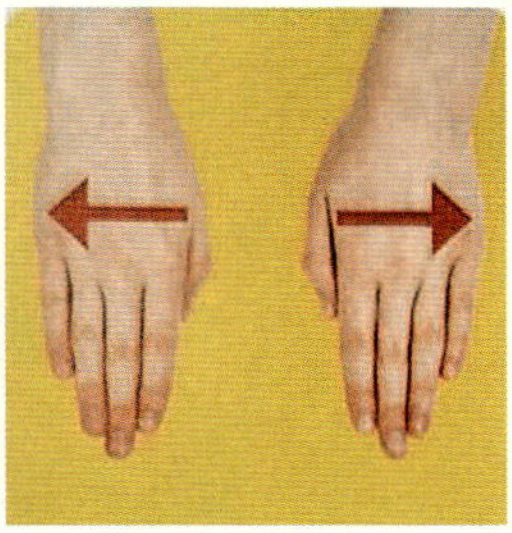

在离散边界上，两块板块移动分离。当它们这样移动的时候，就会形成火山，喷发岩浆并产生新的地壳。在陆地上，这种边界被称为裂谷，比如东非大裂谷。在海洋中，这种边界被称为洋脊，比如大西洋中脊

汇聚边界

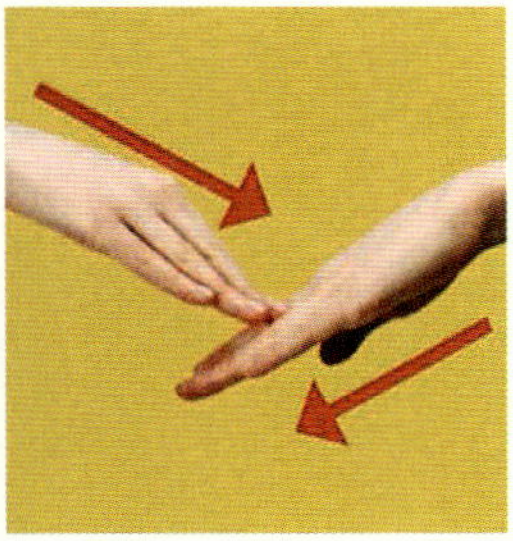

在汇聚边界上，两块板块会相互碰撞。其中一个板块会俯冲到另一个板块下面。如果一个板块在海洋中俯冲到了另一个板块的下面，在两个板块的交界处就会形成一排火山，就像我们在形成环太平洋火山带的边界看到的一样

转换边界

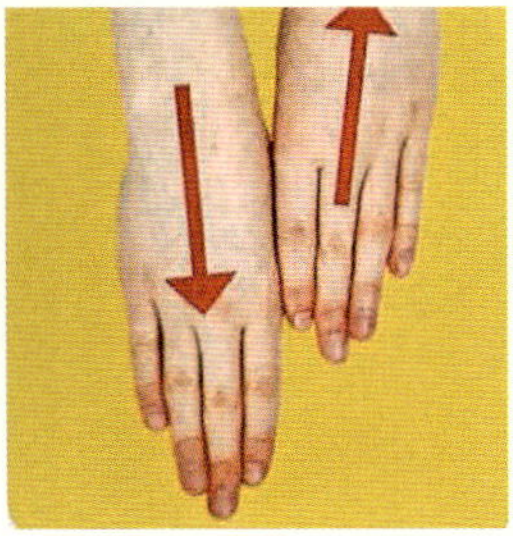

在转换边界上，两块板块会相互错开。有时它们会卡住，如果它们卡住的时间太长，板块间的压力会逐渐增大，直至它们猛地分开，这可能会引发地震。位于美国的圣安德烈斯断层就属于转换边界

● 东非大裂谷的形成。大约3000万年以前，非洲板块和阿拉伯板块相互分离，离散边界处形成了总长6400 km、宽几十至二百千米、深达1000～2000 m的东非大裂谷。人们形象地将其称为“地球表皮上的一条大伤痕”。图为位于埃塞俄比亚的一段

● 贝加尔湖的形成。约 2500 万年前阿穆尔板块和欧亚板块两个板块不断分开，离散边界处形成了长 636 km，平均宽 48 km，最深处达 1637 m 的贝加尔湖。它是世界上最深的淡水湖，够 50 亿人口使用半个世纪。近年发现，贝加尔湖宽度还在增加，库容还在扩大

地面上看到的岩石

我们生活在地球表面的岩石上面。岩石在人类进化中具有重要意义。人类历史分期的第一个时代被称为石器时代。地球的总质量中，大气圈的质量不到百万分之一，水圈质量也仅占千分之一左右，而岩石质量则占 99% 以上。

岩石是由一种或几种矿物组成的、具有稳定外形的固态集合体。按其成因，主要分为岩浆岩（火成岩）、沉积岩和变质岩三大类。

岩浆岩是由高温熔融的岩浆在地表或地下冷却凝固形成的岩石。当岩浆喷溢出地表时，称为喷出岩，常见的有玄武岩、安山岩和流纹岩等。如岩浆上升未达地表而在地壳一定深度凝固而成，称为侵入岩，如花岗岩、辉长岩、闪长岩等。

沉积岩是由风化物质、火山碎屑、有机物及少量宇宙物质经搬运沉积和成岩作用形成的层状岩石，常见的有砂岩、页岩、石灰岩等。沉积岩在地壳表层分布甚广，约占陆地面积的 75%。

变质岩是由先形成的岩石受地质环境的变化，而发生了变质作用所形成的岩石。常见的变质岩有大理岩、板岩、片麻岩等。

● 在地下岩浆的驱动下，印度大陆板块向北漂移，与欧亚板块发生碰撞，常年碰撞（碰了几百万年），互不相让的结果是，印度板块被亚洲板块压到了下面，结果碰出了喜马拉雅山。类似碰出来的还有阿尔卑斯山等（图源：Pixabay）

- 岩石的山，它们是岩石圈顶部出露的部分

华山，2154.9 m，岩浆岩（花岗岩）

恒山，2016.1 m，沉积岩（石灰岩）

泰山，1532.7 m，变质岩（花岗变质岩）

峨眉山，3079.3 m，岩浆岩（玄武岩）

珠穆朗玛峰，8848.86 m，沉积岩（石灰岩）

黄山，1864.8 m，岩浆岩（花岗岩）

以前人们总是喜欢用坚如磐石来比喻那些永恒不变的事物，用科学的眼光来看，其实岩石并不是一成不变的，而是不断变化的。

甘肃张掖彩色丘陵地貌，沉积岩（粉砂岩和泥岩）

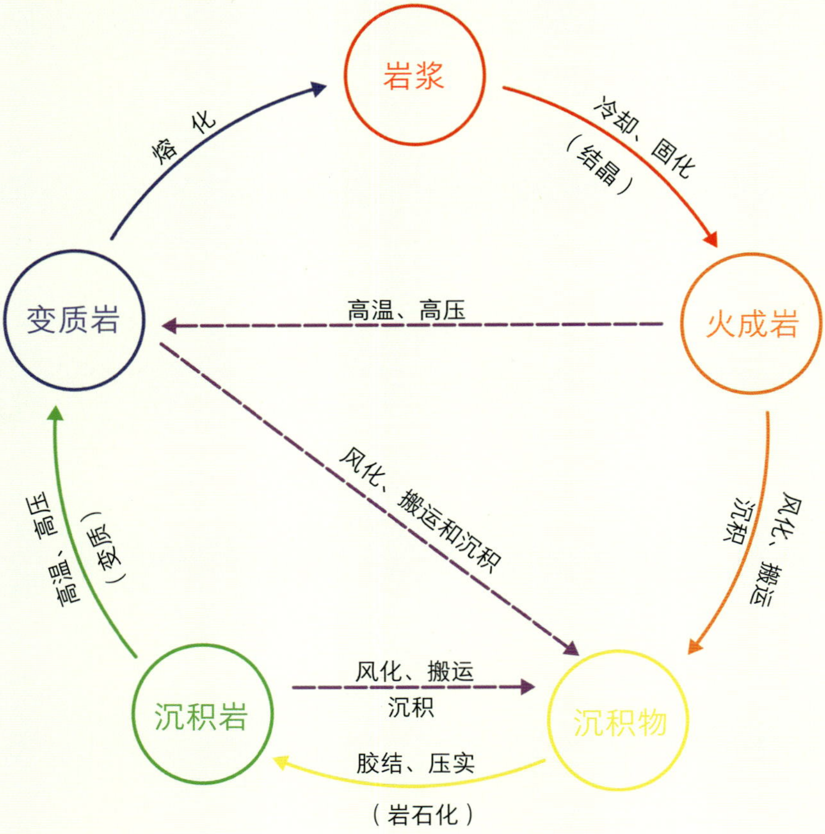

● 岩石的形成过程。生物学家林奈（Carl von Linné，1707—1778）说：“坚硬的岩石不是原始的，而是时间的女儿。”（《自然系统》）他是指在地球表面，随着时间的流逝，岩石会从一种形态变换到另一种形态。岩浆岩是由岩浆或火山灰冷却固化而成的岩石，如花岗岩、玄武岩等。沉积岩是由岩屑或生物残骸在沉积后形成的岩石，如砂岩、泥岩、煤等。变质岩是由旧的岩石在高温高压下改变而形成的岩石，如片岩、云母片岩、石英岩等。这三种岩石类型可以相互转换。例如，火山喷发会使得岩浆岩变成碎屑，这些碎屑沉积后就形成了沉积岩。沉积岩和火山岩经过高温和高压作用，就可以变成变质岩。而变质岩也可以经过熔融形成岩浆岩。这个循环过程（rock cycle）在地球上持续不断，形成了我们今天所看到的各种各样的岩石

组成岩石的矿物有三种不同形态：固态（如矿石）、气态（如天然气）、液态（如石油），但大部分是固态物质，它们是构成地球岩石圈的主要成分。加拿大北部的阿卡斯卡片麻岩距今 40 亿年，意味着在地球形成之后几亿年，一些大陆物质就已经存在了。岩石学是地质科学中一门重要的基础学科，岩石是人类生存离不开的物质，有着广泛的应用。

建筑材料 大理岩是由石灰岩变质而成，许多有名的雕像都是由大理岩做成的，如著名的维纳斯像。汉白玉是一种大理岩，北京明清古建筑的很多石材都是汉白玉做的，大理岩也常常因为其千姿百态的条纹而被用来做地砖。花岗岩结实耐用，现代建筑的很多地砖都是花岗岩。板岩因其容易裂成薄板状，在农村和山区常常用来作为屋顶。

矿产资源 如果说煤炭点燃了第一次工业革命的烈火，那么石油就是第二次工业革命的血液，铀、锗、硅、锂、稀土等是第三次工业革命的“维生素”，现在的新型能源和能源金属则是第四次工业革命的基础物质。

珍贵宝石 宝石是一种矿物，它的原子排列得非常规律。红色的刚玉（三氧化二铝）俗名红宝石，蓝色的刚玉叫做蓝宝石。它们都是地球的馈赠。

地球表面的每一寸土地——高山、峡谷、平原、湖泊，包括海底都有岩石的踪迹。岩石圈的任何变化，对人类都极为重要。在地球内部压力作用下，岩浆沿着岩石圈的薄弱地带侵入岩石圈上部或喷出地表，造成火山灾害；岩石圈不同部分的运动差异使积累的弹性能量急剧释放，造成地震灾害。此外，还有滑坡、泥石流、地面塌陷等灾害。我们脚下坚固宽厚的大地，其实是在滚滚岩浆上缓慢移动的薄壳，地心的任何剧烈活动，都能带来山崩地裂的灾难。

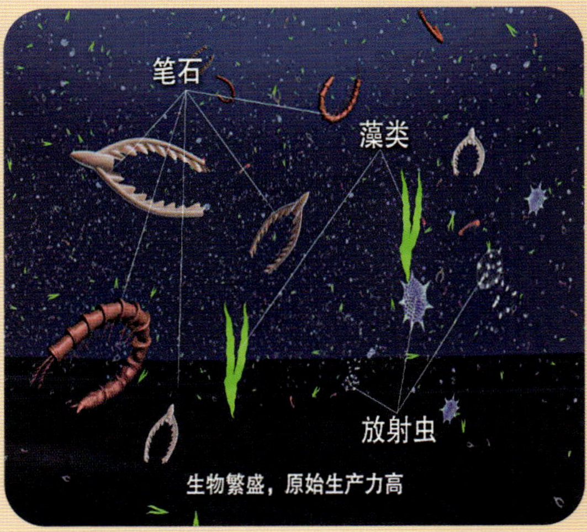

● 古生代（约 2.5 亿年前）大量的海洋生物和陆地蕨类植物遗骸被埋在地下，经搬运、沉积和成岩作用形成一层一层的页岩（一本书有好多页，一页一页排列整齐，页岩的层状结构明显，由此得名），页岩中的大量有机物，给化石能源的利用带来了“页岩气革命”

● 英国女王的钻石头冠

● 1867 年，俄国沙皇亚历山大二世把镶钻的金烟盒送给英国地质考察队的领队罗德里克，这是极为珍贵的礼物

地球的内部
——巨大的锅炉

地球大锅炉，岩浆不休息，地球有活力

地球内部像一个巨大的锅炉，许多放射性元素不断产生大量热量，使得地球中心的温度高达 4300℃，在地下 2900 km 附近，温度也有 3900℃。

如果把地球视为苹果，地壳像果皮，地幔像果肉，地核像果核（图源：Pixabay）

地球内部的结构和温度分布

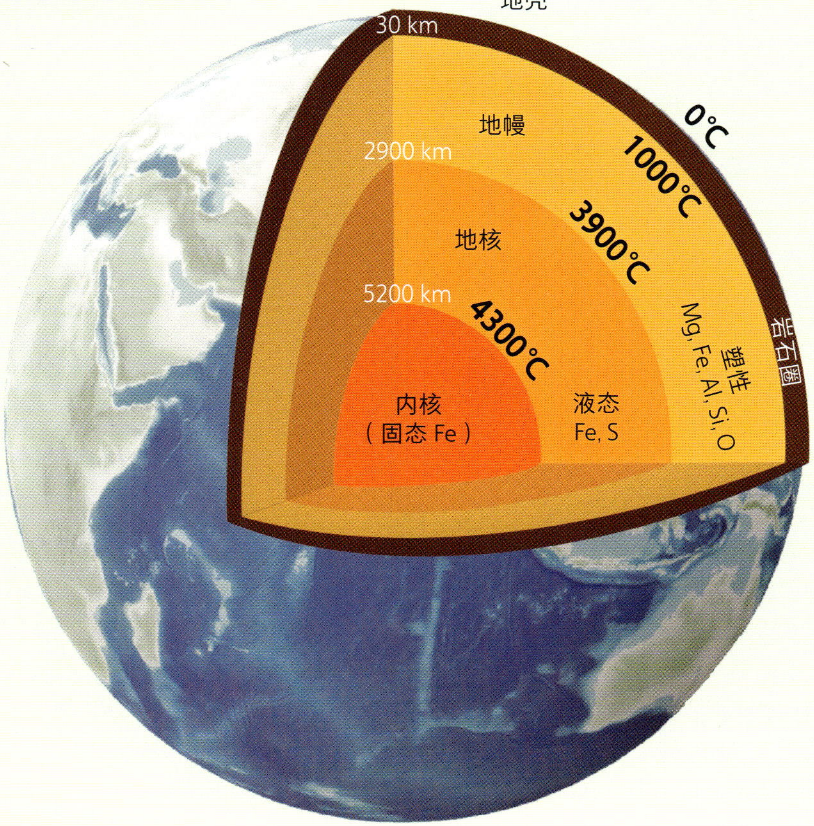

地球内部大量的热量主要通过热对流传至地面，和锅炉烧开水一样，冷水加热后从锅底向上运动，到达水面散发热量，变冷再沉入锅底。这种由锅底向上到水面，再由水面回到锅底的运动就是对流。地球的最外层是较冷的固态岩石（岩石圈），它下面的岩浆是热的，冷的岩石圈在热的软流圈上面不断地漂移。

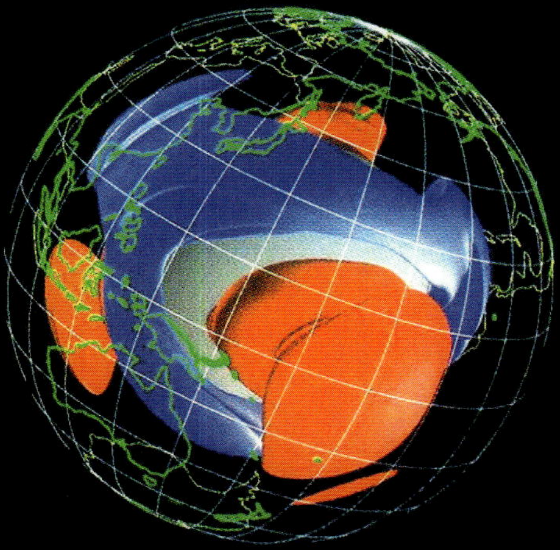

● 地球内部的热对流。天空中多数星体都像一个刚体（一块石头）在宇宙空间运动，而刚体内部却没有任何变化。地球则不然，地球在宇宙空间运动的同时，它的各个圈层发生着相对运动和相对变化，甚至是剧烈的运动和变化，地球内部和烧开水十分相似，在太平洋中部、高温的物质上升，向外扩散，环太平洋区域则是低温下沉区，图片清楚地显示了地球内部的热对流

● 中华民族最早认识到地球有磁场，于公元前 3 世纪发明了测量地球磁场的仪器——司南。司南由青铜地盘与磁勺组成。地盘内圆外方；中心圆面下凹；圆外盘面分层次铸有十天干、十二地支、四卦，标示二十四个方位。磁勺是用天然磁体磨成，置于地盘中心圆内，勺头方向为北

活力地球的脉搏——地球磁场

地磁场是地球最重要的物理场之一，对岩石古地磁的研究表明，地磁场至少起源于 34 亿年前。早在公元前 3 世纪，中国人就用司南在地面上指示南北。

地球有磁场并非地球内部有个大磁铁，因为即便有，在地球内部的高温状态下也会失去磁性。电磁感应原理可以解释，电荷的运动会产生磁场，因此地球的磁场应该与地球内部导电物质的运动有关。地球的最深处是地核，分为固态的内核和液态的外核，液态金属外核不断运动，产生地磁发电机效应，从而在地球周围产生了全球磁场。

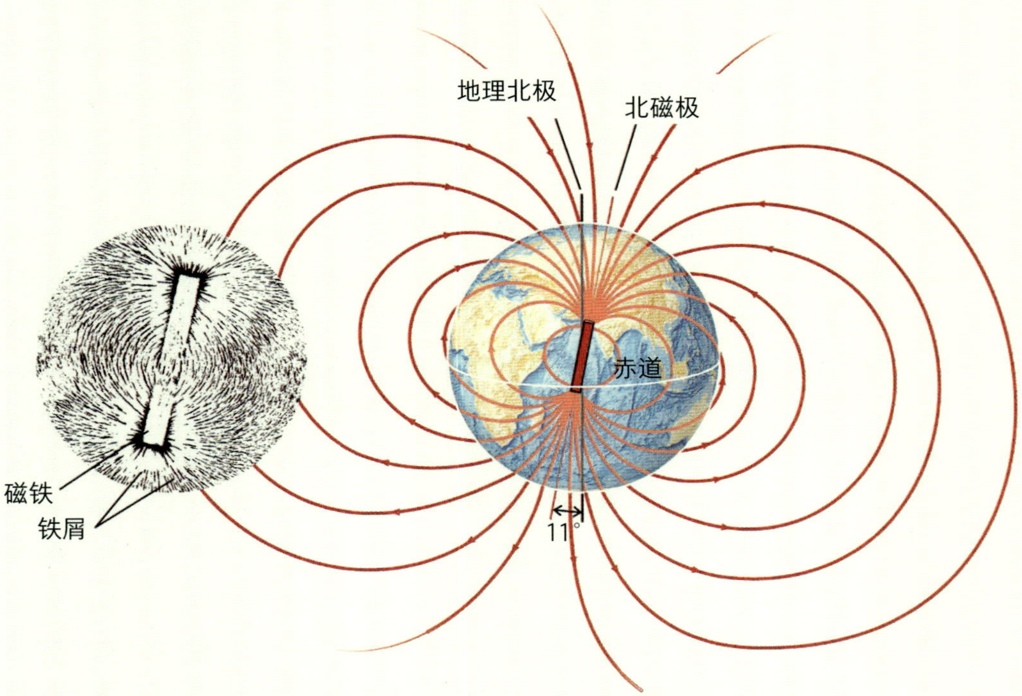

地球的磁极。地球内部导电物质的运动产生了地球自己的磁场，磁力线从南极出去，在北极进入地球，多数地方的磁力线是与地面几乎平行的。需要注意的是，地磁北极并不是地球旋转轴所指的地理北极

地球磁场是地球内部运动的脉搏。从演化角度看，脉搏停止，星球就接近死亡了，而地球是一个充满活力的年轻星球。

太阳系中一些星球的磁场情况

星球	水星	金星	地球	火星	木星	土星	天王星	海王星	月球
有无磁场	有	有	有	极微弱	有	弱	弱	弱	无

活力地球与我们

地球已经存在了 46 亿年，是一颗充满活力的地球。如果我们把地球历史浓缩成一天，有文字记载的人类历史就是这一天的最后几秒。

从地球的履历表（地质年代表）可以看出，地球这个房东，过去不知道接待了多少房客，从古老的细菌、藻类到蕨类、裸子、被子植物，从无脊椎动物、两栖动物、爬行动物到哺乳动物，在最后的短短几秒，人类敲响了房东的大门，房东开门迎客，欢迎我们成为她的新房客。但房东肯定也没想到，这个新房客的活力非比寻常。自住进来后，它们不仅对房子的外貌做了惊天动地的改造，数量还增长得特别快，大英百科全书估计公元 1 年前地球上的全部房客为千万量级，到 2022 年已突破 80 亿，增长了几百倍。

短短的几秒钟，新房客的改造运动也产生了不少问题，如环境退化、资源枯竭、全球变暖、灾害频发、生物多样性减少……“罗马俱乐部”在 1972 年出版的 *The Limits to Growth*（《增长的极限》）一书中，敲响了人类的警钟，表达了“我们不是继承了父辈的地球，而是借用了儿孙的地球”的思想。这句话寓意深刻，联合国曾用这句话来告诫后人。

月球距离太阳和地球几乎相当，为什么不适合人类居住？

新房客显然意识到了他们的行为给房东带来了困惑和麻烦，但要解决这些问题，首先是认识房东——从解读人类之前的历史开始：原始的一团炽热的岩浆球如何演化成了今天的地球？圈层是如何形成的？大气圈中的大气运动、水圈的水循环、岩石圈的岩石轮回、生物圈的碳循环，它们是如何彼此影响和相互作用的？

在认识房东的过程中，我们发现她的力量深不可测，她身上的奥秘实在太多，而我们自己则非常渺小。房东发火的时候，一次就能喷发出一个喜马拉雅山；而房东如果改变一下房子的环境参数，就可以让房客极其不适乃至灭绝。

我们人类的入住时间非常短暂，未来，房客将如何与房东和谐共处？最好的回答是：敬畏地球，和谐共生。不仅要拓展我们的认知边界，更要构建起人类的行动边界。2018 年，联合国国际减灾战略署（UNISDR）发出警告，称自然灾害正在反噬人类，1997～2017 年期间，全世界有 130 万人因自然灾害而死亡，44 亿人受伤或失去生计，因此“科学减灾”已经成为我们未来新的研究课题。

活力地球的能量来源

太阳能——万物生长靠太阳

地热能——地下的太阳

重力势能

地球一些事件的能量

地球各圈层都在不断地活动，活动的能量来源（这里简称为地球的能源）主要有太阳能和地热能。地球上不同的地点、不同的时间，接收能量也不同，能量在地球上不断地转移，形成的能量流是造成地球不断活动的根本原因。

能量的基本单位

- 焦耳（J）：能量的国际单位，1 J 能量等于 1 N 的力的作用点在力的方向上移动 1 m 距离所做的功。
- 卡路里（cal）：热能量的单位，1 cal 等于 1 g 水升高 1℃所需的能量。
- 瓦特（W）：功率单位，1 W = 1 J/s。
- 1 度电（千瓦·小时，kW·h）：电学的能量单位。
- 1 cal = 4.186 J，1 J = 0.239 cal，1 度电 = 3.6×10^{6} J。

院士导读

太阳能——万物生长靠太阳

太阳能，是太阳以可见光、红外线、紫外线等辐射形式到达地球的能量。太阳不断地向宇宙空间辐射能量，其中约二十二亿分之一到达地球，地球获得的能量功率可达 173000 TW（1.73×10^{17} W，1 TW=10^{12} W）。

地球的能量收支大体平衡

太阳每秒照射到地球的能量相当于几百万吨煤燃烧的热量。人类每年消耗的全部能量，不到太阳“给予”地球能量的万分之一。但太阳照射到地球的能量没有完全用到加热地球上，其中有相当大的部分被大气层反射，加温后的地球也向外辐射

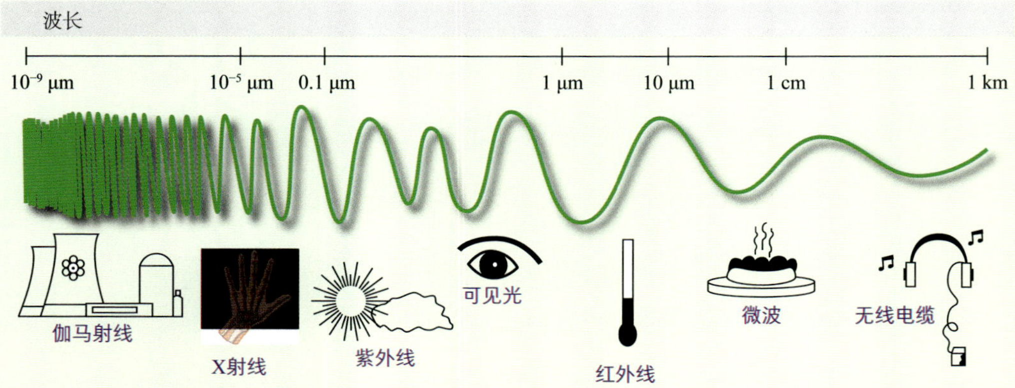

光谱分布图。地球外部的能量主要来自太阳不断向地球辐射光波，光波的波长谱很宽，无线电（几百米）、微波（几毫米）、红外线（几微米）、可见光、紫外线、X 射线和 γ 射线。太阳向地球辐射能量，其中能量的 43%是以可见光的频段（波长 0.0004 cm 的紫光至 0.0007 cm 的红光）辐射到地球表面，49%的能量以红外线辐射到地面，起到加热作用，大约 7%的能量是紫外线辐射

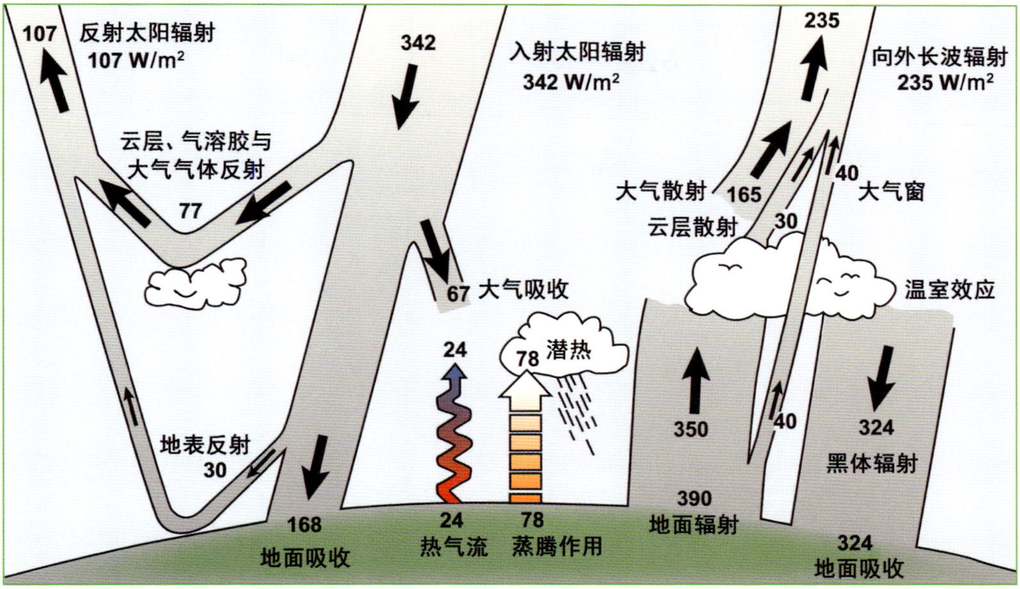

● 地球收入和支出能量平衡图（长时间平均）。太阳辐射被地球吸收的能量（342 W/m^2）与地球向外反射能量（107 W/m^2）及向外长波辐射能量（235 W/m^2）之和是平衡的。地球的能量系统始终保持着一种平衡

能量（黑体辐射）。宇宙中任何物体都会向外辐射能量，温度越高的物体辐射越多，就好像100℃的沸水降温到90℃，比相同质量的50℃的水降温到40℃要快得多。地球吸收太阳能后温度升高，辐射也增加。

地球接受太阳的能量与地球辐射出去的能量是大体平衡的。地球从生命形成到现在，经历了几十亿年，如果能量不平衡的话，地球要么变成一个冰球，要么就变成一个高温星球，生命根本无法延续。

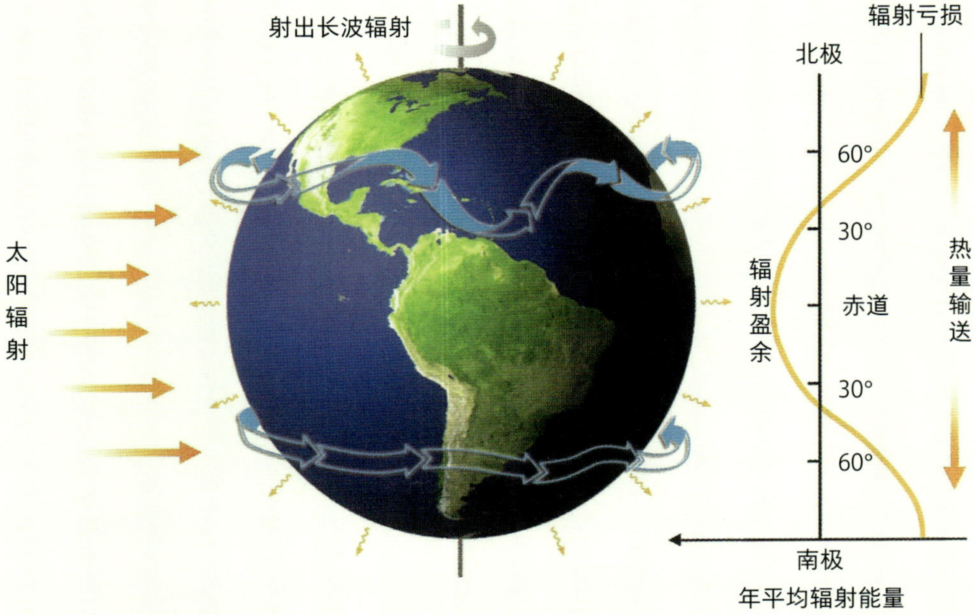

● 地球中不同纬度辐射收支是不等的，由图可以看出，赤道地区有盈余，两极则有亏损，为了保持全球热量平衡，就要产生向两极的热量输送（图源：中国科普博览 http://www.kepu.net.cn/gb/earth/geography/zrys/zrys07.html［2024-10-08］）

太阳能与生物圈——化石能源

太阳输送给地球的能量，一部分用于今天，一部分存储在昨天。不管是今天还是昨天，都和地球的生物圈密切有关。

我们先从今天谈起。

植物的光合作用是生物圈中重要的过程。光合作用，通常是指绿色植物（包括藻类）通过叶绿体吸收光能，把二氧化碳和水合成富能有机物（葡萄糖），同时释放氧气的过程，它对实现自然界的能量转换、维持大气的碳 - 氧平衡具有重要意义。

每年光合作用所转化的太阳能约为人类所需能量的 10 倍。有机物中所存储的化学能，除了供植物本身使用外，更重要的是作为人类营养和活动的能量来源。可以说，光合作用提供人类活动的主要能源。

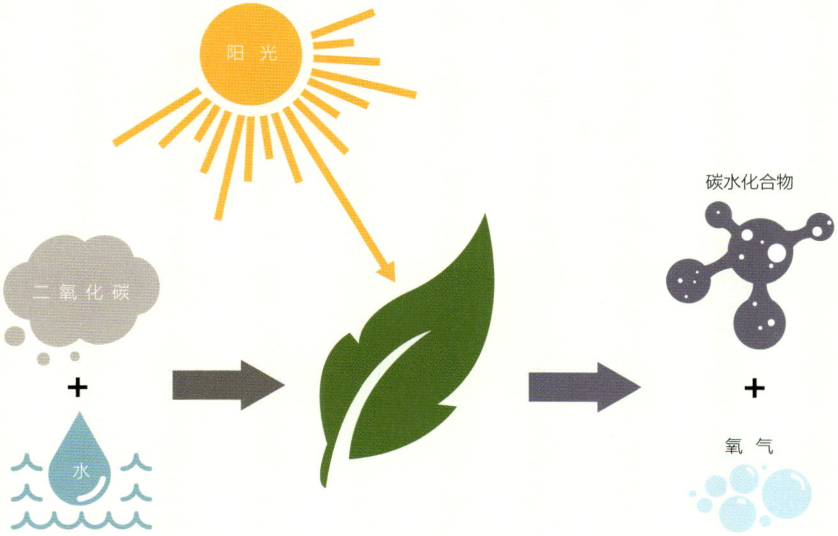

● 光合作用示意图。植物通过光合作用，将太阳能变为化学能，把无机物变成有机物，光合作用提供今天的主要能源。绿色植物是一个巨型的能量转换站。植物靠阳光、二氧化碳和水就能生存。人必须杀生，必须进食，植物可比我们人类文明多了。假如我们人类也有这本领，或许就不用为了填饱肚子而杀死动物了

我们知道，食肉动物吃食草动物，食草动物吃植物，这种生物群落中由摄食而形成的链状食物关系，被称为食物链。动植物的生物能本质上来源于植物。这些都是今天发生的事情。

再来谈谈昨天。

化石能源主要是指煤炭、石油和天然气等不可再生能源。它们是千百万年来动植物的遗骸，由于地壳的变动不断地埋入地下，长期与空气隔绝，并在高温高压下，经过一系列复杂的物理化学变化形成的。化石能源是由亿万年的太阳能和地热能转化形成的。化石能源的特点在于储量丰富、能量密度高、易于开采和运输。根据国际能源署 2020 年的数据，全球能源供应中化石能源（包括石油、天然气和煤炭）的占比为 81% 左右。其中，石油占 36%，天然气占 24%，煤炭占 21%。然而，这些数据可能会因为新的能源政策和技术的推动而有所变化，而且不同国家和地区的能源构成也可能有所不同。

化石能源是地球上重要的能源资源，对全球经济发展起着关键作用。但化石能源的使用也存在许多问题，随着新能源技术的不断进步和环保需求的提升，我们需要寻找更加可持续和环保的能源替代方案。

发电厂的电能来自煤和石油的化学能，化学能又来自生物长期积累的生物能，而生物的生物能积累必须依赖太阳能，可见，地球上的能量来源离不开太阳。

明天如何？

明天人类将使用更多的新能源。新能源是指太阳能、风能、水能、生物质能等可再生能源。它涉及地球的大气圈、水圈和岩石圈。

水电、风电、光伏发电均是转换的太阳能

如果不用煤和石油，而用水电站发电，能量又是哪来的呢？水电站是把水的重力势能转化为电能。水从高处到达低处之后，重力势能减少，转化为机械能驱动轮机发电，产生电能。那高

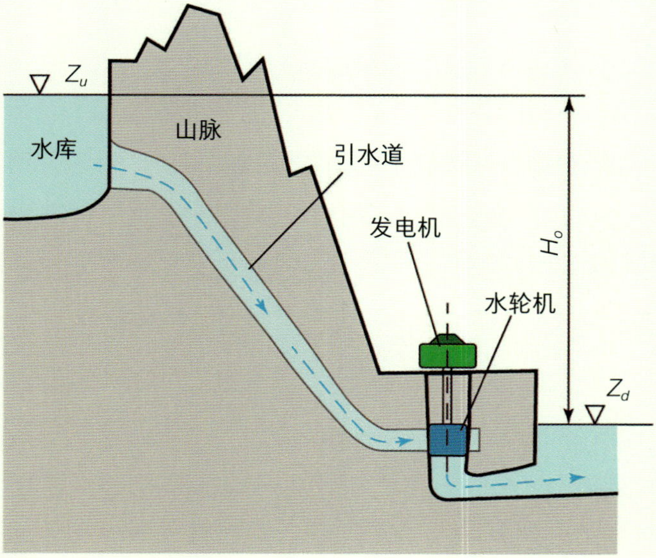

水电站的工作原理图。水从高处（Z_u）流到低处（Z_d），重力势能转化为电能

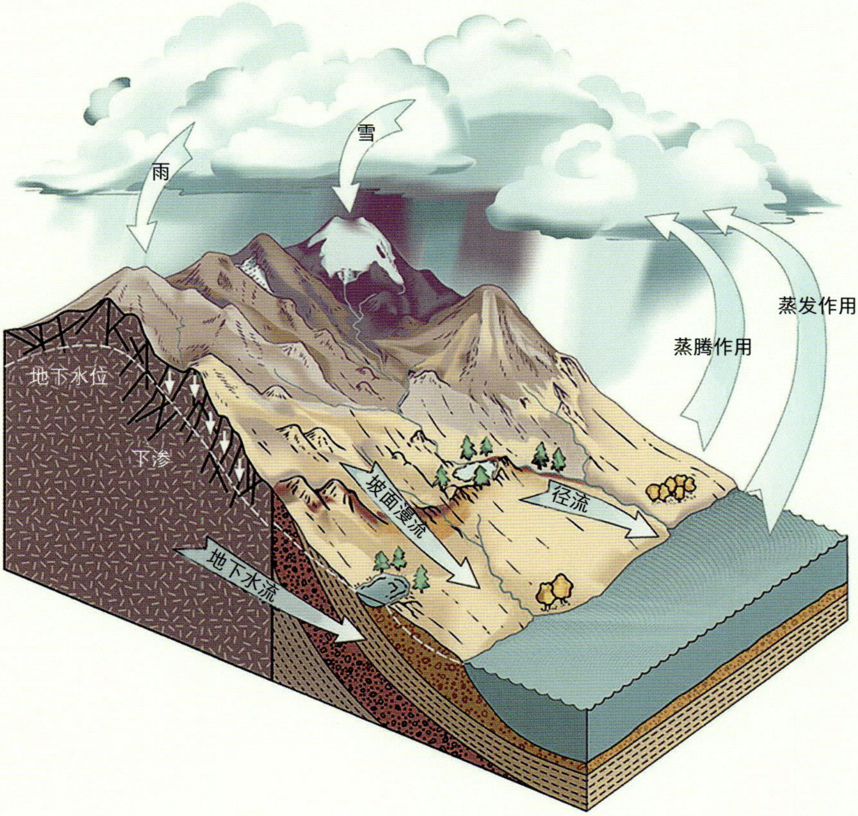

● 水循环示意图。太阳能驱动地球的水循环，使低处的水又回到高处，重力势能增加。水电站发电是太阳能的一种表现形式

山的水如何来的？还是因为太阳。由于太阳的照射，地表水蒸发升到高空中。在风的带动下，在高山上形成降雨，这样水就从低处转移到高处，重力势能增加。在这个过程中，太阳的照射必不可少，因为蒸发需要吸热，这个热量来源就是太阳光，所以，水能也是太阳能转化而来的。类似地，风能、波浪能、海流能等也都是由太阳能转化来的。地球上大部分能量都来源于太阳，太阳能长期维持地表合适的温度，促进植物的光合作用，并将这些能量固定在地球上，为大气运动、海洋运动等活力地球事件提供动力源。所以说，万物“生长”靠太阳。

● 用于风力发电的风车。地球不同地点接收的太阳能不同导致空气流动形成风，发电的风能也是由太阳能转化的

煤和石油是如何生成的？

加强对太阳能的利用既能满足人类的能源需求，又能减少环境污染，合理应对气候变化。光伏技术发展很快，人造卫星已经利用太阳能电池作为能量的来源。如今太阳能电池的应用已从军事、航天领域扩展到工业、商业、农业、通信、家用电器以及公用设施等领域，尤其可以散布在边远地区的高山、沙漠、海岛和农村使用。

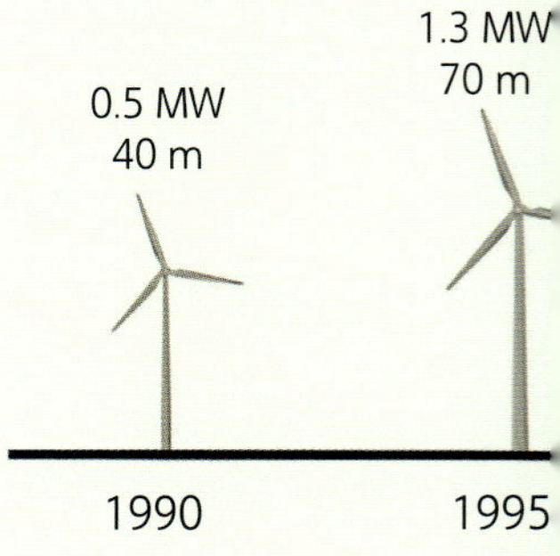

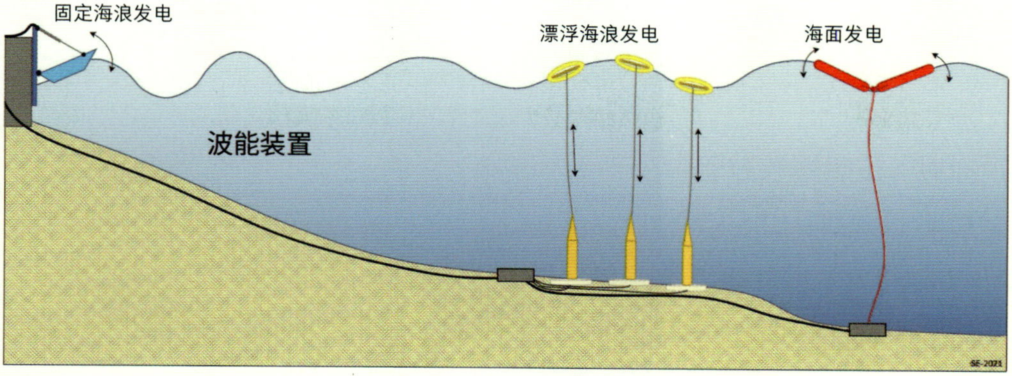

● 利用海水波浪发电的三种形式：固定海浪发电、漂浮海浪发电和海面发电

● 从 1990 年到 2020 年风力发电设备的发展：发电能力从 0.5 MW 到 14 MW，涡轮机叶片从 40 m 变成了 200 m（图中给出了一架波音 747 飞机的大小作为参考）

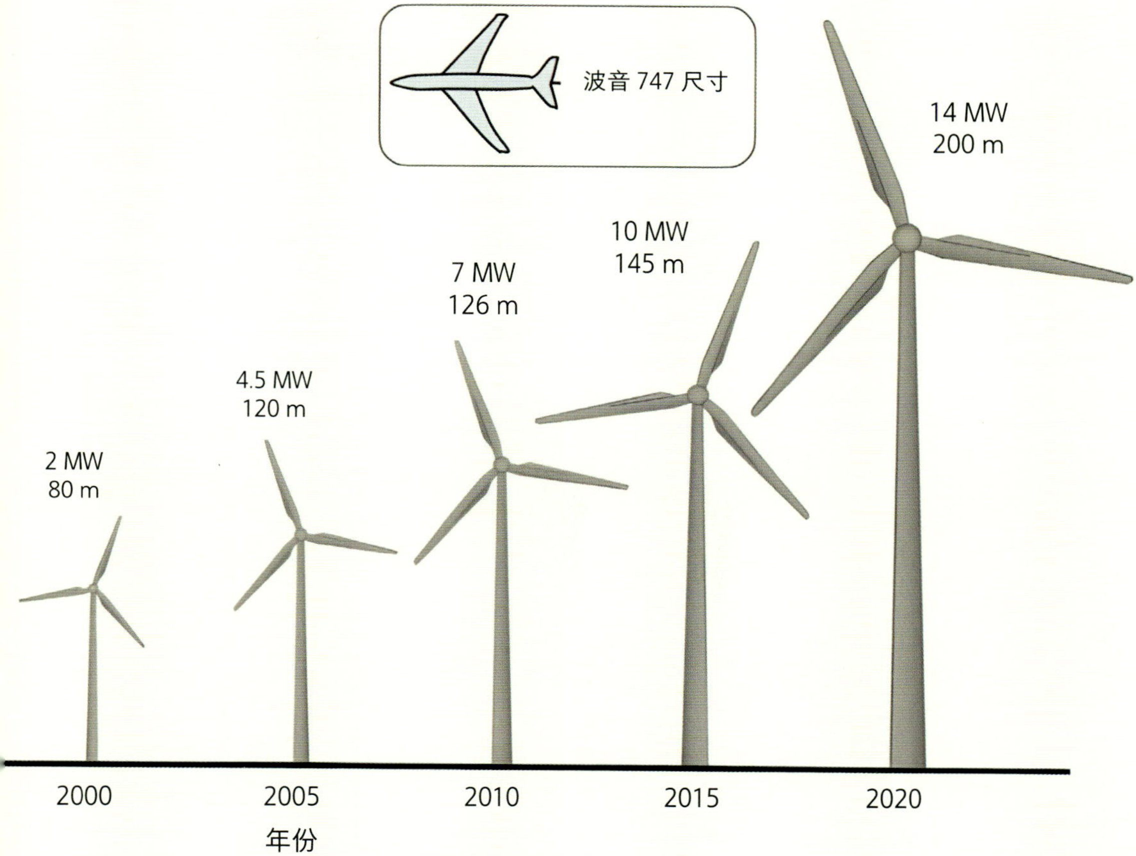

为什么地下室冬暖夏凉？

河北省雄县地热资源分布广，出水量大，水温高，拥有享誉全国的“雄县模式”。利用浅中层地热能（温泉）供暖，实现了“无烟城”。2020 年，地热集中供暖面积已占城区集中供暖的 85%，覆盖县城 80% 以上的居民小区，每年可减少二氧化碳排放量 12 万 t。在收费方面，雄县的地热取暖收费低于之前燃煤取暖的费用。新能源的应用有着广阔的前景，但也存在一些理论、技术和应用方面的问题，要走的路还很长。

上海世界博览会世博轴展馆（图源：Justin Wen/Pixabay）

深海黑烟囱——新的发现

1970～1979 年间，美国“阿尔文号”深潜器潜到了加拉帕戈斯群岛深海，在深 2000 m 的海底熔岩上发现了数十个冒着黑色烟雾的烟囱。一般深海的温度只有 0℃，而海底活跃的黑烟囱附近的水温却高达 350℃到 400℃。

在海底黑烟囱附近发现了许多奇特的生物，发现了与人们常识迥异的生物群和食物链。我们知道万物生长靠太阳，那么这些生物在黑暗里生活，靠什么呢？它们靠的是地热和硫细菌。

● 海底热液区示意图。冷的海水顺着海底岩石的缝隙进入洋壳的深部，溶解了周围岩石中多种金属元素后，变成了高温高压富含矿物质的“热液”。随后它们又沿着裂隙对流上升并喷发，上涌的热液喷出洋壳顶部，与冰冷的海水相遇。黑色的金属硫化物迅速沉淀下来，并且就近沉淀在喷出口的四周，日积月累下来就形成了一个个高高低低的像烟囱般的喷口（图源：中国科学院深海科学与工程研究所）

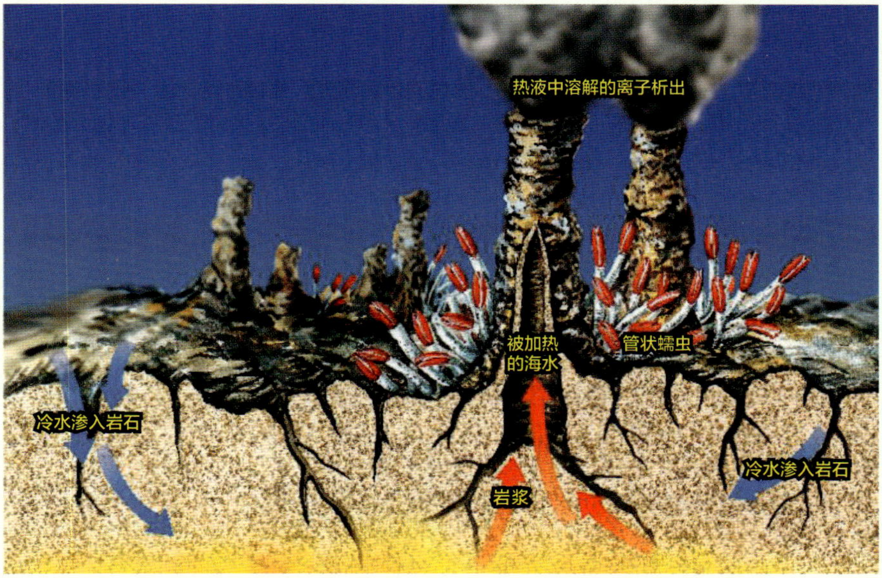

● 海底“黑烟囱”附近的生物群，科学家称之为“玫瑰花园”
（图源：中国科学院深海科学与工程研究所）

深海黑烟囱和深海生物群的发现，在科学上具有重要的意义。首先，它表明“活力地球”的能量来源除了天上的太阳，还有地下的太阳——地热。其次，科学家惊奇地发现，早期生命的起源可能就是来自这些黑烟囱。因为“黑烟囱”附近生物链的生存环境，与太古宙生命起源时期类似。在海底黑烟囱周围高温、高压、黑暗、缺氧、含硫等极端环境中，生活的这些特殊的深海生物群落，它们的初级生产者嗜热细菌和古细菌，在基因组序列上也最接近地球上原始的祖先。达尔文在一封信里曾讲道，生命最早很可能在一个热的小的池子里面，也就是后人讲的“原始汤”。达尔文生活的年代对深海基本还是一无所知，这个想法经过很多年都没有证实。近 30 年来深海生物科研的重大突破，则是对这种设想的佐证。

太阳辐射每年给地球活动的能量约为 5.5×10^{24} J。地热能约为每年 4.7×10^{20} J。应该说，太阳散发的能量比地球内部散发出的能量要多一些。尽管如此，我们也不能小看地球内部的能量，它维持着地核和地幔内的对流，板块漂移、火山、地震的能源都来自它。从地球形成至今的 46 亿年，几乎每时每刻都在发生着地震与火山喷发，表明地核中的能源也是用之不竭的。所以，地球活动的能量来源，太阳最大，地球内部次之。

重力势能

重力无时不在、无处不在。大气圈由于地球重力的吸引，地面附近的空气密度大，气压高，而高空大气重力吸引力小，密度小，气压低。地面附近，每升高 100 m，大气压约减小 1kPa。同时，密度大的空气上升时，体积膨胀，吸收热量，温度逐渐降低，每上升 100 m，气温下降约 0.65℃。一旦进入地下几十米，每深 100 m，温度上升 3℃。在大气运动（特别是对流）过程中，重力起了重要的作用。

对于岩石圈，高山上物体的势能高，一旦从山上落下，释放的能量会产生滑坡、泥石流、雪崩等灾害，这些现象都是重力影响的结果。在地表物质运移中，重力起到了关键的作用。

地球上为什么会有大山？岩浆就如同热空气上升一样，一旦遇到机会，就会钻出地面，上升形成大山，中国西南部峨眉山大花岗岩省就是一个例子（见本书第四章）。更为重要的是，地球板块激烈地碰撞，不仅在板块接合部产生隆起形成山脉，还使板块内部的地壳物质受到水平方向挤压力作用，导致岩石急剧变形并大规模隆起形成山脉，这被称为造山运动或造山作用。

地质历史上，造山运动有时激烈，有时平缓，最显著的有两个时期。一个时期是从 1.4 亿年～1.3 亿年前开始，到 7000 万年前左右告一段落，叫作燕山运动，今天我国地势起伏的大体轮廓，就是在燕山运动中初步奠定的。另一个时期是近 3000 万年以来，即地质学上所说的喜马拉雅造山运动，高大的喜马拉雅山从海底崛起。不只是喜马拉雅山，我国许多地方都表现出地壳活动的增强，特别是西部地区，隆起上升的现象很显著，许多在燕山运动中已经形成的山岳再次被抬升，这种变动直到今天还没有完全停止下来。东亚构造体制发生了重大转换，西伯利亚板块向南、太平洋板块向西、印度洋板块向北东的同时向中朝板块汇聚，形成了以陆内俯冲和陆内多向造山为特征的东亚汇聚构造体系。

严格说来，地表重力势能根本上起源于地热能，没有地热能产生的地下岩浆和板块运动，地球表面难以形成重力势能的差别。但重力势能引起的地质灾害数量实在太多，所以也作为地球活动的一种能源加以介绍。

● 中国地势图。“横看成岭侧成峰，远近高低各不同。”（苏轼）造山运动主要发生在地壳局部的狭长地带，褶皱、断裂、角度不整合、岩浆侵入和区域变质作用发育。物体从高处的下滑，引起的滑坡、泥石流、地面塌陷，几乎每天都会发生

地球一些事件的能量

台风

照射到地球的太阳能在时间和空间上的差别，造成了地球大气层的运动。入射到地球的太阳能，赤道接收得多，两极接收得少。温度的差别，再加上地球的自转，产生了大气层运动，在海洋中产生了洋流。大气运动和洋流，就像一部巨大的热机，把热由地球的这一部分传到地球的那一部分。太阳向地球辐射太阳能，在赤道辐射的能量多，因此，赤道大气层的温度也高，整个大气层的平均温度从赤道向两极逐渐减少。

● 2009年7月全球太阳辐射空间分布。7月北半球太阳高度角较高，太阳辐射较大。南极地区是极夜，太阳辐射为0。全球全年平均太阳辐射平均值在200～250 W/m^2（图源：中国科学院青藏高原研究所国家青藏高原科学数据中心）

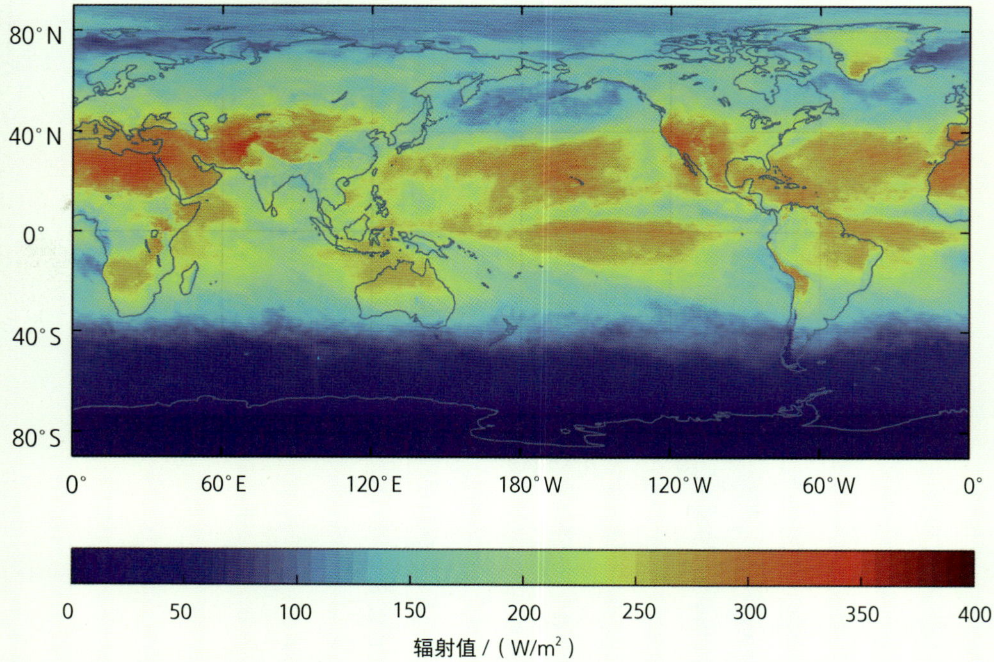

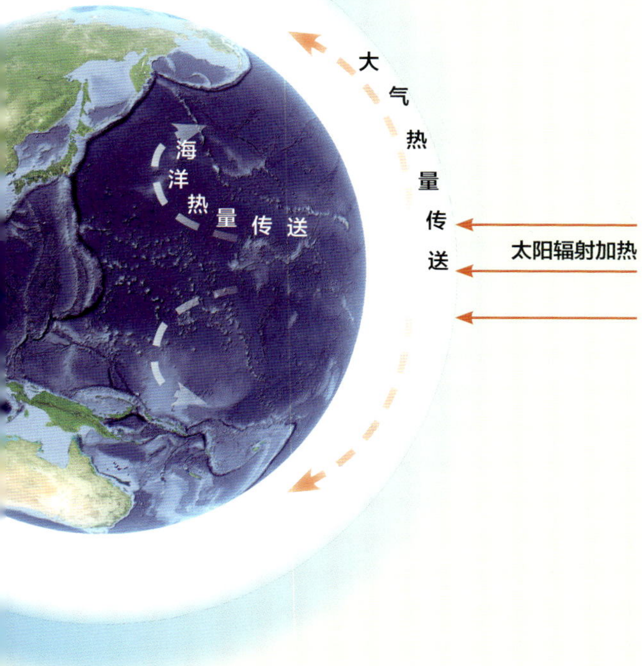

● 太阳辐射传输示意图。全年平均太阳辐射在赤道附近最大，由大气和海水输运到两极，决定了全球尺度大气的运动

太阳能造成区域性的大气运动。夏季在温度高的热带海域内，海水被加热，太阳光使热空气往上升，地面气压降低，外围空气就源源不绝地流入上升区，又因地球转动的关系，使流入的空气像车轮那样旋转起来。当上升空气膨胀变冷，其中的水汽冷却凝成水滴时，放出大量热能，这又助长了低层空气不断上升，使地面气压下降得更低、空气旋转得更加猛烈，在这样一种不断增强的失稳过程中，就形成了台风。

● 太平洋超强台风的卫星照片。台风是大气中绕着自己中心急速旋转而又向前移动的热带气旋。太阳照在赤道附近的海洋，海面厚厚一层海水温度被加热到 26.5℃以上，这个暖水层必须有 60 m 左右的厚度。在 60 m 深的一层海水里，水温都要超过这个数值。太阳光使热空气开始往上升，地面气压降低，外围空气就源源不绝地流入上升区，又因地球自转的关系，使流入的空气像车轮那样旋转起来。当上升空气膨胀变冷，其中的水汽冷却凝成水滴时，放出大量热能（图源：NASA）

台风携带的能量极大。1996 年亚洲东南部出现的 Herb（赫拔）台风是一个高能量的系统，其主要的天气现象包括强风和暴雨，强风伴随着大量的动能，而暴雨则带着大量水汽凝结的潜热释放。潜热，是相变潜热的简称，指物质在等温等压情况下，从一个相变化到另一个相吸收或放出的热量。Herb 台风使台湾地区的局部平均降雨量为 1000～2000 mm，此雨量乘以凝结潜热（2.5×10^6 J/kg）及集中降雨区的面积（1 万 km^2 以上）后，可以得到一次 Herb 台风总能量的估计值为 1×10^{20} J（持续多天的积累能量）。如此大的能量相当于台湾几百年的用电量。

凝结潜热是一个物理学概念。凝结时，由于水汽分子变为液态水，分子间的位能减少，因而有热能释放出来。这种凝结时释放出来的热量叫作凝结潜热，它与同温下的蒸发潜热（汽化潜热）数量上相等。

● 潜热概念图

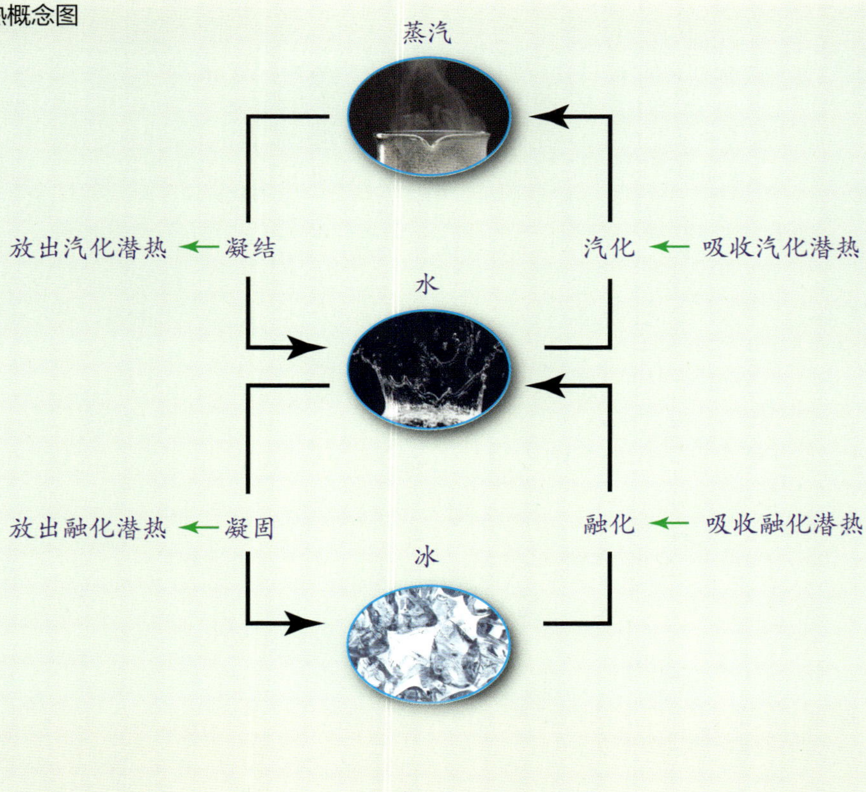

地震

1960 年智利大地震大到山崩地裂、房倒屋塌，震动全球，而小的地震每年发生多达百万次，震动小到人体根本感觉不到，甚至比马路上汽车产生的地面震动还小，只有灵敏的仪器才能记录到。地震大小差别极大，如何表示地震的大小？

人们用地震产生地震波所携带的能量 E 来表示地震的大小，引入了地震的震级 M（magnitude）的概念。震级大的地震，释放的能量就多，地面震动就更强烈。

地震释放的地震波能量 E 与震级 M 有下列关系（能量 E 以焦耳计）：

$$\lg E = 4.8 + 1.5M$$

地震波能量 E，可以通过分布在全球的地震台观测到的地面震动记录推算得到。一旦地震发生，地震观测网就能测出地震发生的地点和地震的震级，进而可以间接地估计各地地面震动的强烈程度。地震震级大 1 级，释放的地震波能量大 $1\times10^{1.5}\approx31.6$ 倍；震级大 2 级，释放的地震波能量大 $1\times10^{1.5+1.5}=1\times10^{3}=1000$ 倍；震级大 4 级，释放的地震波能量大 1×10^{6} 倍。一个 8 级地震，释放的能量是一个 4 级地震的一百万倍。2008 年汶川地震 8 级（$M=8$）的地震释放能量约为 1×10^{17} J（焦耳），虽然小于 Herb 台风总能量的估计值为 1×10^{20} J，但台风释放能量的过程持续多天，而地震释放能量的过程不超过 1 分钟。

人为事件的能量

在日本广岛上爆炸的原子弹，相当于 1.5 万 t TNT 炸药放出的能量（6.3×10^{13} J，或为 1.75×10^{7} 度电，1 度电等于 3.6×10^{6} J，1 t TNT 炸药放出的能量 $=4.2\times10^{9}$ J）。

秦山核电站 1 期发电 172 亿度电（6.2×10^{16} J）（据中国电力企业联合会官网）。

三峡水电站 2022 年发电 1000 亿度电（3.6×10^{17} J）。2008 年汶川 8 级地震释放地震波能量约为 1×10^{17} J（据中国地震局），地震波能量约占地震总能量的 5%～10%，因此汶川地震释放能量为 1×10^{18} J（3×10^{11} 度电），接近 20000 颗广岛“小男孩”原子弹的能量。

人类有记录的震级最大的地震是 1960 年 5 月 22 日智利发生的 9.5 级地震，类似的算法可以知道，它释放的能量相当 100 万颗广岛原子弹的能量。

迄今为止地球上最大的能量事件是在 6600 万年前一颗直径 10 km 的小行星以 20 km/s 的速度（相当于高速飞行的子弹的 20 倍），垂直撞击中美洲墨西哥尤卡坦半岛，撞击产生的能量约为 1×10^{24} J。学术界多数人认为，这次撞击事件造成了恐龙的灭绝。

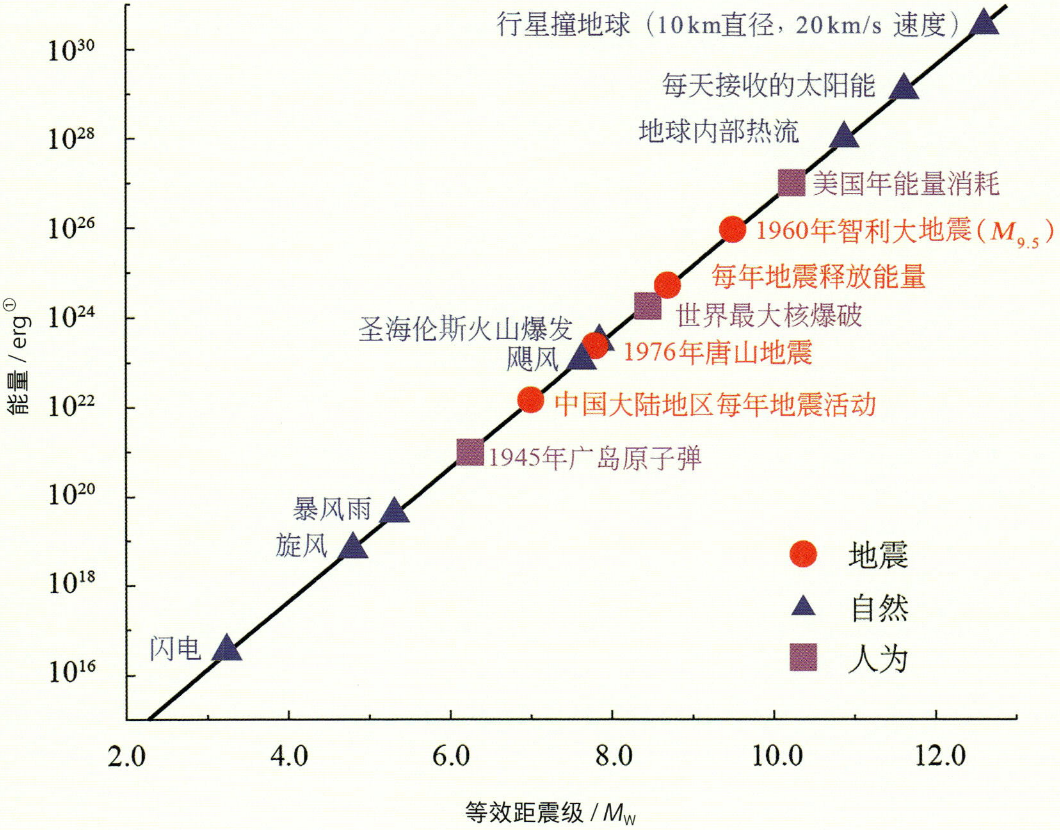

● 地球上各种能量释放事件的能量对比。10 km 直径小行星撞击地球能量约为 1×10^{24} J，1996 年太平洋 Herb 台风能量约为 1×10^{20} J，1960 年智利 9.5 级地震能量约为 1×10^{19} J，1980 年美国圣海伦斯火山爆发能量约为 1×10^{17} J，1976 年唐山地震释放地震波能量约为 1×10^{16} J，1945 年日本广岛原子弹能量约为 1×10^{13} J，中等闪电能量约为 1×10^{9} J。作为对比，三峡水电站一年发电量 1030 亿 kW · h（3.6×10^{17} J，2020 年数据），泰山核电站发电量为 500 亿 kW · h（1.8×10^{17} J，2021 年数据）。本书没有把小行星撞击作为地球活动的能量来源，因为这样规模的事件 6600 万年才发生一次

---

① 1 erg = 1×10^{-7} J。

从上面的比较可以看出，自然界的事件力量实在是太大了。

当我们讨论地震、海啸、火山、洪水、滑坡和泥石流等多种自然灾害时，不同灾害产生的原因不同，特点也不同。但这些灾害的背后，都有地球活动的能量来源。地球上不同的地点、不同的时间接收能量也是不同的，因此，讨论地球的活动时，第一要看能量来源何处，第二要看能量的转移，能量流的空间与时间分布，这些是造成地球不断活动的根本原因。我们生活的地球是一个活动的星球，它每时每刻都在发生变化。这些变化，特别是快速变化造成了自然灾害。我们应该从地球的外部能量（太阳能）、内部能量（地球地热能）和重力势能的角度，认识灾害的原因和特点，用能量分析把不同的自然灾害联系起来。

第三章

活力岩石圈

什么是地震

历史书中的地震

地震灾害

汶川 8 级地震

地震波——照亮地下的一盏明灯

板块运动

地震

板内地震

人类对天然地震的记录历史源远流长。中国最早关于地震的记录发生在公元前 1831 年，见于《竹书纪年》。更早的地震文字包括象形文字记载是在中东，在这些地区，地震记载可追溯到公元前 40 世纪。地震留给人的主要印象就是一场大灾难。

院士导读

什么是地震

古代日本人认为是一种鲇鱼（catfish）的翻身造成了地震，印度人认为是地下的大象发怒引发了地震。真正对地震的科学认识始于中国东汉 132 年张衡创制候风地动仪。候风地动仪的研制者认识到，地震是一种远方传过来的地面震动，这是对于地震的本质性的认识。但远方为什么会有震动?

板块构造理论给出了这个问题的回答，它是 20 世纪 60 年代末期形成的一个大地构造学说：固态岩石圈之下均为液态岩浆（塑性软流圈），岩石圈由许多板块组成，全球岩石圈构造运动的基本原因是这些板块的相互作用；板块强度很大，板块的边缘是构造运动最剧烈的地方，主要变形在其边缘部分。板块构造学说阐明的地球基本面貌的形成和发展，非常引人入胜。例如：大西洋在不断扩大；太平洋在不断缩小；红海、东非裂谷和加利福尼亚海湾在不断开裂，孕育着新的大洋；青藏高原是两个大陆板块相碰，印度板块跑到欧亚板块下面，彼此重叠而生成的；喜马拉雅山是两者挤压而迅速隆起形成的，等等。板块构造学说统一了以往各种大地构造假说，开创了人类对地球史认识的新阶段，被认为是地球科学的一次革命。

● 中国东汉张衡于公元 132 年创制了候风地动仪。公元 138 年，陇西发生地震，千里之外的洛阳并无感觉，但地动仪却测到了，许多人都不相信，几天后，驿马送来了消息，于是朝廷内外尽皆信服。可惜的是，公元四世纪，这台仪器在战乱中散失，至今失传。后人对于地动仪的复原，究竟是倒立柱原理还是悬挂摆原理，多有争论。但公认的是：地动仪的设计充分证明张衡已经知道地震是由远处一定方向传来的地面震动，这是一个本质性的理解

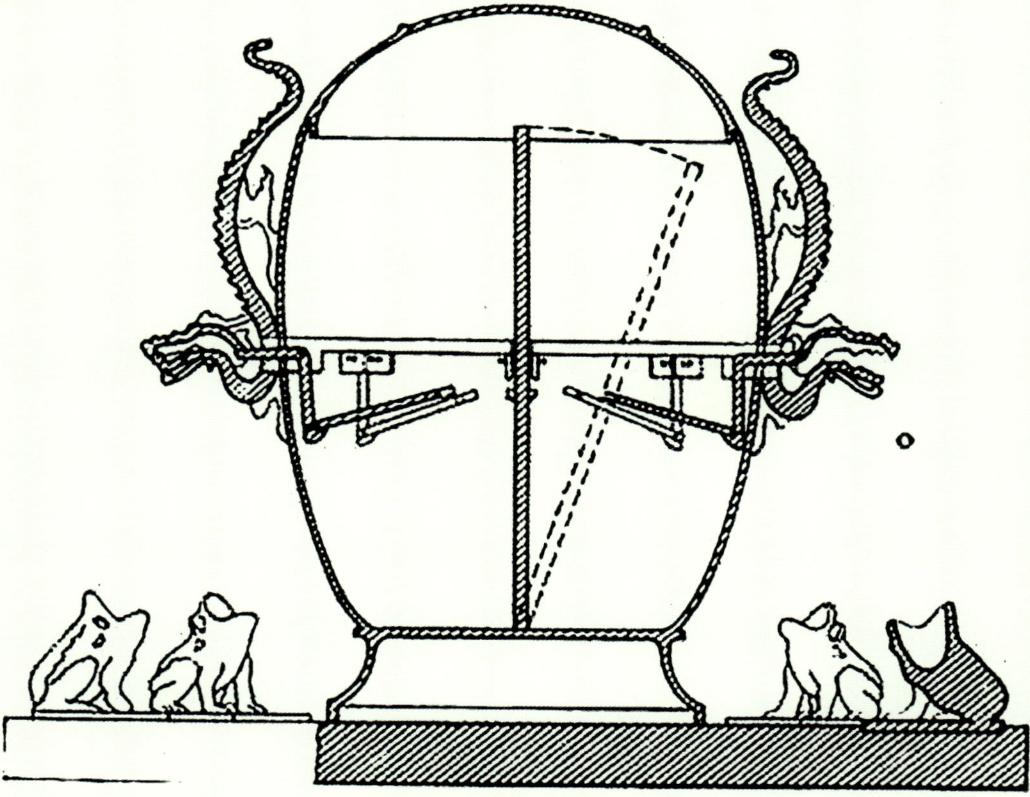

在岩浆上漂来漂去的船——板块

由于地球内部的高温高压，地球内部物质大多处于熔融或部分熔融状态。地球表面的一层，冷却后形成了包围地球的岩石圈。岩石圈由许多板块组成，本该是一个完整的圈层，但它碎成了许多块，叫作板块。有大块，也有小块，大块中还包括了许多小小块。在地下不停运动的岩浆带动下，板块在地球表面上不停地漂移，但每个板块漂移的方向和速度却不相同。打个比方：岩浆像大海，板块像多条漂在大海上的船只，只不过所有的板块船都没有船长，往哪里开，都得听岩浆的。

● 岩浆地球表面的一层，冷却后形成了包围地球的岩石圈。岩石圈是一个完整的圈层，但它碎成了许多块，叫作板块。有大块，也有小块

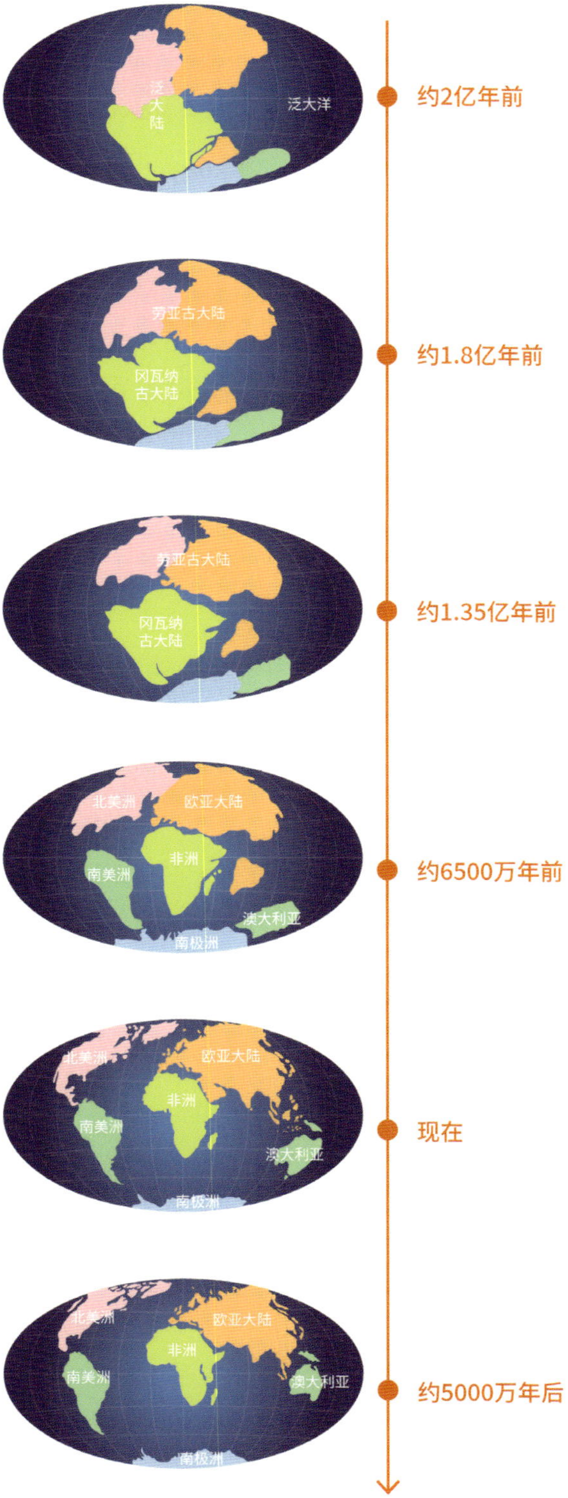

● 早在 1908 年美国地质学家弗兰克就注意到非洲海岸与对面南美洲海岸的形状十分相似，根据这个观察结果，他提出了大陆曾经到处滑动的见解

● 地球初始岩浆冷却后，表面出现了岩石圈，包括陆地的岩石圈和海底的岩石圈。根据古生物和古磁场等资料，科学家们绘制了过去 2 亿年陆地岩石在岩浆上漂动的图像。并预测了 5000 万年后，各个大陆的位置

运动板块间的交通事故——地震

开汽车的人很怕出交通事故，如正面碰撞、车辆追尾和车辆侧滑等。和车辆发生交通事故相似，大小板块之间的相互作用会产生地震。从板块构造图和全球地震图可以看出，俯冲、碰撞、剪切滑动等主要发生在各板块之间的边界上，因此板块边界就是地震发生的主要地点。

从全球地震震中分布图上可以看出，地震主要分布在三个地震带上。首先约 70% 的地震分布在围绕太平洋板块的俯冲边界上，这是环太平洋地震带，包括日本、中国台湾、美国加州圣安德列斯断层带等著名的地震活动区。其次，约占全球 15% 的地震分布在欧亚板块和非洲板块、阿拉伯板块、印度 - 澳大利亚板块的边界，从地中海到喜马拉雅山的这个

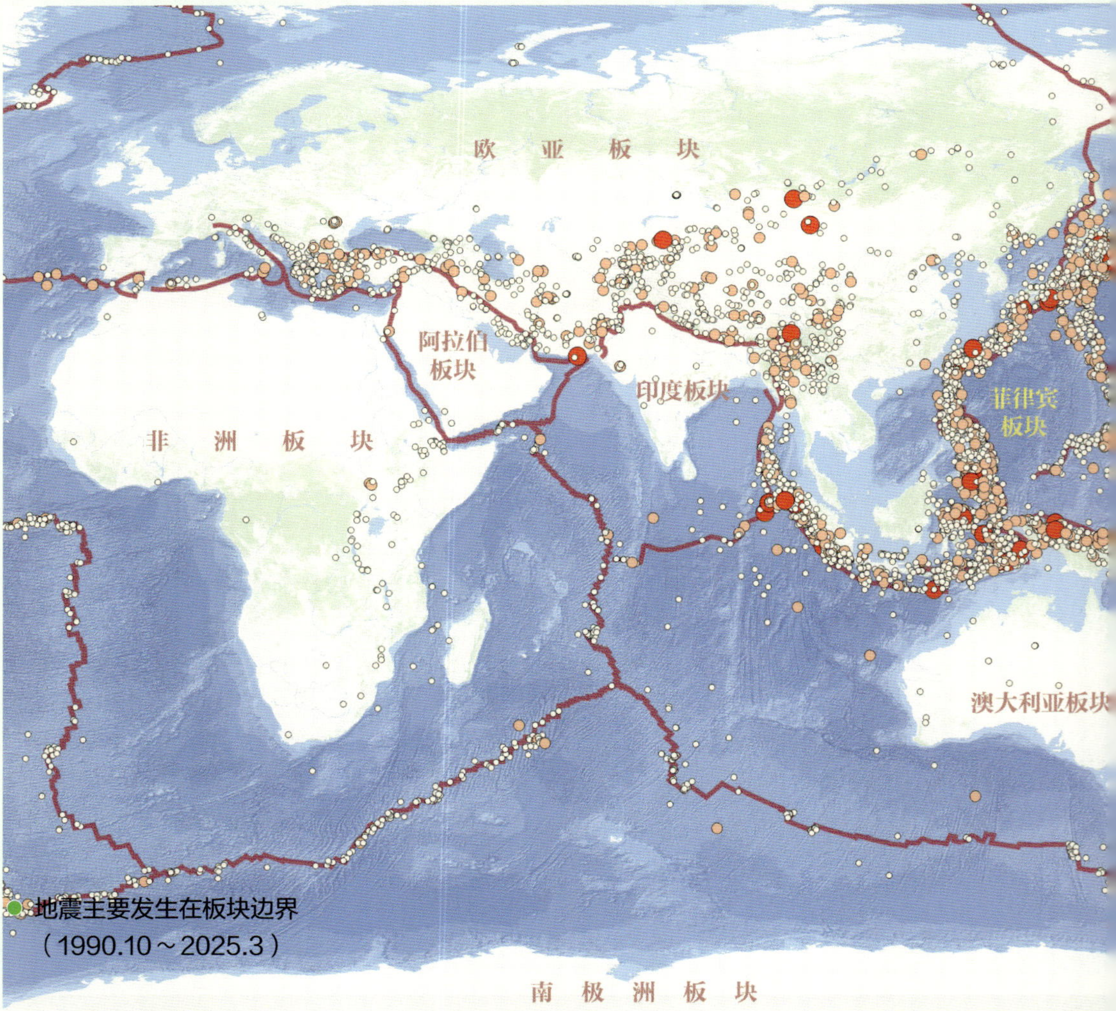

地震主要发生在板块边界（1990.10～2025.3）

地震带，叫作欧亚地震带，其上地震分布的特点是比较分散，不像环太平洋地震带那么集中、那么有规则。第三个地震带是沿着各大洋洋中脊分布的洋脊地震带，占 5% 左右。

一个板块内部也不是铁板一块。岩石圈是早期岩浆地球冷却后形成的圈层。我们先来看看湖水冷却结冰的情况。湖水温度降低时，水的密度减少，体积膨胀，结冰时，冰面出现大大小小闪光的线条，代表了膨胀时冰中形成的裂纹和各种间断面。岩石圈的情况也类似，岩浆冷却时，板块内部自然会形成许多断裂和各种软弱面。板块漂移的同时，板块内部的断裂和软弱面也会发生裂开、滑移、剪切错动等，产生地震，这属于板块内部的地震，简称板内地震。

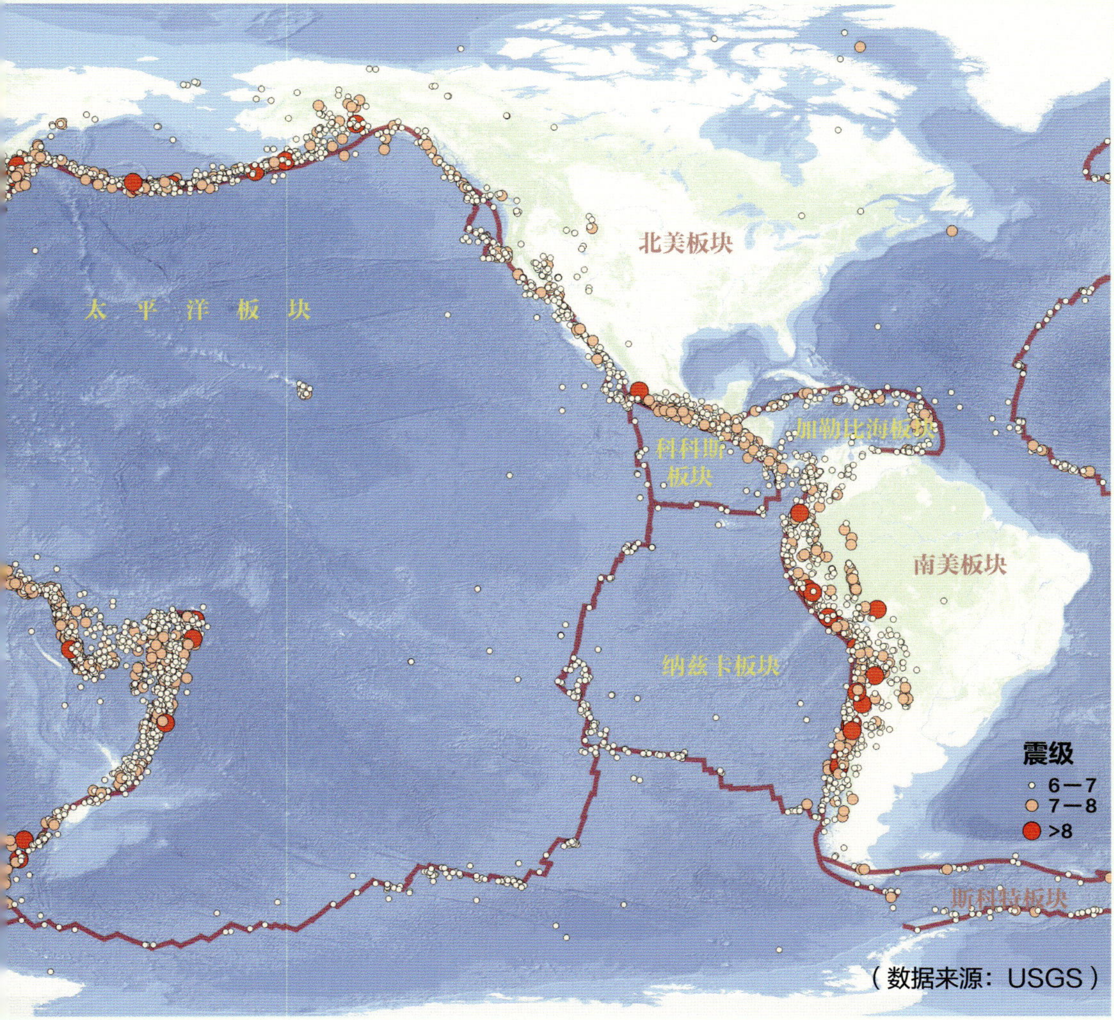

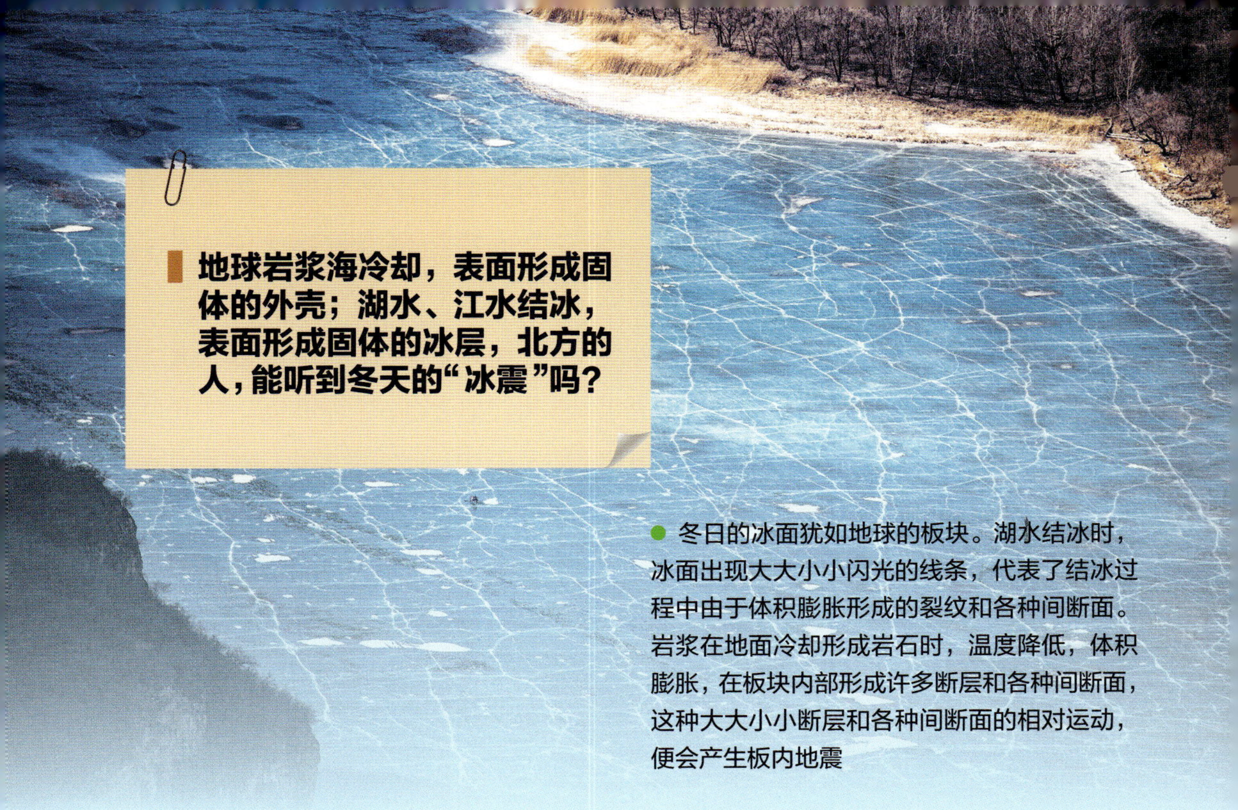

地球岩浆海冷却，表面形成固体的外壳；湖水、江水结冰，表面形成固体的冰层，北方的人，能听到冬天的“冰震”吗？

冬日的冰面犹如地球的板块。湖水结冰时，冰面出现大大小小闪光的线条，代表了结冰过程中由于体积膨胀形成的裂纹和各种间断面。岩浆在地面冷却形成岩石时，温度降低，体积膨胀，在板块内部形成许多断层和各种间断面，这种大大小小断层和各种间断面的相对运动，便会产生板内地震

古代长城被地震错断（图源：王兰民供图）

大多数地震发生在地下深处，只有极少数的大地震能见到地面上的断层错断。我们把地下深处发生错断的地方叫作地震的震源。按照震源的不同深度，地震通常可分成三类：

（1）浅源地震，震源深度小于 70 km。

（2）中源地震，震源深度 70～300 km。

（3）深源地震，震源深度大于 300 km。

全世界 90% 的地震震源深度都小于 100 km，仅有少数的地震是深源地震。由于浅源地震能够产生更大的地球表面的震动，因此，浅源地震的破坏力也最大。

● 地震的基本要素

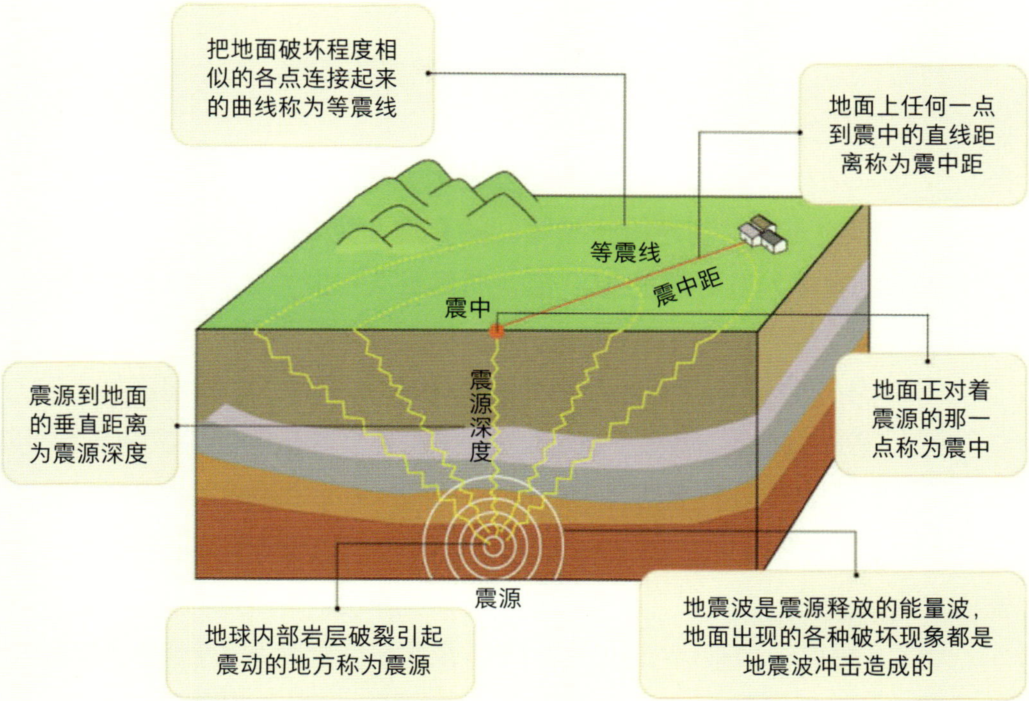

地震的大小——里氏震级

地震有大有小，全世界每年发生多达百万次地震，有些小地震引发的地面震动幅度只有几个纳米，甚至比马路上汽车产生的地面震动还小，人体根本感觉不到，只有灵敏的仪器才能记录到。有些大地震，像 1960 年智利大地震，地面震动可以大到几米，山崩地裂、房倒屋塌，震动全球。地震的大小差距可达 10 个量级。那么，如何定量地描述地震的大小呢？

一个学科的难题，经常会受到别的学科的启发。描述地震大小问题的灵感，来自于天文学中表示天体亮度的“星等（Magnitude）”概念。天空中有的天体很亮（如太阳），有的天体很暗（如冥王星）。天文学上规定，星的明暗一律用“星等”来表示，星等数越小，说明星球越亮，星等数每相差 1，星的亮度大约相差 2.5 倍。星球亮度的等级最早是由希腊天文学家依巴谷（Hipparchus）于公元前 2 世纪时创立的。1850 年英国天文学家诺曼 · 普森（Norman Pogson）制定其标准，他以光学仪器测定出星球的光度，制定每一星等间的亮度差为 2.512 倍（基本上是定义 1 等星的亮度为 6 等星的 100 倍，而其五次方根为 2.512，即 $2.512^5 \approx 100$）。

1935 年里克特（Charles Francis Richter）发明了比较地震大小的方法，提出震级的概念。震级（Magnitude）的英文和星等的英文是一样的，后来大家把它叫做里氏震级（Richter Magnitude），用大写字母 M 表示。按照里氏震级，7 级地震要比 6 级地震强 10 倍，比 5 级地震强 100 倍（级差由 2.512 变成了 10）。

后来，里克特（Richter）又用地震所释放的能量 E 来表示地震的大小。地震释放的地震波能量 E 与震级 M 有下列关系（能量 E 以焦耳计）：

$$\lg E = 4.8 + 1.5M$$

地震波能量 E，可以通过分布在全球的地震台观测到的地面震动记录推算得到。一旦地震发生，地震观测网就能测出地震发生的地点和地震的震级，进而可以间接地估计各地地面震动的强烈程度。地震震级大 1 级，释放的地震波能量大 $1 \times 10^{1.5} \approx 31.6$ 倍；震级大 2 级，释放的地震波能量大 $1 \times 10^{1.5+1.5} = 1 \times 10^3 = 1000$ 倍；震级大 4 级，释放的地震波能量达 1×10^6 倍。一个 8 级地震，释放的能量是一个 4 级地震的一百万倍。所以，尽管小地震数目比大地震多得多，但总能量中的大部分仍是由大地震释放的。

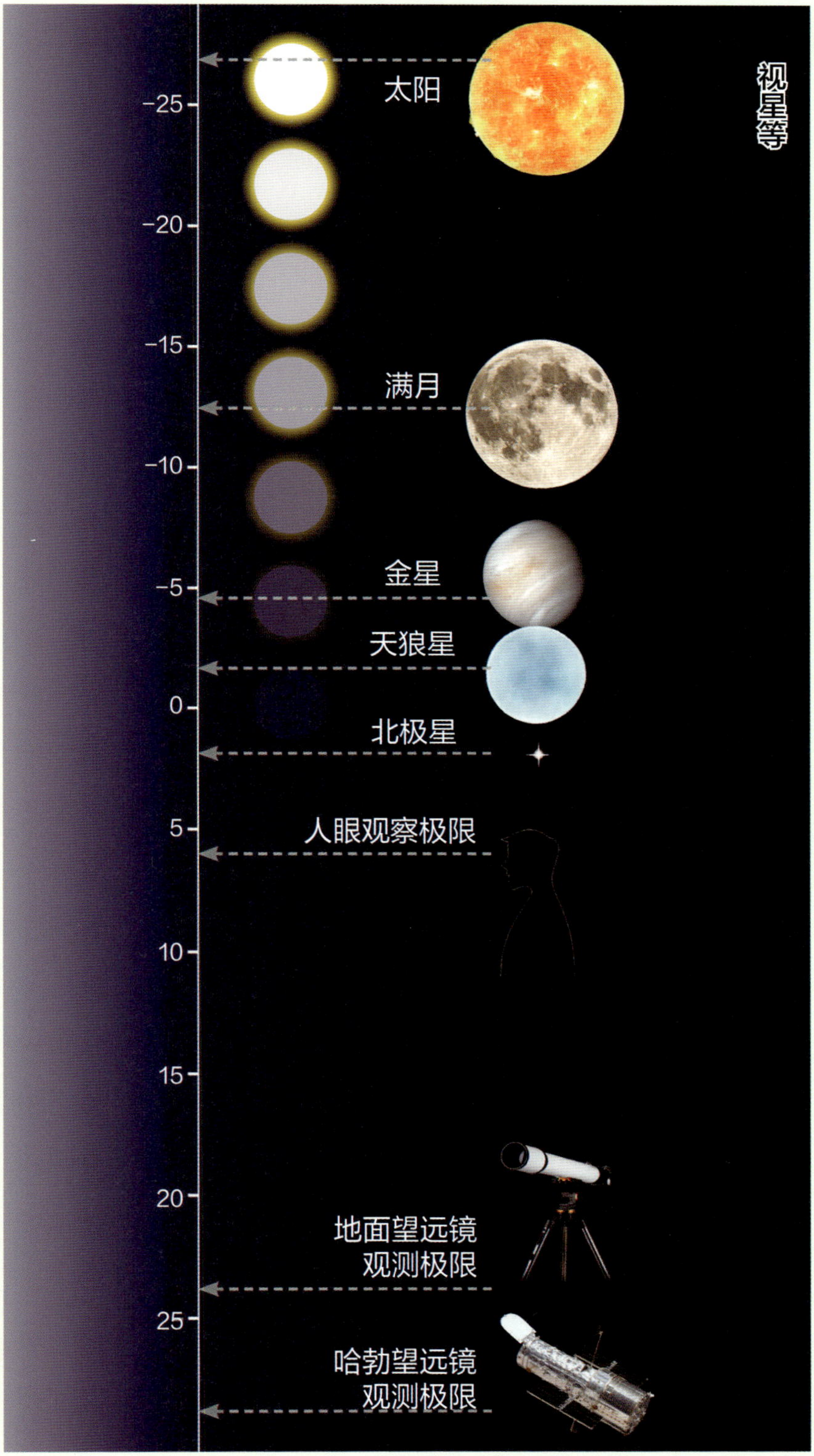

● 星等数值越小，说明星体越亮

一个地区在一段时间发生震级为 M 的地震总数写作 N，从统计学角度，两者的关系叫做地震频度（seismic frequency），具体是

$$\lg N = a - bM$$

a 和 b 都是与地区有关的常数，全球长时间平均的 b 约等于 0.8，这就意味地震震级每降一级，地震发生的数目约增大 8 倍。

震级是一种测量地震大小的方法，但不能说明地震破坏的程度。比如一次 7 级地震发生在地下 650 km 的深处，对地面可能毫无破坏，而一次发生在地下 5 km 但震级小得多的地震，却有可能造成大面积的破坏。

地震产生强烈的地面震动，造成房屋建筑物等破坏倒塌。我们把地面房屋等建筑物受地震发生破坏的程度叫作地震烈度（seismic intensity），用它表示地震对地表影响的强弱程度。地震越大，产生的地震烈度就越大；离震中越远的地方，地震烈度就越小。

中国采用 12 级的地震烈度表。由于烈度是破坏程度的定性描述，所以烈度均以整数表示，习惯上用罗马数字表示。中国的地震烈度表，首先是用人的感觉和建筑物破坏情况加以定性描述，其次是用仪器测量的地面峰值加速度，单位是 g（重力加速度，$1g \approx 9.8\ \text{m/s}^2$）。当地面震动为 1 g 时（这是非常强烈的地面震动），站在地面上的人会被向上抛起来。

（1）小于 Ⅲ 度，人无感受，只有仪器能记录到。

（2）Ⅲ 度，夜深人静时人有感受。

（3）Ⅳ － Ⅴ 度，睡觉的人惊醒，吊灯摆动。

（4）Ⅵ 度，器皿倾倒、房屋轻微损坏。

（5）Ⅵ - Ⅶ 度，房屋破坏，地面裂缝（Ⅶ 度地面峰值加速度为 0.125g）。

（6）Ⅷ - Ⅹ 度，房倒屋塌，地面破坏严重（Ⅷ 度地面峰值加速度为 0.25 g，Ⅸ 度地面峰值加速度为 0.5 g，Ⅹ 度地面峰值加速度为 1 g）。

（7）Ⅺ - Ⅻ 度，毁灭性的破坏（地面峰值加速度 > 1 g）。

震级和烈度都可以表示地震大小的量，但是两者有很大的不同。震级是表示地震所释放的能量的大小，一个地震只有一个震级。而烈度表示地震造成地面震动的强弱，不同的地区，烈度大小是不一样的。距离震中近，破坏就大，烈度就高；距离震源远，破坏就小，烈度就低。

可以举个例子说明震级和烈度的不同，地震震级好像不同瓦数的日光灯，瓦数越高能量越大，屋子越亮。烈度好像屋子里受光照的程度（光学中称为“照度”），对同一盏日光灯来说，距离日光灯的远近不同，各处受光的照射也不同，所以各地的“照度”也不一样。通常可以根据地震的震级，给出地震的震中区附近的烈度（对大多数发生在地壳内的地震）：

（1）5 级地震——震中烈度 Ⅵ - Ⅶ 度。

（2）6 级地震——震中烈度 Ⅷ 度。

（3）7 级地震——震中烈度 Ⅸ - Ⅹ 度。

（4）8 级地震——震中烈度 Ⅺ - Ⅻ 度。

某地 A，一般建筑物的设防地震烈度是Ⅷ度。什么地震能在 A 地造成烈度Ⅷ的影响？

历史书中的地震

古代七大建筑奇迹的消失

公元前 5～公元 2 世纪，地中海沿岸的希腊和罗马等国先后繁荣了起来，人们把历史上这段繁荣期叫“古典时期”或“帝国发展时期”，美国企鹅兰登出版社（PRHUS）出版的 *Seven Wonders of Ancient World*（《古代世界七大奇迹》）描绘了这段时间地中海附近的辉煌时光。古代世界“七大奇迹”指的是地中海东部沿岸地区七座宏伟的建筑和雕塑。遗憾的是，除了埃及金字塔，我们没有机会欣赏这些 2000 多年前的奇迹了，而只能在深圳的“世界之窗”见到人们想象的复原模型了。这些奇迹的消失，都与地震或大火等灾害有关。

崛起大国的衰落

2006 年，中央电视台播出的纪录片《大国崛起》以历史的眼光和全球的视野，解读了 15 世纪以来，对人类社会发展产生重大影响的 9 个世界性大国崛起的历史，它们是：葡萄牙、西班牙、荷兰、英国、法国、德国、日本、俄罗斯、美国。

葡萄牙和西班牙排在最前面。15 世纪，欧洲大陆最早的两个民族国家葡萄牙和西班牙，在国家力量的支持下进行航海冒险：葡萄牙一代代航海家们开辟了从大西洋往南绕过好望角到达印度的航线；1492 年哥伦布代表西班牙抵达了美洲。当麦哲伦船队（麦哲伦本人在菲律宾意外身亡）完成人类第一次环球航行后，原先割裂的世界终于由于地理的发现连接成一个完整的世界，世界性大国也就此诞生。葡萄牙依靠新航线和殖民

● 古代世界的建筑奇迹曾遭到地震破坏。（a）埃及胡夫金字塔：虽经受多次地震破坏，至今仍在。（b）巴比伦空中花园：公元前 6 世纪由巴比伦王国修建，花园放在四层平台之上，由 25 m 高的柱子支撑，并且有灌溉系统，园中种植各种花草树木，远看犹如花园悬在半空中，由此得名，毁于公元前 2 世纪地震。(c) 阿尔忒弥斯神庙：代表着古希腊建筑最成熟的风格，毁于公元前 356 年的大火。(d) 奥林匹亚宙斯神像：神像所在的宙斯神殿是奥林匹克运动会的发源地，拜占庭的菲罗撰写记述世界七大奇迹说：“我们以其他六大奇迹为荣，而敬畏宙斯神像。”毁于 5～6 世纪大火，残骸毁于地震。(e) 摩索拉斯陵墓：严重损毁于 14～15 世纪地震。(f) 罗德岛太阳神巨像：整座巨像高 33 m，一个脚趾头就需要两个成人合抱，他手举的火炬作为灯塔，昼夜不熄，为过往的船只导航。公元前 226 年，一次大地震把这座伟大的巨像推倒了。(g) 亚历山大灯塔：公元前 280 年秋，一艘埃及的皇家喜船在驶入亚历山大港时触礁沉没了，船上的皇亲国戚及从欧洲娶来的新娘全部葬身鱼腹，埃及法老下令修建导航灯塔。经过 40 年的努力，亚历山大灯塔建成后，它以 400 英尺[①]的高度当之无愧成为当时世界上最高的建筑物，可惜毁于 14 世纪的大地震

① 1 英尺 = 30.48 厘米。

掠夺建立起势力遍布全球的殖民帝国，并在 16 世纪上半叶达到鼎盛时期。18 世纪，葡萄牙成为世界上第一个靠航海而崛起的大国，首都里斯本更是世界上最繁华的城市，是贸易、金融和文化的中心。

葡萄牙经常发生地震。从地震破坏的程度来说，葡萄牙也排在了世界的前面。历史有记载的最强的地震是 1755 年 11 月 1 日把里斯本变成一片废墟的那次。11 月 1 日是传统的万圣节，葡萄牙里斯本全城居民走上街头，进入教堂，欢庆节日。9 点 40 分左右，里斯本附近发生了一次大地震，地震使整个城市猛烈摇晃持续了足足 5 分钟，并发出打雷般的巨大声响。幸存者们仅仅享受了 3 分钟的平静，接着又发生了两次强烈地震，震动的威力大得不得了，港口里的海水汹涌而出，接着又以超过 15 m 高的巨浪返回，造成了更大的破坏，坠落的石块砸向了街道上和教堂里无处可躲的人群。节日里点燃的蜡烛和油灯，不断引发火灾。当一切结束的时候，几乎所有的建筑物都被夷为平地，25 万人的城市居民中高达 7 万人死亡。除了生命和财产损失外，当时世界上最好的里斯本图书馆里的文化精品，如航海地图、中世纪的许多艺术珍宝都毁于这次地震。

1755 年里斯本大地震是崛起大国葡萄牙衰落的一个重要原因。

● 里斯本的卡尔莫修道院遗址。这次发生在万圣节的大地震，使里斯本 25 万居民中的 7 万人丧生，包括卡尔莫修道院在内的 85% 的建筑物被毁（图源：Pixabay）

● 1755 年 11 月 1 日，里斯本近海大地震产生的海啸袭击了塔古斯河北岸（North Tagus River）［图源：乔治 · 路德维希 · 哈特维格（Georg Ludwig Hartwig）1887 年所绘插图，存于贝特曼档案馆］

● 回顾世界近代史大国崛起的历史，葡萄牙是靠航海崛起的第一个国家，中央电视台《大国崛起》的第一集讲的就是葡萄牙，1755 年里斯本大地震是崛起大国葡萄牙衰落的重要原因

● 法国雕塑家让 · 安东尼 · 乌东创作的雕塑作品“伏尔泰坐像”。1755 年里斯本地震，影响到西方的文化，特别是西方哲学。法国哲学家伏尔泰（Voltaire）亲身经历了地震。震后，他以这次地震为名，写了“里斯本地震（The Lisbon Earthquake）”的诗，讨论世界哲学史上的一个永恒的话题：人和自然。是人定胜天？还是听天由命？他感叹道：自命不凡的人类在巨大的天灾面前更多呈现出的是无力感

全球历史上死亡人数最多的地震

1556 年 1 月 23 日（明嘉靖三十四年十二月十二日午夜），陕西华县、渭南、华阴一带（关中）发生大地震，河北、安徽、湖南等地都受到影响，波及面积达 90 万 km^2。由于这次地震发生在午夜 12 时，人们正当熟睡，死伤惨重。明史记载：“官吏军民压死八十三万有奇。”人类历史上有记载以来，死亡人数最多的地震就是这一次。

陕西官府上报公文中写道：秦晋之交，地忽大震，延及千里，川原拆裂，郊墟迁移，或壅为岗阜，或陷作沟渠，山鸣谷响，水涌沙溢，城垣、庙宇、官衙、民庐倾颓摧圮，十居其半。军民被害，其奏报有名者，八十三万有奇，不知名者复不可数计。

陕西华县地震发生在远离板块边界的地方，发生在欧亚板块的内部，这是板内地震的代表。不仅是华县地震，1811～1812 年，美国密西西比河流域的新马德里爆发了四次 7 级或以上的板内地震。尽管板内地震数量远不及板块边界的大地震。但发生在大陆板块人口密集的板内地震能够造成极大的灾害。过去很长时间里，科学界认为板块活动是地震的唯一原因，但是，板内地震产生的原因和机制，仍是当今板块构造理论没有回答的问题。

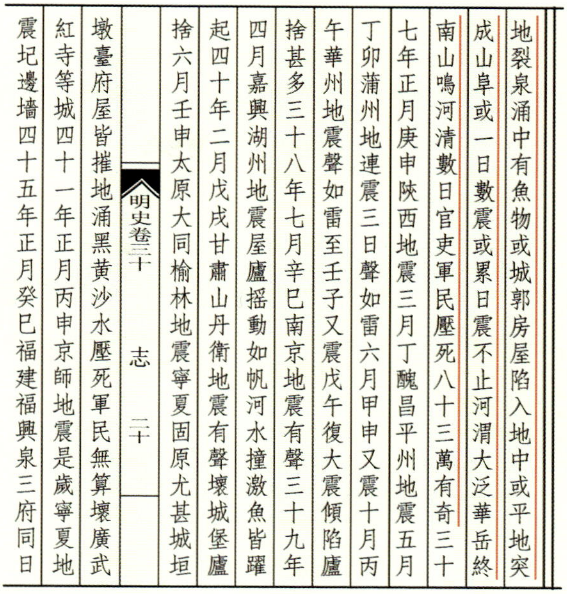
地裂泉涌中有魚物或城郭房屋陷入地中或平地突成山阜或一日數震或累日震不止河渭大泛華岳終南山鳴河清數日官吏軍民壓死八十三萬有奇三十七年正月庚申陝西地震三月丁醜昌平州地震五月丁卯蒲州地連震三日聲如雷六月甲申又震十月丙午華州地震聲如雷至壬子又震戊午復大震傾陷廬捨甚多三十八年七月辛巳南京地震有聲三十九年四月嘉興湖州地震屋廬搖動如帆河水撞激魚皆躍起四十年二月戊戌甘肅山丹衛地震有聲壞城堡廬捨六月壬申太原大同榆林地震寧夏固原尤甚城垣

明史卷三十 志 二十

墩臺府屋皆摧地涌黑黃沙水壓死軍民無算壞廣武紅寺等城四十一年正月丙申京師地震是歲寧夏地震圮邊墻四十五年正月癸巳福建福興泉三府同日

1556 年陕西华县地震造成 83 万人死亡，严重的灾区达 90 万 km^2

明史记载的陕西华县大地震

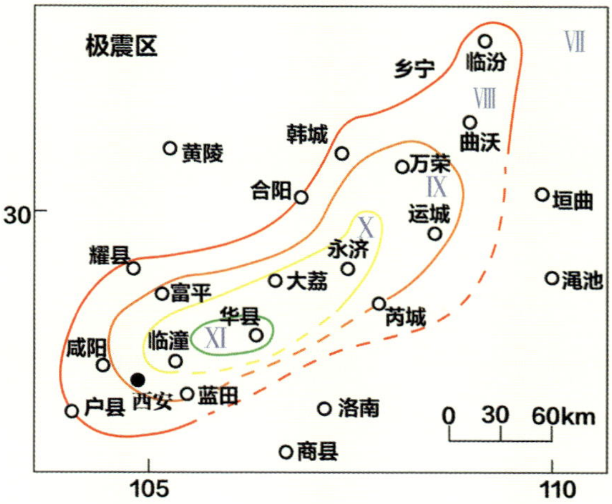

地震灾害

了解了历史上的地震灾害，再来看看近几百年的地震灾害。

宁夏海原地震（环球大震）

1920 年 12 月 16 日，宁夏海原（北纬 36.5 度，东经 105.7 度）发生 8.5 级地震，震中烈度达到顶级 12 度。地震共造成约 28 万人死亡（1921 年 3 月初，《中国民报》报道为 359842 人），30 万人受伤，毁城四座，数十座县城遭受破坏。

海原地震是中国 20 世纪最大的地震，也是世界历史上最大的地震之一。地震释放的能量相当于 11 个唐山大地震。强烈的震动持续了十余分钟，余震持续三年。青海、甘肃、陕西、山西、内蒙古、河南、河北、北京、天津、山东、四川、湖北、安徽、江苏、上海、福建等省区市有感，有感面积达 1/4 国土大小，约为 251 万 km^2。

距震中 1000 km 的北京“电灯摇动，令人头晕目眩”。当时居住在北京的鲁迅先生在日记中还记下了这样的一笔：“夜地震约一分时止”。

距震中 1300 km 的上海，英国领事馆的时钟、信号钟都停止了摆动。徐家汇观象台，因为地震过于强烈，竟然让地震仪都难以承受，笔尖半途跌落了，没能记录下全部的地震波。这次地震的地震波，被全球 96 个地震台记录到，被称为“环球大震”。

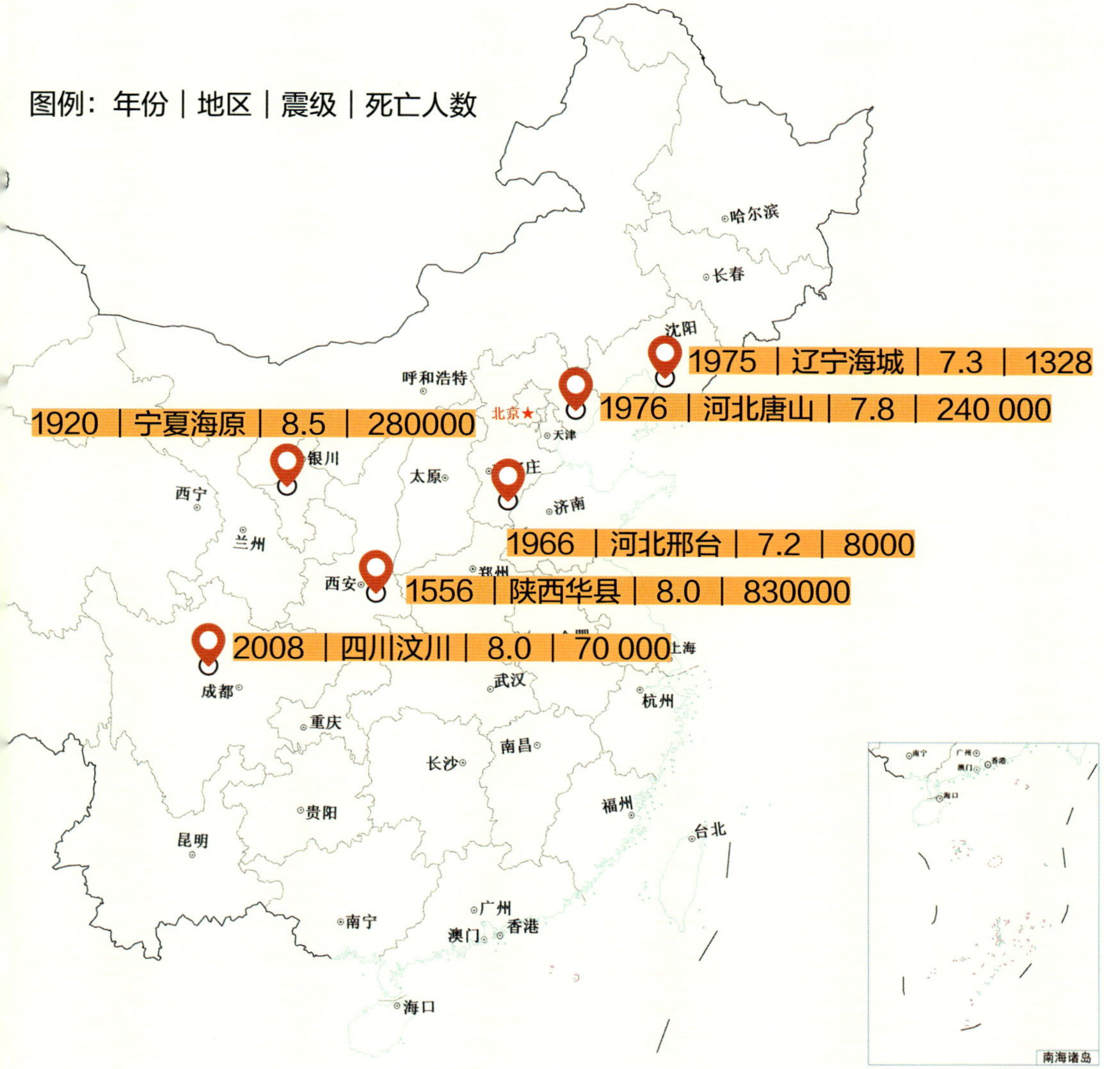

● 中国（部分）重大地震灾害分布图

因为当时中国处于军阀混战，没有开展有效救灾，海原很多人都埋在了“万人坟”这个地方。当年海原地震的遇难者后代，也已迁徙到周边各省，每年 12 月 16 日，从甘肃、青海、陕西及宁夏其他地方涌来上千名祭祀者，都陆续来到万人坟这里祭奠。

● 海原地震震后惨状。1920年海原地震后，中国第一位地质学博士，后曾任中华民国行政院院长的翁文灏，率同著名的地质学家谢家荣等从南京出发，行程近3个月，到达海原。这是震后79天拍的灾区照片

● 被地震劈开的大树。地震发生在十几千米的地下，巨大的能量释放导致了地面大量裂缝的产生，海原地震产生的地面裂缝可将地面上的大树劈开，可见地震能量之巨大（图源：海原地震博物馆）

汶川 8 级地震

2008 年 5 月 12 日汶川地震发生，震级达 8.0，震中地震烈度达到 XI 度。地震波及大半个中国及亚洲多个国家和地区。地震共造成近 7 万人遇难，直接经济损失达 8451 亿元。这是新中国成立以来破坏力最大的地震。

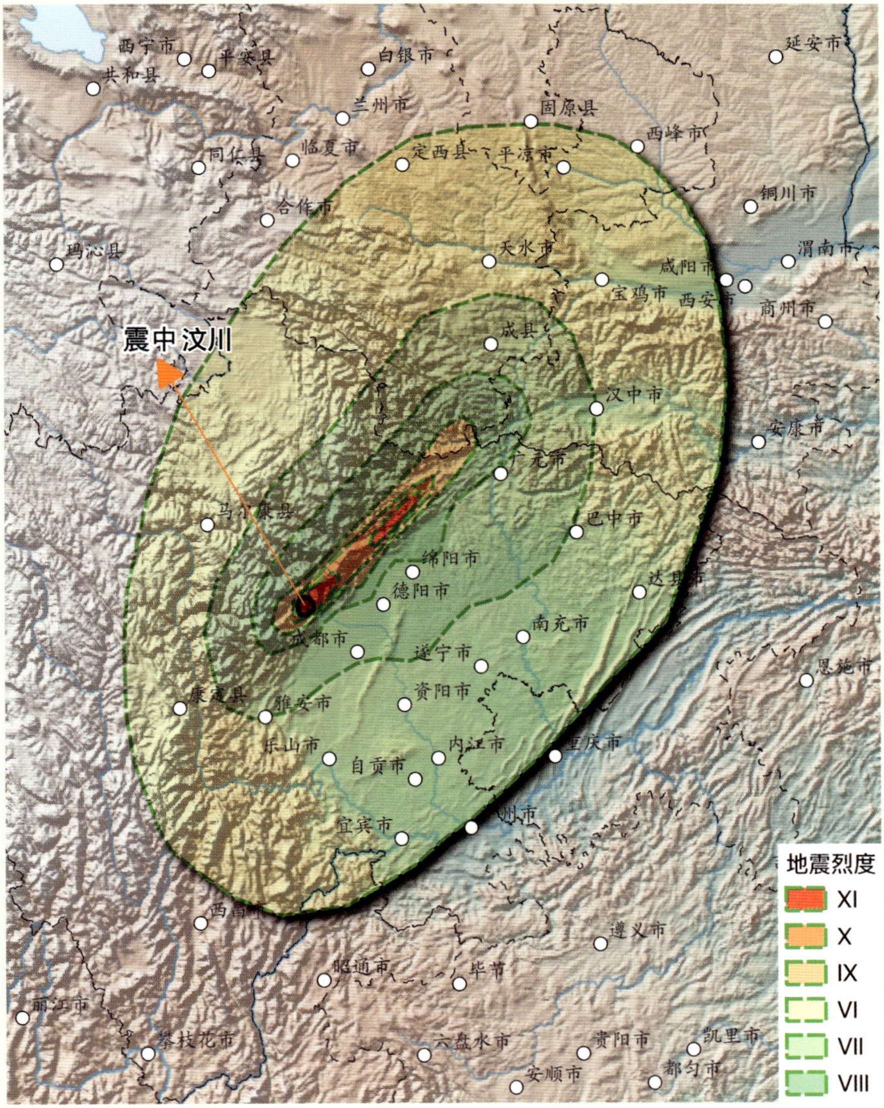

2008 年汶川 8 级地震的等震线图

● 汶川地震震中区受到的破坏情况，烈度XI度

汶川地区多山多川，山高谷深，地形陡峭，是频繁发生滑坡和泥石流的地区。汶川地震地面震动强度巨大，地震诱发的地质灾害是普通降雨根本无法相比的，严重的滑坡和泥石流等地质灾害规模大、数量多、影响严重，在世界地震灾害史上也是少见的。汶川地震最大的教训，是提醒人们重视“灾害链”的问题，因为汶川地震的总损失，1/3 来自“灾害链”。

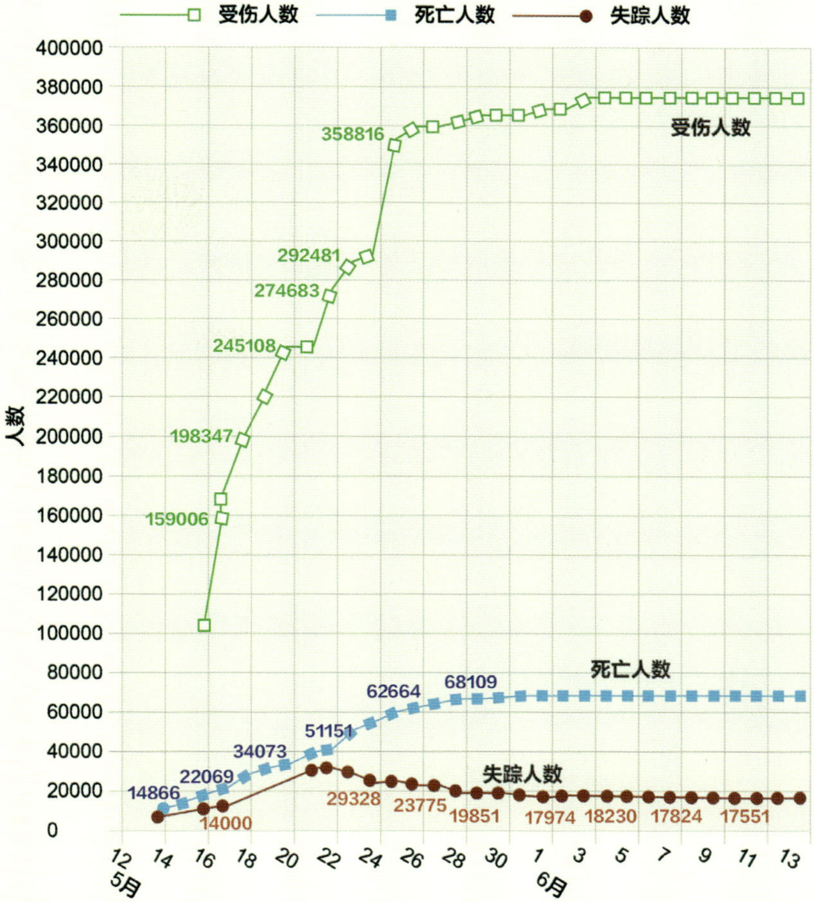

● 汶川地震震后伤亡人数统计图。图中横坐标是时间，蓝色方块表示死亡人数，绿色方块表示受伤人数，棕色圆圈表示失踪人数。震后 2 天得到的死亡数字只有 14866，受伤数字是 100000；震后 1 个月的死亡数字为 69226，受伤数字为 380000。及时得到灾情信息，对救灾极为重要。震后救灾的“黄金时间”应进一步得到重视

新中国成立后，经历了一系列如邢台、海城、唐山等多次大地震，政府和社会公众总结出了一些“防震减灾”的经验，如：

（1）大地震灾害后，社会可能存在短时间的无政府状态，尽快恢复社会秩序，采取非常措施保持社会稳定，对于有效救灾十分重要。

（2）争分夺秒对于救治伤员十分关键，事实表明，大地震发生后的 24 小时是抢救伤员的极为关键的黄金 24 小时。

（3）要树立“小灾靠自己，中灾靠社区，大灾靠国家”的救灾意识，联合国在 21 世纪初提出的救灾口号是“发展以社区为中心的减灾策略”，这种意识在最大限度减轻灾害方面是很有效的。

美国旧金山地震

1906 年 4 月 18 日清晨 5 点 12 分左右，美国旧金山（38.0°N，123.0°W）发生 8.3 级地震。震时全城起火，近 10 万人逃离城市，经济损失超过 5 亿美元。这场地震及随之而来的大火，对旧金山造成了严重的破坏，可以说是美国历史上主要城市所遭受的最严重的自然灾害之一。旧金山地震提出了震后保持社会稳定的重要问题。

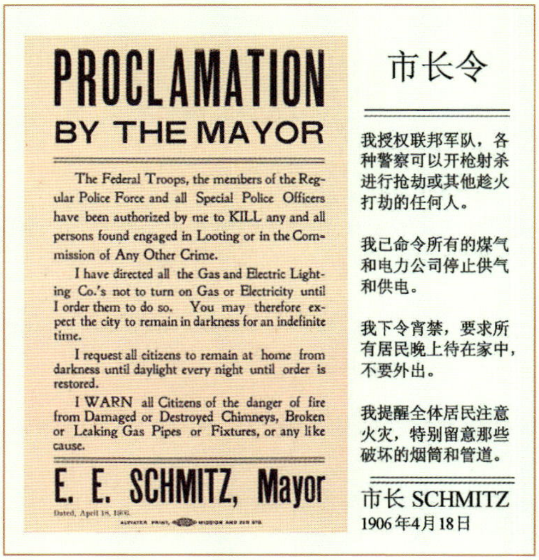

PROCLAMATION
BY THE MAYOR

The Federal Troops, the members of the Regular Police Force and all Special Police Officers have been authorized by me to KILL any and all persons found engaged in Looting or in the Commission of Any Other Crime.

I have directed all the Gas and Electric Lighting Co.'s not to turn on Gas or Electricity until I order them to do so. You may therefore expect the city to remain in darkness for an indefinite time.

I request all citizens to remain at home from darkness until daylight every night until order is restored.

I WARN all Citizens of the danger of fire from Damaged or Destroyed Chimneys, Broken or Leaking Gas Pipes or Fixtures, or any like cause.

E. E. SCHMITZ, Mayor

Dated, April 18, 1906.

市长令

我授权联邦军队，各种警察可以开枪射杀进行抢劫或其他趁火打劫的任何人。

我已命令所有的煤气和电力公司停止供气和供电。

我下令宵禁，要求所有居民晚上待在家中，不要外出。

我提醒全体居民注意火灾，特别留意那些破坏的烟筒和管道。

市长 SCHMITZ
1906 年4月18日

旧金山市长令。1906 年 4 月 18 日旧金山发生 8.3 级地震，市长当天签署并发布了紧急的《市长令》，全城进入非常时期，用非常手段维持社会秩序

● 1906 年大地震震后的旧金山。
（图源：https://www.bannedbook.org/bnews/cnnews/20170419/747396.html[2025-03-01]）

日本东京地震

1923 年 9 月 1 日中午，日本东京附近（35.0°N，139.5°E）发生 7.9 级强烈地震，被称为关东大地震。这次地震损失巨大，震惊世界。东京地震后，日本的民众认识到，日本是最容易受到地震袭击的地方。如今，日本建筑物的房屋抗震规范级别在全世界是最高的，民众的抗震防灾意识也是最强的，而且每年都要进行多次地震演习。

随着社会进步和技术发展，人们对地震灾害又有了新的认识。1995 年 1 月 17 日，日本发生了 6.8 级阪神地震，对大阪、神户地区造成了极大的破坏。大阪和神户是日本社会、经济、科技、商业、交通、物流等的中心。在这次地震中，信息中断，金融、信息和物流中心受到影响，这些“软损失”高达 1000 亿美元之多，大大超过了建筑物、设备破坏等的“硬损失（480 亿美元）”，构成了信息社会中减轻地震灾害的新问题。

早期，人类活动的力量无法和大自然相比，基本上处于“听天由命”的状态。随着人类数量的增加和科技的进步，人类的活动已成为改变自然界的不可忽视的力量，并且有些人类活动也会引发地震。

● 1995 年 1 月 17 日，日本阪神发生地震。这次地震使得大阪和神户的金融、信息和物流中心的功能受到严重影响，经济损失高达 1000 亿美元之多，而这次地震造成建筑物和设施破坏等工程损失只有 480 多亿美元。这是地震灾害史上，地震灾害的软损失（商业、信息等损失）第一次超过硬损失（工程损失）（图源：Yoshiaki Nagashima）

● 1923 年日本关东大地震东京中心震后景象。50 万座建筑物被毁，14.3 万人死亡，20 万人受伤，50 万人无家可归。地震引起全城大火，同时还引起了严重的滑坡和泥石流 。这是记者在仅存的高楼上拍下的震后东京的一张照片

人类活动引发的地震

水库蓄水引发库区附近的地震活动性（地震频次或震级）明显增高，称为水库地震。水库地震研究最早始于 1931 年希腊马拉松水库。从那时起，人们就意识到人类工程活动，如向地下注水和修建水库均可引发地震。水库储水引发的地震多为中小地震，全球约有近 20 座水库蓄水引发地震，最大的震级为 6.4。

20 世纪 60 年代中期，美国丹佛一口处理废液的 3671 m 深井，在注液后发生了 3 次 5 级以上的地震（Healy et al., 1968）。此外，美国采取“水压致裂”的方法开采页岩气，他们向地下注入大量高压水，最终导致油气田附近的地震活动性发生变化。这些行为引起了社会的广泛关注和思考：人类是应该停止大型工程来改变大自然，还是应该解决和改进自然界在变化中出现的新问题？

地球上每年记录到的天然地震每年超过百万次，绝大部分是对人类生存无害的小地震。人类活动引发的地震，也多属于中小地震。所以，我们要做的是——宽容小地震，预防大地震，这个思路应该也是继续建造大型工程时的基本思路。

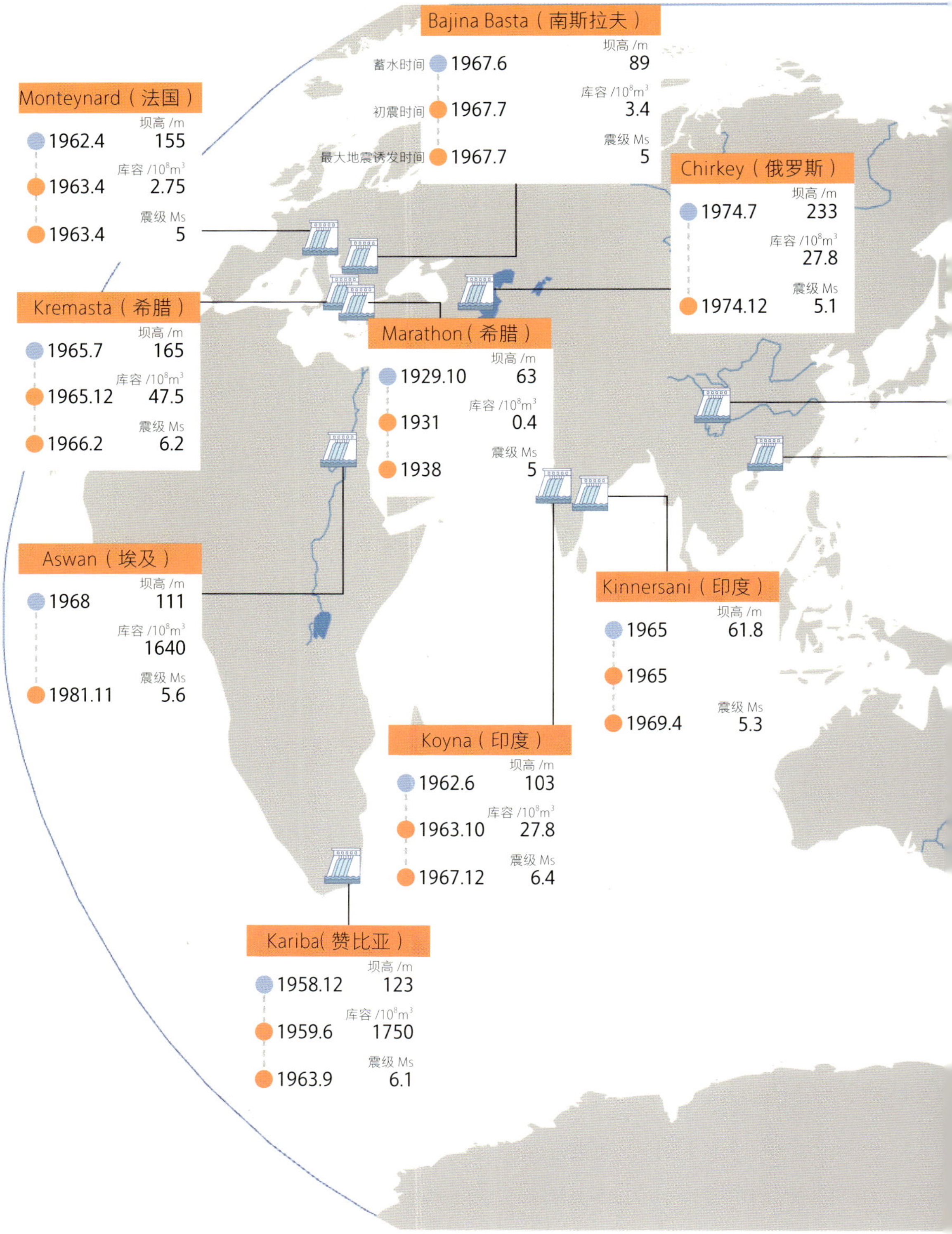

● 世界一些主要的水库诱发地震位置示意图

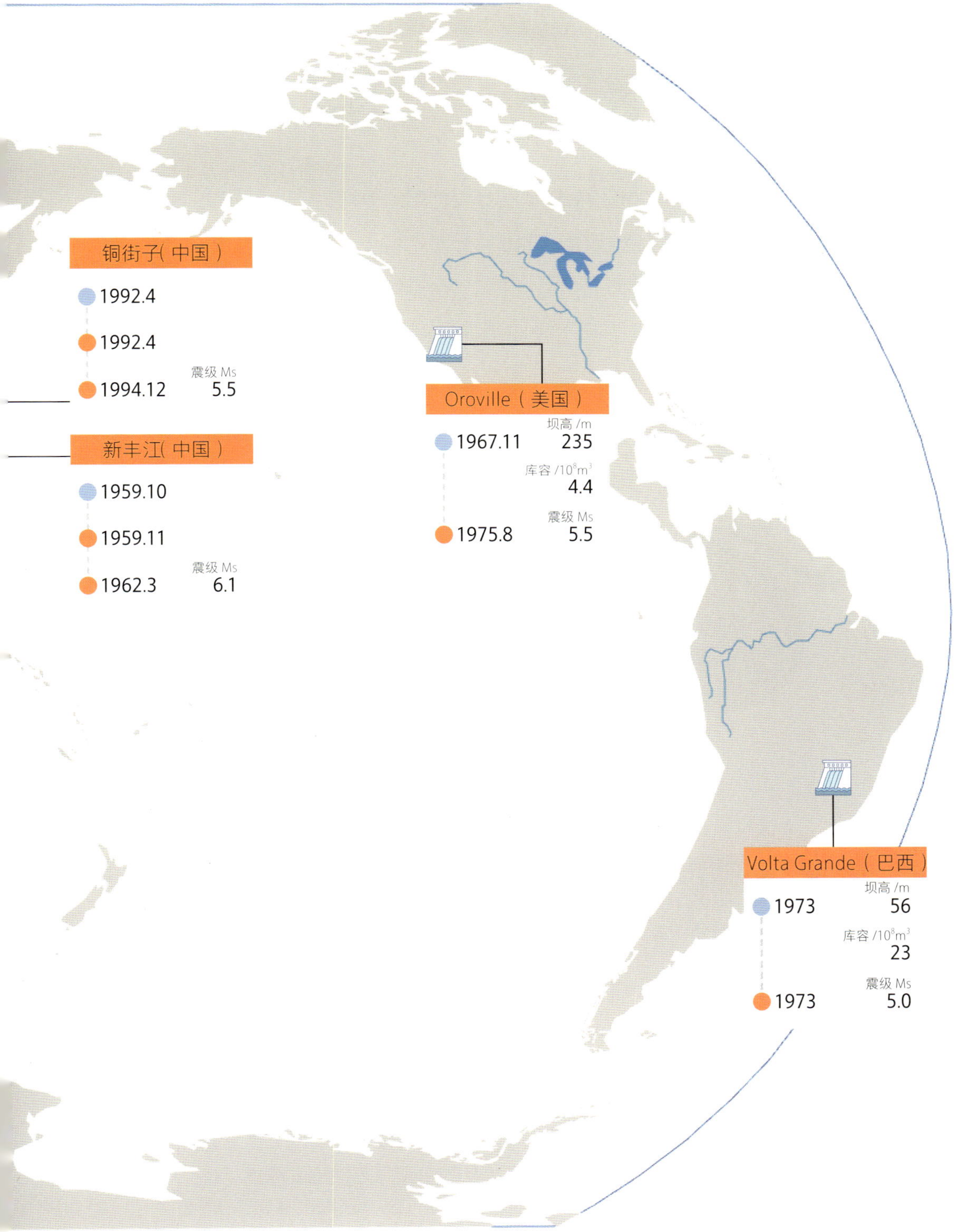
铜街子(中国)
1992.4
1992.4
震级 Ms
1994.12 5.5
新丰江(中国)
1959.10
1959.11
震级 Ms
1962.3 6.1
Oroville (美国)
坝高 /m
1967.11 235
库容 /10⁸m³
4.4
震级 Ms
1975.8 5.5
Volta Grande (巴西)
坝高 /m
1973 56
库容 /10⁸m³
23
震级 Ms
1973 5.0

地震波——照亮地下的一盏明灯

科学家觉得对地球内部的事了解得太少，于是想往地下钻孔，取出点岩石看看。1966 年，他们提出了向下钻孔取 10 km 岩心的“莫霍计划”，但涉及巨量经费，各国科学家最终都“光说不练”，无人去打孔。1970 年，苏联科学家在科拉半岛选

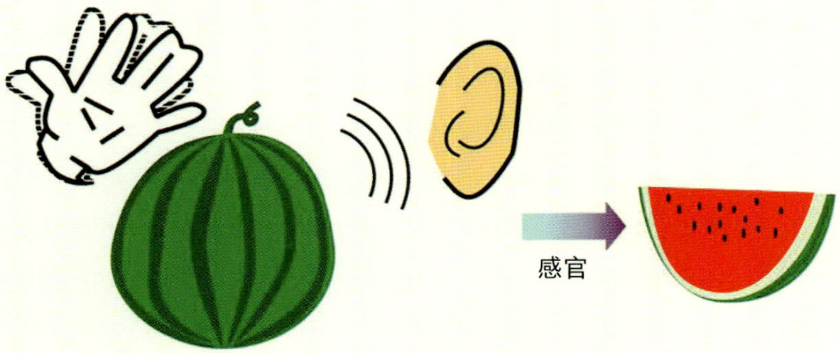

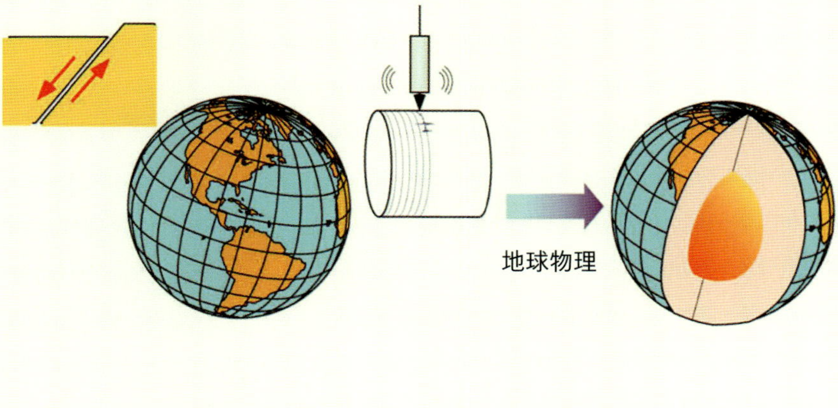

● 挑选西瓜和地震学家的工作。人们挑选西瓜都有个经验，用手拍打西瓜听听声音便可以判断西瓜的成熟情况，这是因为拍打西瓜的波动带回了西瓜内部的信息。地震学家的工作和拍西瓜很相似，利用地震时发出的地震波，通过记录和“倾听”这些穿透地球内部的地震波信号，来判断地球内部的结构和状态

了个点，希望能钻到 15 km 的深度，这项工作比预期要难得多，但苏联人有着值得称道的韧劲儿，一股劲儿用 19 年时间，钻到了 12262 m 的深度。虽然这次钻探的深度有限，但所发现的一切令研究人员感到非常意外。他们预期的地下岩层不对，地下温度的变化也不对，最令人吃惊的是，深部的岩石浸透了水，这一直被认为是不可能的事。

我们无法看到地球的内部，因此不得不用间接的方法。地震作为地球内部的一种震动，发生的时候会产生一系列波动即地震波，地震波是目前我们所知道的唯一的一种能够穿透地球内部的波，科学家称地震波是一盏照亮地下的明灯。今天我们关于地球内部的知识多数来自地震波。

基于“莫霍计划”的经验，我善意地提醒各位，对于地球物理专家告诉大家的事情，不可不信，也不可全信。

地震学家研究地球内部和医生研究人体内部情况相似，都利用了穿透物体的波动（地震波、超声波和电磁波），地震成像和医学 CT、B 超技术的原理相同，但在应用技术方面，医学发展得更快。有意思的是，许多医疗器械专家都出身地震学家。

快波和慢波——地震产生的两种波动

当一物发生振动，波就会向外传播。

高空某处发生放电作用，地面的人可以看见闪电，随后才听到放电处传来的声波。声波在空气中传播的速度是 340 m/s，人们利用看见闪电和听到雷声的时间差（先闪电，后打雷），可以估计放电处离我们的距离，例如闪电后 10 秒后听到雷声，闪电处离我们的距离大概是 3.4 km。

海上做石油勘探，当船激发信号后，声波信号以 1500 m/s 的速度在海水中向外传播，并被远处的船接收。在空气和水这样的流体中能传播的波是压缩波，传播途径中，每个质点的运动方向和波传播的方向是一致的。

与流体不同，发生在固态中的地震却能产生两种（或更多）波动，一种是和流体相同的压缩波，另一种是剪切波，传播途径中每个质点的运动方向和波传播的方向是垂直的。压缩波比剪切波跑得快，所以也叫做快波（P 波或纵波，Primary wave），剪切波跑得慢，叫做慢波（S 波或横波，Secondary wave）。流体（地球的大气圈和水圈）中只有压缩波，没有剪切波。

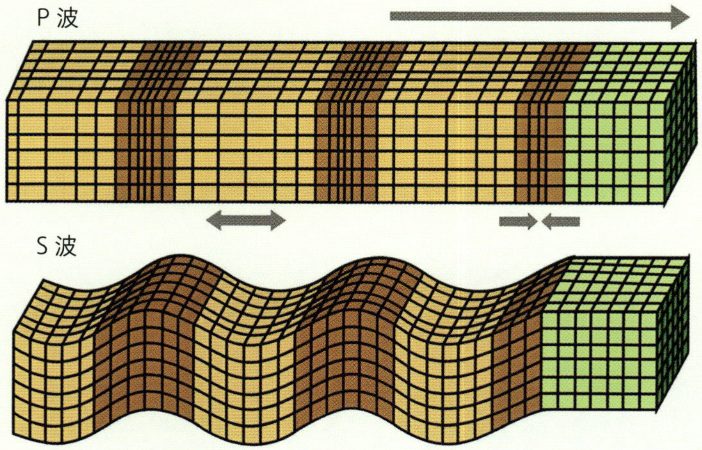

● 固体中的两种波：快波（P 波）和慢波（S 波）

地球下面是成层的结构，层间的多次透射、反射、折射还可以形成更多种类的波，但对于地面上的我们，最关心的还是 P 波和 S 波。

地面附近的岩石中，快波（P）的速度为 6 km/s，慢波（S）的速度为 3.5 km/s。1976 年唐山地震时，笔者（陈颙）在北京深夜里首先感到了强烈的震动（P 波），没有起床，而是在床上静静地开始数数，“一、二、三……”随后地面震动开始变小了，当数到第二十的时候，感到了比第一次更强烈的震动（S 波），这短短的 20 秒钟间隔，就是快波和慢波到达的时间差，假定震中离我的距离为 L, 不难算出时间差 T:

$$T= L/3.5 - L/6 =L/8,$$

即

$$L= 8T$$

离你 50～200 km 的地方发生地震，人会感到两次明显的震动，根据两次震动的时间差，可以判断地震离你有多远吗？

以上公式表明，若 P 波和 S 波的时间差为 1 秒钟，表明约 8 km 远处发生了地震，20 秒钟则说明这次地震事件发生在约 160 km 处。由此可以判断：地震不在北京，而在距离北京 160 km 的地方有大地震发生了。这和雷雨闪电的原理是一样的：闪电（电磁波）跑得快（如 P 波跑得快），雷声（如 S 波跑得慢）跑得慢，我们先看见闪光（感到 P 波震动），后听见雷声（感到 S 波震动），闪光和雷声之间的时间差，就表示发出闪光和雷电的云层与我们之间的距离。

开发西部和开发深地

2004 年，美国启动了 EarthScope 计划，在他们的新闻稿中有这么一段话：“1803 年，美国总统 Thomas Jefferson 派遣 Lewis 和 Clark 两人前往西部探险，当时人们对于西部几乎一无所知。探险的结果是发现西部、移民西部和开发西部。正好 200 年以后，2004 年，又是一次探险。EarthScope 计划启动了，美国基金会要派出一批今日的 Lewis 和 Clark 们去美洲大陆的深部探险，他们的目的是要搞清楚北美大陆的结构、演化和导致地震和火山发生的过程。不同的是，200 年前探险用的六分仪和罗盘，现在已经换成了地震仪、新式钻孔设备、卫星和 GPS 接收机等现代化的装备。”

我们人类只占有地球表面不到 1% 的地盘，其余的地方因为生活条件恶劣，我们无法居住，但只要改造这些地方，我们的生活空间就能扩大。

中国政府把实施西部大开发、促进地区协调发展作为一项战略任务，强调：实施西部大开发战略、加快中西部地区发展，关系经济发展、民族团结、社会稳定，关系地区协调发展和最终实现共同富裕，是实现第三步战略目标的重大举措。

与此同时，中国政府也十分重视地球深部大开发。人类生活在地面，探测地下结构十分重要。过去一个世纪以来，我们用人工方法产生地震波（人工震源）的技术有了很大的进步，人工地震进行地下勘探的新技术，具有天然地震无法达到的成像精度和分辨率，所以在石油和其他矿产资源勘探中，用地震波进行勘探是最主要和最有效的方法。

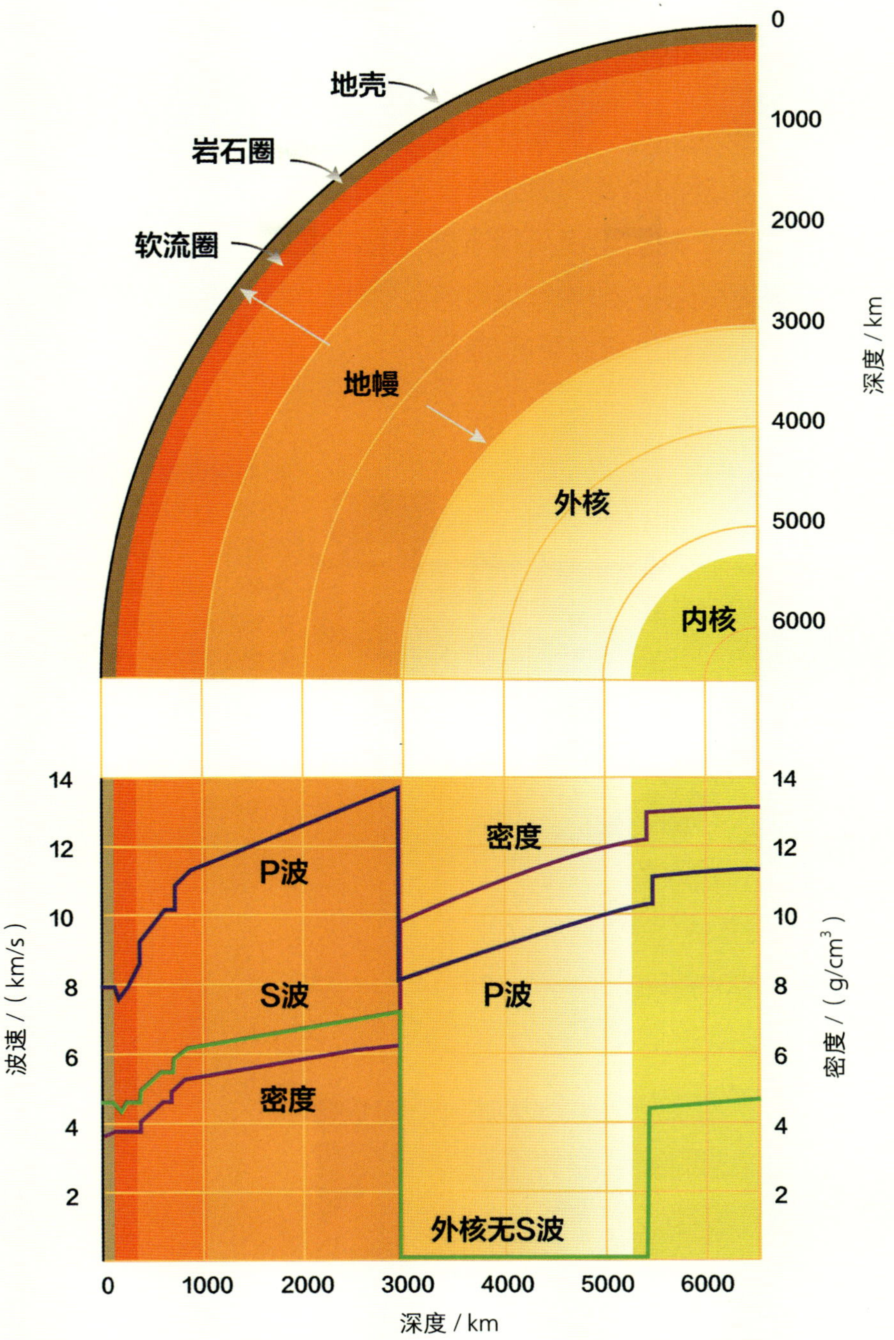

● 地球各层地震波速度。利用地震产生的波动，人们可以知道地球分为地壳、地幔和地核，地核又包括一个液态的外核和一个固态的内核。人们对地球内部的认识，都来源于天然地震的资料和数据

在深部大开发中，地震波的应用还远不止以上这些。例如，目前用地震的方法预测火山喷发取得了很大的进步；对水库诱发地震的研究可以为大型水库提供安全保障，例如我国的三峡工程，库区地震灾害的研究就是工程可行性论证的重要内容之一；对矿山地震的监测是保护矿山安全的重要手段之一；地震学还可用于对行星的探测，通过对行星自由振荡的研究可以揭示行星内部大尺度结构。因此，地震学这门老学科，不断获得活力，成为正在迅速发展的前沿学科之一。

● 利用地震波进行勘探。利用一台汽车的震动作为人工震源，产生向下传播的地震波，从地下岩层反射回来的地震波，被另一台部署的地震仪器接收，经过数据处理，就可以得到地下岩层的结构。该方法广泛用于资源能源探测、地下空间利用等许多领域

第四章 活力岩石圈

地下岩浆 火山醒了 火山睡了

喷火的山

岩浆是如何喷出来的

火山醒了

火山睡了

火山喷发的预报

地球内部的岩浆喷出地面，这就是火山喷发。火山喷发带来灾难，但也塑造出震撼的景观；火山摧毁了家园，也塑造了家园；火山导致气候灾难，却间接影响历史，甚至推动人类的发明创造。

在如今的地球上，如果没有板块运动，表示驱动板块运动的岩浆是静止的，火山就不会喷发（早期地球的情形除外），地球内能仅通过岩石传导缓慢散发。自板块构造理论建立以来，很多学者根据板块理论建立了全球火山模式，认为大多数火山都分布在板块边界上，少数火山分布在板内，前者构成了四大火山带，即环太平洋火山带、大洋中脊火山带、东非裂谷火山带和阿尔卑斯－喜马拉雅火山带。板块学说在火山研究中的意义在于它能把很多看起来彼此孤立的现象联为一个有机的整体，但以这个学说建立的火山活动模式也并不是十分完美的，如无法解释环大西洋为什么就没有火山带；板内火山不在板块边界上，用地幔柱解释它的成因似乎依据也不够充分。

火山虽然叫“火山”，其实是没有火的。火山喷发不是山在燃烧，而是高热的岩浆从地下涌出来造成的。岩浆冲出地面的时候，温度很高，像火一样红，夜间还能映红烟云，辉煌夺目，于是人们以为看到了熊熊的火光腾空而起，这就是火山喷发。

院士导读

喷火的山

火山（volcano）一词源于意大利西南部的岛屿——武尔卡诺岛（Vulcano），意思为锻冶之神的烟囱。火山按活动的情况可以分成 3 类：

（1）活火山（active volcano），指现在还有喷发能力的火山（火山醒了）。

（2）死火山（extinct volcano），曾经喷发过，但今后不会再次喷发的火山，在火山下面没有岩浆了（火山死了）。

（3）休眠火山（dormant volcano），沉睡中的火山，在有记录的历史上没有喷发过，但可能喷发（火山睡了）。

● 著名的火山——日本富士山，海拔 3776 m。最后一次喷发是在 1707 年（日本宝永四年），当时喷发的浓烟到达了 10 km 的平流层，在当时的江户（即现在的东京）落下的火山灰有 4 cm 厚。富士山附近现在仍不断观测到许多小地震活动，今后仍存在喷发的可能性

富士
日本的壁炉女神

● “富士”是日本的壁炉女神。富士山，就是以“富士”的名字命名的，传说中古日本人相信“富士”住在用来做饭和加热屋子的壁炉边。古往今来，人类对火山一直怀着敬畏之心，地球上许多火山都与神话传说有关

火山中心有火山口，它的下面有岩浆囊。火山口是地球深部岩浆和高温气体喷出地面的出口，上大下小，形状像漏斗。火山颈是熔化岩浆喷出的通道，喷发停止后，火山颈被岩浆冷凝物所充填。喷出的火山物质落到地面冷却后就形成了火山锥。

火山锥

火山口

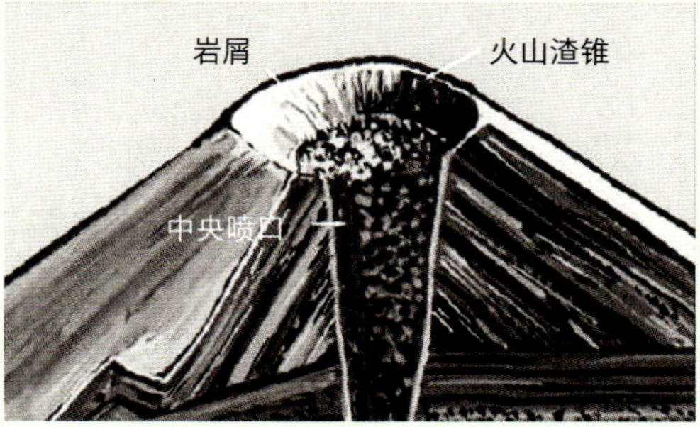

火山颈

● 火山由火山锥、火山口、火山颈组成

普通山脉多是连绵不断地排列，与火山十分不同。而火山多由一个或少数几个山峰组成，其形状与火山喷发的猛烈程度有关。

● 长白山曾在 1668 年和 1702 年喷发过，形成 16 座山峰，图为 NASA 拍摄的长白山火山口

● 位于萨尔瓦多（Salvador）的圣安娜（Santa Ana）火山口。大量物质由火山口喷发出来后，火山口下方物质亏损，发生塌陷，喷发结束后，火山口形成巨大的漏斗。长年积水后，形成火山口湖（图源：Pixabay）

● 美国怀俄明州大平原区恶魔塔，原本是一座火山颈，1500 万年前喷发后火山颈中充满了冷却凝固的火成岩，当时火山颈露出地表仅很少的高度，但因火成岩强度高，而周围的火山灰强度低，时间长了被剥蚀掉，只留下了残留的火山颈。火山颈现在高达 264 m，直径约 300 m，恶魔塔由许多垂向的形状一致的岩柱组成（图源：Pixabay）

● 埃塞俄比亚的尔塔阿雷（Erta Ale）火山。火山口中仍有熔岩，是世界最壮观的熔岩湖之一（图源：Unsplash）

喷发的脾气：有时温柔，有时暴躁

火山喷发按其猛烈程度可分为非爆发性和爆发性两种。若火山熔岩的黏稠度不高（岩浆 SiO_2 含量少，如玄武岩），岩浆就静静地从火山口向四周流出，喷发相对温柔，喷发形成的火山形状多为圆锥形。若岩浆黏滞性较大（SiO_2 含量高，如流纹岩和安山岩），当岩浆向地面运动时，溶解气体很难从岩浆中跑出去，含气泡的岩浆变成了含岩浆的气泡。当你潜到游泳池的底部时，你的耳朵可能会痛，之所以有这样的感觉是因为压力大，水的重量把你往下压，同样的道理，在地球内部往下探得越深受的压力就会越强。岩浆向上返回地面的时候压力会减小。在岩浆出露地面的瞬间，岩浆中气泡内的高压迅速膨胀，从而产生爆发性的猛烈喷发，形成的火山口多偏离圆锥形，也被称作破火山口。

● 美国圣海伦斯火山高度变化示意图。1980 年美国圣海伦斯（St. Hlens）火山原高 2949.5 m，喷发过程使火山口下降了 450 m，属于爆炸性喷发，原来的火山锥被破坏，这时形成的火山口会偏离圆锥形，也称作破火山口

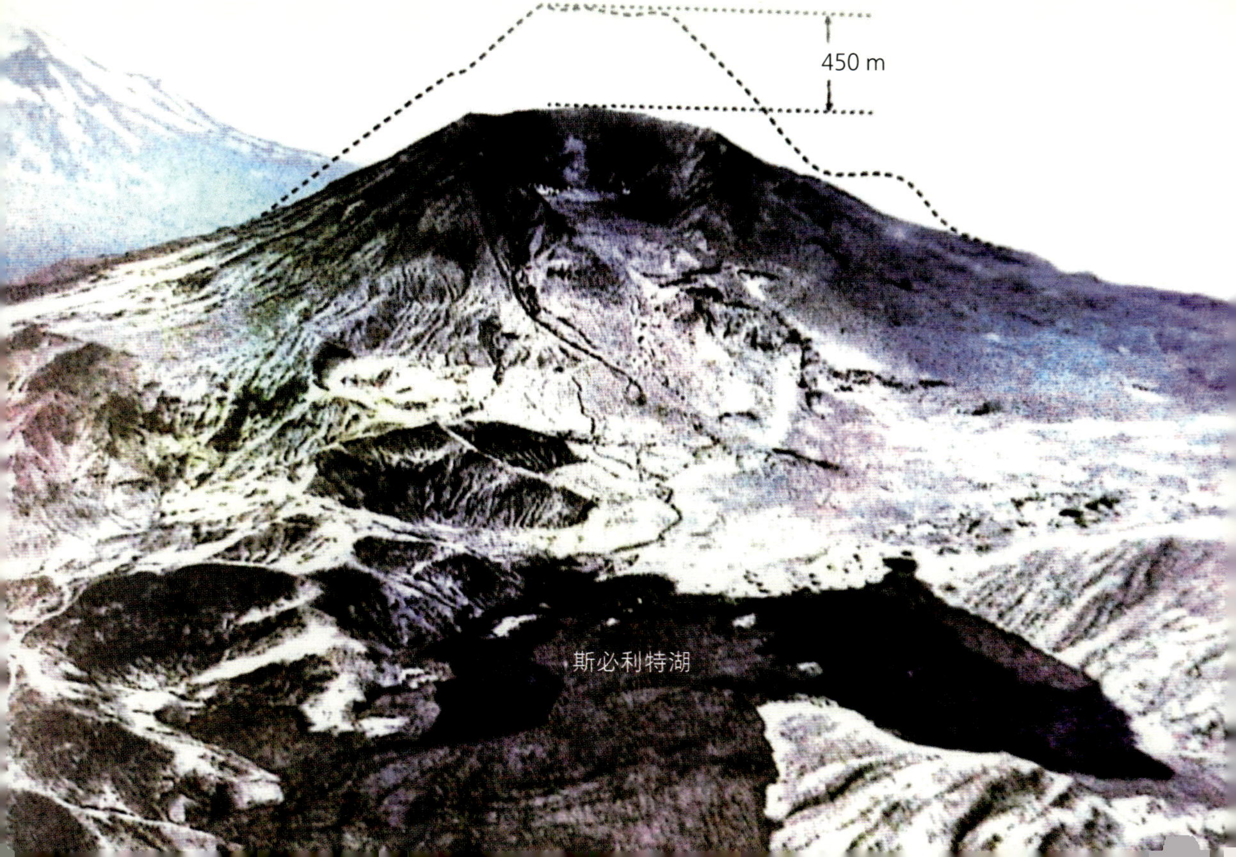

在火山猛烈喷发，气体从岩浆中跑出去的过程中，岩浆也迅速冷却，形成了一种多孔的岩石，叫作浮石（也称泡沫岩，pumice）。由于泡沫岩的孔洞太多，所以密度很小，比水还小，放在水里可以漂起来。在一个喷发过的火山附近，能否找到泡沫岩，就可以知道火山喷发的猛烈程度。

● 中国长白山泡沫岩。泡沫岩（浮石）是一种很轻的多孔火成岩，它形成于火山猛烈喷发过程中。在一个喷发过的火山附近，能否找到泡沫岩，就可以知道火山喷发是否猛烈

综上所述，判断火山喷发的猛烈程度有两种方法。一是看火山的形状，火山呈圆锥形，说明火山是非爆发性喷发；二是看在火山附近能否找到泡沫岩，如果可以找到，则说明火山是爆发性喷发。

熔岩流的流动性与岩浆的成分有关，二氧化硅（SiO_2）含量越低（硅酸低），岩浆越容易流动，因为 SiO_2 的分子键较为牢固。玄武岩的 SiO_2 含量低，其岩浆最容易流动。在地面上看到的 80% 的火山喷发形成的岩石都是玄武岩，玄武岩在火成岩分类中属于喷出岩（extrusive rock)。而 SiO_2 含量高的花岗岩，不容易流动，在未到达地面时就冷凝了，这类岩石在火成岩分类中属于侵入岩（intrusive rock），火成岩的分类见下表。

火成岩的主要类型

岩浆中 SiO_2 含量	火成岩的类型	
	侵入岩	喷出岩
SiO_2 含量 <55%	辉长岩	玄武岩（锥形火山口）
SiO_2 含量 =55% ~ 65%	闪长岩	安山岩
SiO_2 含量 >65%	花岗岩	流纹岩（破火山口）

火山喷出了什么

火山喷出的物质主要有 3 种：熔岩流（冷却后生成火成岩）、火山碎屑流和火山灰。

● 火山活动将物质和能量传输到地表，从而产生火山灾害，现代火山学的目标是量化并理解这些过程及其相互作用（图源：美国国家研究理事会，2014）

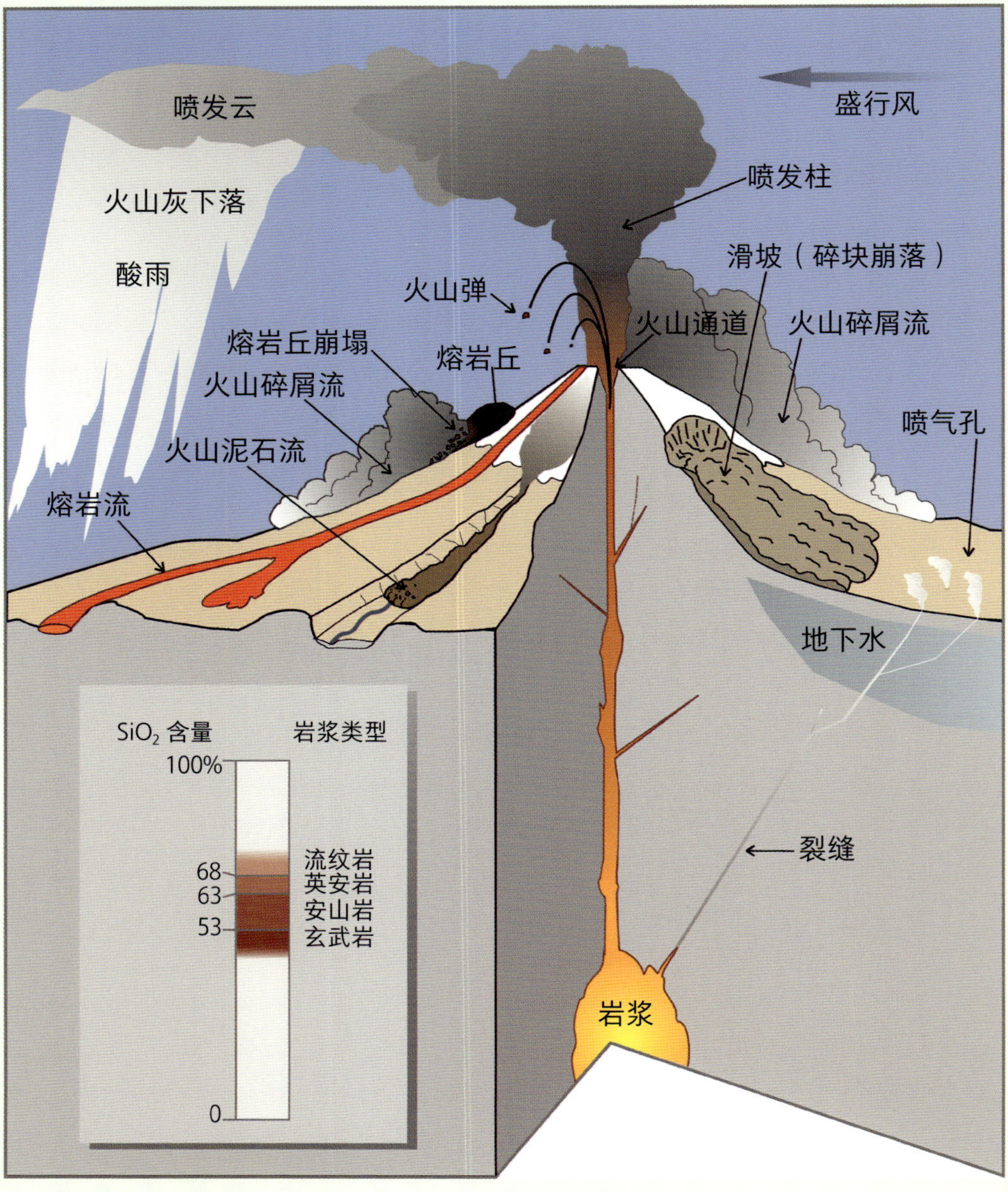

世界陆地最热的地方在哪里？

● 地质学家采集熔岩样本以测试化学成分（上），火山学家测试熔岩的流动速度（下）（图源：USGS）

熔岩温度

岩浆颜色	温度
白色	≥ 1150℃
金黄	1090℃
橙	900℃
鲜红	700℃
暗红	600℃

熔岩流的温度很高，在不同时间、不同地点观测，颜色有许多变化。

夏威夷基拉韦厄火山 Pu'u O'o 火山口逐渐减弱的熔岩流。火山口比 1983 年之前的地表高出 209 m（图源：Unsplash）

火山碎屑流（pyroclastic flow）指火山喷出的挟有大量未经分选（有大也有小）的碎屑物的高速气流，它们炽热发光并沿火山山坡流动，常紧贴地面横扫而过。它能击碎和烧毁在它流经路径上的任何生命和财物。火山碎屑在冷凝胶结后，亦可形成岩石，叫作凝灰岩（tuff）。

几乎所有的火山喷发时都会产生火山灰，熔融状态的岩浆在巨大压力作用下，由火山口喷出形成岩浆雾，岩浆雾凝固成的细小颗粒就形成火山灰，即火山灰是由岩浆的雾化作用形成的。质地疏松的火山灰有利于农作物的生长。

大多数喷发的物质会落在火山口的附近，形成圆锥状的火山，细小的火山灰可以被风吹到火山口附近几十千米的地方。极微小的火山喷出的粉尘能够进入大气层，甚至可以随着对流风飞到全世界的每个地方。

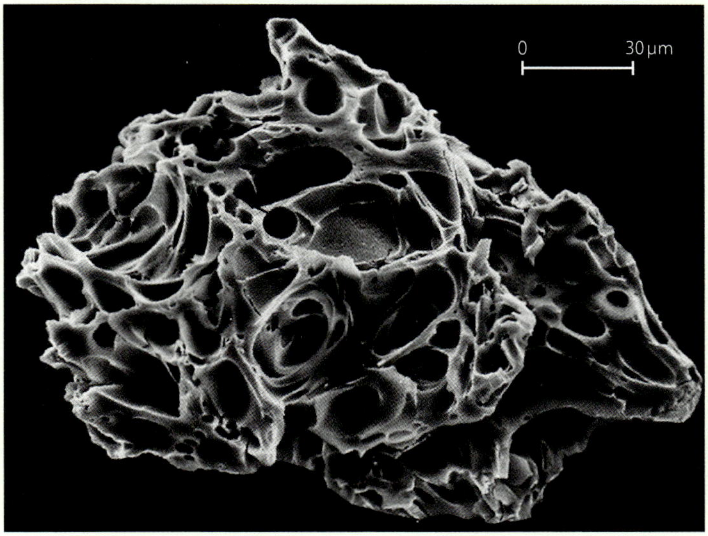

1980 年圣海伦斯火山喷发的火山灰颗粒在电子显微镜下（SEM）放大 200 倍后的形状

● 1991 年，菲律宾的皮纳图博火山喷发的火山灰遮天蔽日，持续多天，火山斜坡上降落的火山灰厚达 100 m。人们外出需要打伞防灰（图源：USGS）

火山的大小——十进制的喷发指数

人们在比较火山大小的时候，并不按照高度或面积来给火山排序。既然火山最大的特点是喷发，就应该用火山喷出的岩浆或火山灰的多少来衡量。中等的火山有 1980 年美国圣海伦斯火山，喷出了约 1 km^3 的岩浆。略大的是 1991 年菲律宾皮纳图博（Pinatubo）火山，喷出了约 10 km^3 的岩浆。60 万年前美国黄石公园超级火山喷出了约 1000 km^3 的岩浆，喷出的火山灰覆盖了全北美洲。

火山喷发指数（Volcanic Explosive Index，VEI）以喷出物体积、火山云等定量观测指标来度量火山大小。火山喷发指数通常以喷出物质的数量（以体积为单位）为基数划分，喷发量越大，喷发规模也就越大，喷发指数也就越高。VEI 通常分 8 级，喷发量达到或超过 1000 km^3 为 8 级、100 km^3 为 7 级、10 km^3 为 6 级……1×10^{-3} km^3 为 2 级等。

火山对地球的良好运转起着非常重要的作用，通过火山喷发，地球得以将困在地壳之下的热量和压力释放出来，从某种意义上来说，火山喷发几乎就是地球的呼吸。当一座火山喷发时，我们在数千米外都能感到大地的震动。

北京密云水库的库容是 2.5 km³，请将大型火山喷出的岩浆与北京密云水库的库容作一比较。

● 几次火山喷发的火山喷发指数（VEI）

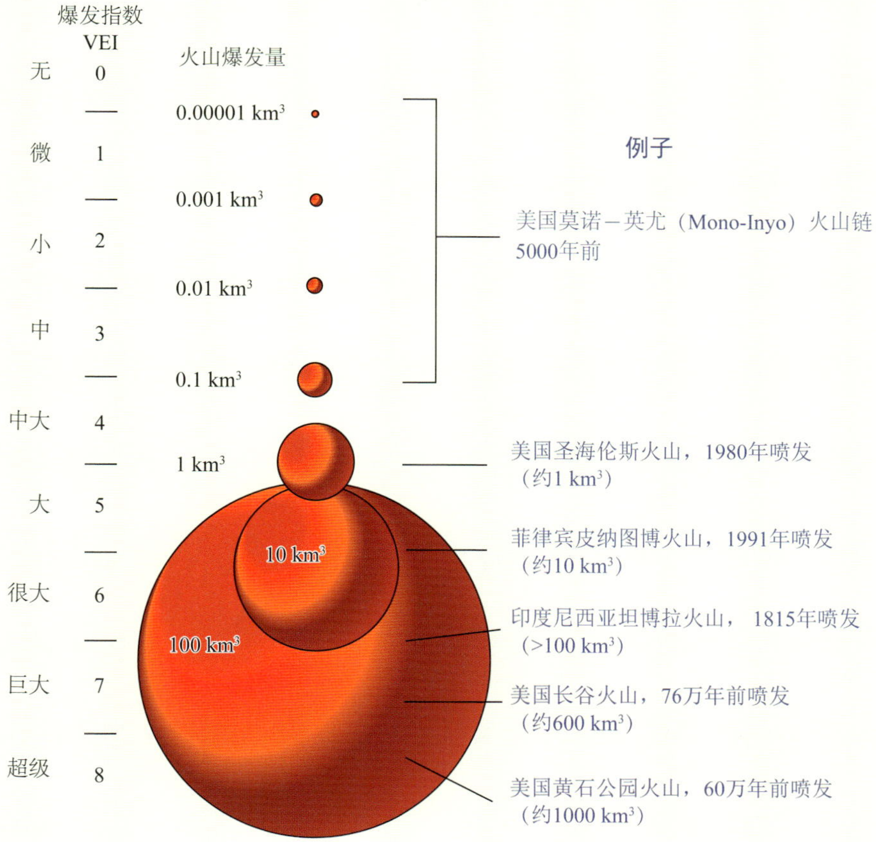

岩浆是如何喷出来的

岩浆的形成

火山喷出的岩浆是从哪里来的？岩石圈的岩石是固态还是液态（岩浆），取决于它所处环境的压力和温度。固态岩石转化为液态岩浆，有3种方式：

（1）减压，岩石所受的压力减少，由固态向液态转化（A→B）。

（2）增加挥发分（岩浆中所含的水、二氧化碳、氟、氯、硼、硫等易于挥发的组分），水和其他挥发性物质进入岩石，降低了岩石的熔点，使岩石由固态向液态转化。

（3）增温，岩石所受温度的增加，由固态向液态转化（A→C）。“减压”作用指的是地幔岩石沿大洋中脊上涌时由于压力的减少岩石变成了岩浆的过程。大洋中脊是典型的板块离散边界（参见第一章），是海底扩张的中心。这种火山岩浆的溢出大多是连续的，是非爆发性的火山喷发。

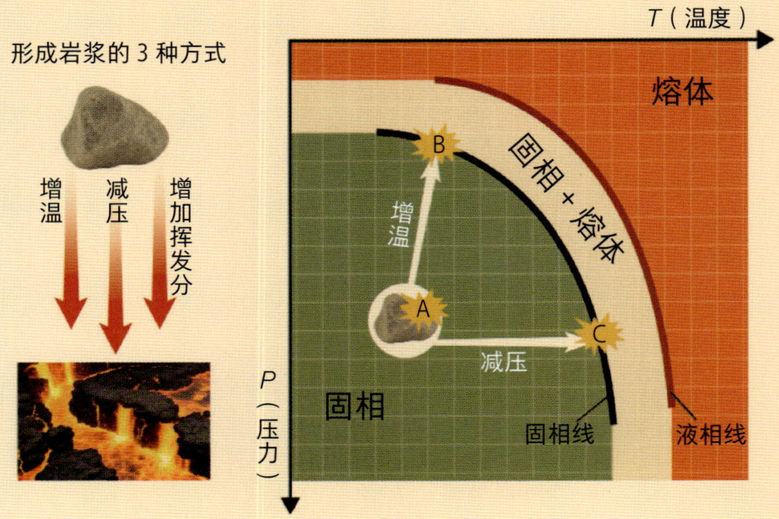

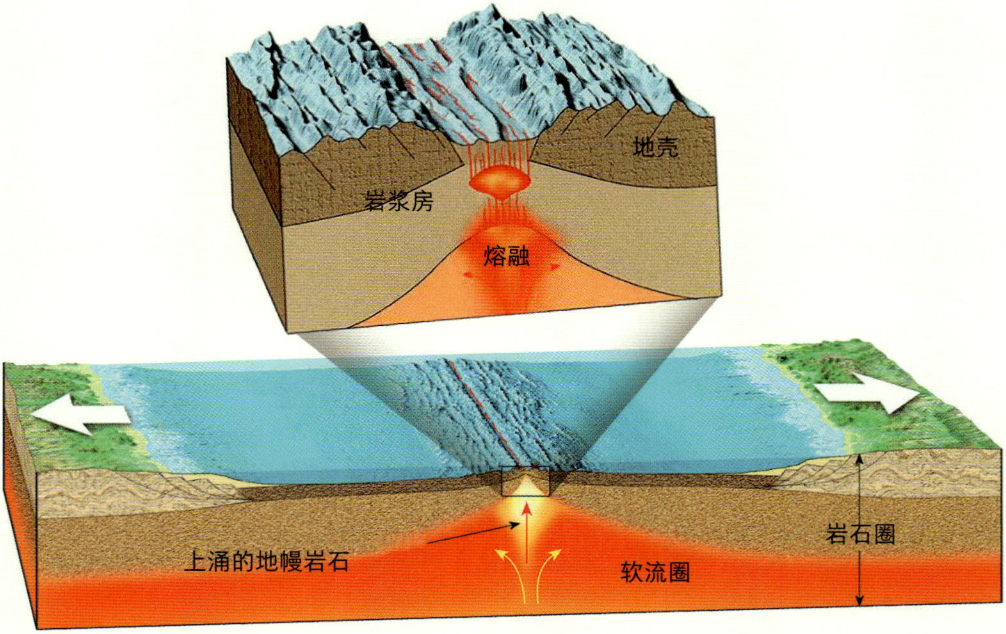

● 岩浆的形成过程。岩浆的形成源于压力降低导致岩石熔点降低。大洋中脊炽热的固体岩石上升时，压力减小，形成的液态岩浆沿发散边界流出，形成新的海底火成岩。由于这种岩浆的流动是缓慢而连续的，很少形成火山爆发性喷发

● 形成岩浆的 3 种方式。岩石是固态还是液态（岩浆），取决于它所处环境的压力和温度。红线右上方代表液态熔体，黑线左下方代表固态，两线之间表示过渡状态，岩石所处的温度和压力用星号表示。图中 A 点物体处于固态，若 A 点的压力减小，物体可能由固态变为液态 B；若 A 点的温度增加，也可能使其变为液态 C

岩石圈的裂缝——板块间的边界

第 2 种岩浆形成的方式，是岩石中的挥发成分的增加。水是最常见的挥发成分，如果有外来水的加入，岩石的熔点就会降低，使岩石由固态向液态转化。

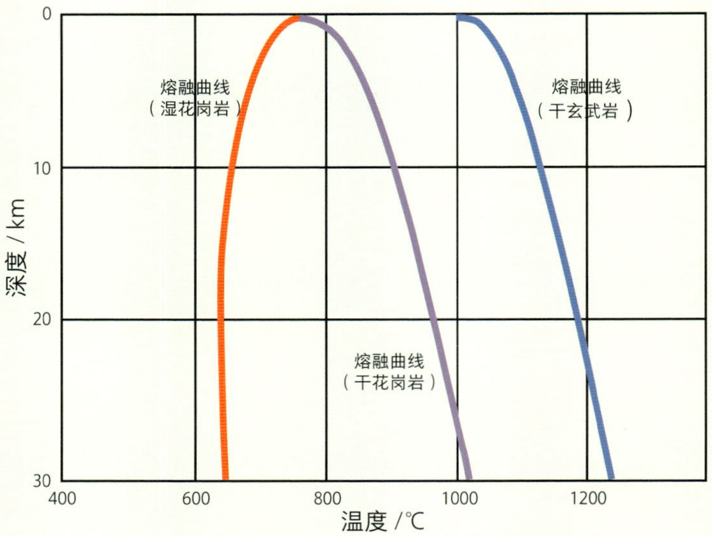

● 岩石的熔融曲线。每种岩石都有自己的熔融曲线。在熔融曲线的左方，岩石以固相存在；在曲线的右方，同一种岩石以熔体存在。图中花岗岩的熔融曲线有两条，红线为含水花岗岩的熔融曲线，紫线为干燥花岗岩的熔融曲线。如果在某一深度，花岗岩的温度在干和湿两条曲线之间，对于干花岗岩是处于固相，对于湿花岗岩则是处于液相。因此，在干燥的花岗岩中加一点水分（岩石的脱水作用），温度和湿度保持不变的情况下，花岗岩会由固态变为液态。“增加挥发分”作用主要发生在板块的汇聚边界。俯冲的海洋板块随着温度增高（地表以下 200 km 处的温度大约 1500℃），岩石发生脱水，水使大陆板块岩石熔融产生岩浆，这些岩浆顺着地下岩石裂缝，或在上升过程中未到达地表而凝固形成深成侵入岩，或找到通达地表的途径后喷出地表形成火山，俯冲带邻海一面出现海沟，背海一面出现火山弧

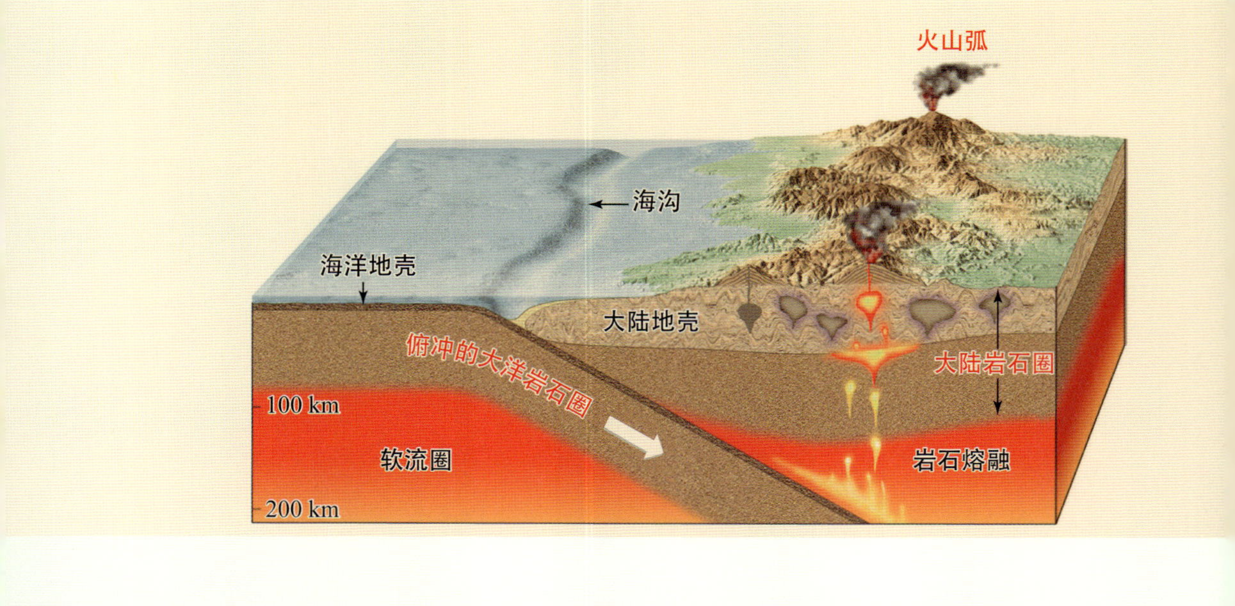

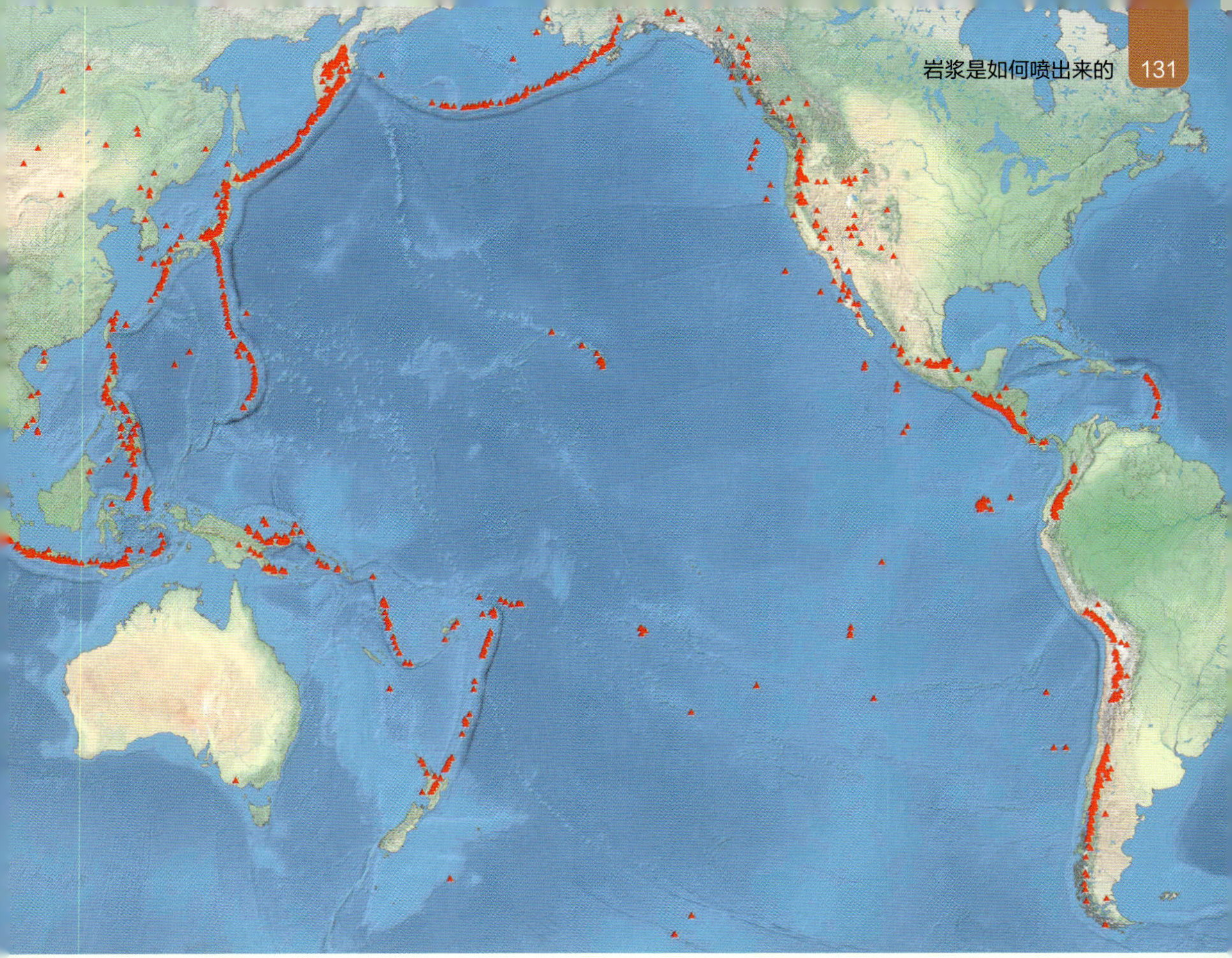

● 环太平洋火山带。板块汇聚边界带环绕太平洋，因此环太平洋周围集中了世界大部分活火山。环太平洋地区，也被人们称作地球的火圈（ring of fire）

● 板块汇聚边界。在板块的汇聚边界带，向下俯冲的海洋板块在一定深度发生脱水，水进入其上的大陆板块的岩石中，降低了熔点，熔化后形成岩浆，大陆在平行海沟方向形成一串火山弧

在地球上部，有一些已经非常热的岩石部分熔融，但却没有完全熔融，这些岩石就构成了产生岩浆的岩石源泉。上升过程中，熔化过程是逐步完成的，经历了部分熔融—全部熔融的过程。“减压”“增加挥发成分”都可以产生地下的岩浆，但岩浆形成后，出露地面的方式大有不同。“增加挥发成分”多引起大陆沿海地区的火山爆发式喷发，而“减压”主要在大洋中脊产生火山，多是连续的、长期的、缓慢的，很少形成爆发式喷发。

岩石圈的破洞——地幔柱

第三种岩浆形成的方式是增温。地球表面的岩石圈也有一些破洞，地球内部高温岩浆从这些破洞进入到地面附近，破洞周围的岩石随着其所受温度的增加，由固态向液态转化。1972年，摩根把这种从地球下面涌起并穿透岩石圈而成的岩浆柱状体称为地幔柱（地幔热柱），地幔柱岩浆在地表或洋底出露的地点叫作地幔柱的“热点”。地球上的地幔柱不是固定不变的，也有生成、发展和退化的过程。现已查明，过去1000万年，地球上活动过的地幔柱热点多达上百个，其中许多退化了，不再成为热点，但过去它们活动时造就的火山，留下了它们的足迹。

● 地幔柱示意图。地幔柱估计至少来自700 km或更深处，直径在100～250 km左右，地幔柱在地表或洋底出露时就表现为热点。全球热点大多位于海洋，少数在板块内部

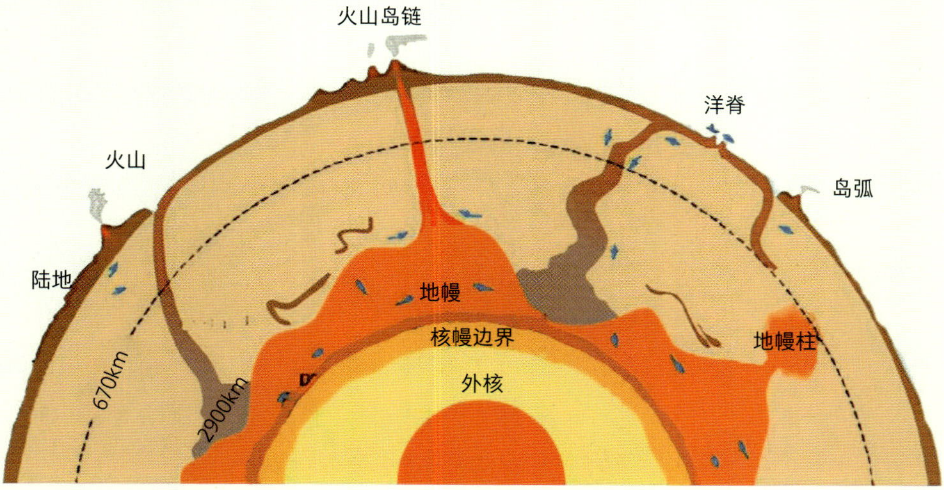

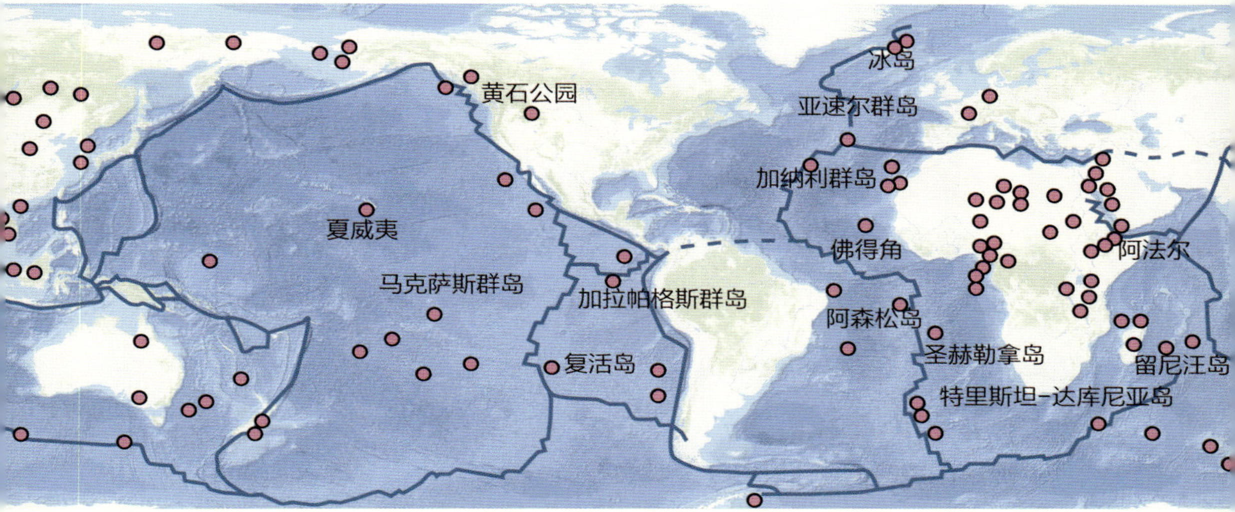

● 地幔柱的全球分布（板块边缘数据出自 USGS）。地幔柱的数量和分布是随时间不断变化的，地质学的证据表明，过去 1000 万年，地球上有许多热点，如图上红点所示。许多历史上的热点，现在已经退化，目前仍在活动的热点约有 20 个，陆上较少，约 5 个。请注意，美洲大陆的黄石公园热点，中国大陆的许多热点，都是众多火山所在的地点，这些火山是过去热点活动的足迹

● 夏威夷群岛的形成。太平洋中夏威夷是一个巨大的地幔柱，岩浆从地幔柱“热点”喷发出来，太平洋板块在夏威夷“热点”的上方由东向西缓慢移动，就好像是一张纸在一根点燃的蜡烛上移动，移到哪里，哪里就开始喷发火山，最终形成链状的夏威夷群岛。露出水面就形成了岛屿，夏威夷群岛就是这样形成的

火山醒了

火山不是天天都在喷发，往往沉睡多年，一旦醒来，就会造成灾害。世界上每年大约有 60 座火山喷发，印度尼西亚的活火山最多，曾经有喷发记录的火山就有 76 座。世界上最活跃的火山是美国夏威夷的基拉韦厄火山，自 1983 年以来一直不断地在喷发。

● 庞贝古城遗址发掘现场。公元 79 年，维苏威火山的爆发瞬间将庞贝城在时空中掩埋和凝固，导致庞贝城不到一分钟就湮灭在历史中。到 17 世纪，庞贝城才被发现，挖掘时，从固化的火山灰中，人们用灌入石膏的方法恢复了遇难者的死亡状态，城中居民的尸体大部分也保存得很完整，目前城市的大部分仍在地下

● 公元 79 年的喷发开辟了火山科学的研究。这幅 1631 年维苏威火山喷发的绘画，被美国地球物理学会的著名刊物 EOS 作为封面照片

公元 79 年意大利维苏威火山喷发

公元 79 年 8 月 24 日，维苏威火山突然爆发。维苏威山坡和火山口郁郁葱葱的植被长势喜人，人们一直认为它是一个死火山，谁都没有想到它会突然喷发。火山大爆发产生了巨大的火山碎屑流，一瞬间就把庞贝城埋到地下，造成约 2000 人死亡，占当时全城人口的 1/10。直到 1748 年，人们才发现了这座古城的一段外城墙，现代考古工作随后展开，古城风貌得以重见天日。

无夏之年——1815 年印度尼西亚坦博拉火山喷发

印度尼西亚是世界上拥有活火山最多的国家（目前有 77 座）。1815 年 4 月 15 日，印度尼西亚坦博拉火山喷发，火山喷发指数（VEI）为 7，是人类历史上最大规模的火山爆发之一，喷出的火山灰总体积多达 150 km^3，而且抵达高至 44 km 之平流层，火山顶部失去了 700 亿 t 山体，导致约 71000 人遇难。远至英国伦敦亦可见因火山灰而出现的日落彩霞。喷出到高空中的火山灰，在北美平均有 22 cm 厚。受火山喷发影响，1816 年是不同寻常的一年，这一年没有夏天，大半个地球长期不见太阳，全球气温下降。全球温度在之后一两年下降大约 0.4～0.7℃。1816 年是自 1400 年以后，北半球最寒冷的一年。

火山灰在北美产生了严重的影响。威廉 · K · 克林格曼在他的《无夏之年：1816 一部冰封之年的历史》（*The Year Without Summer: 1816 and Volcano that Darkened the World and Changed History*）描述了火山喷发对社会经济、生活和历史的巨大影响。

在中国，1816 年（嘉庆二十一年）夏天，云南全省出现严重饥荒，农历八月时“天气忽然寒如冬”。昆明及滇西等地连续三年冬天降雪。在东北黑龙江，双城在农历七月出现严重霜冻，作物失收，垦丁逃亡。安徽、江西等地亦有农历六、七月出现降雪的记录。台湾新竹、苗栗等地都在 1816 年冬天记录到罕有的霜冻，新竹“十二月雨雪，冰坚寸余”。

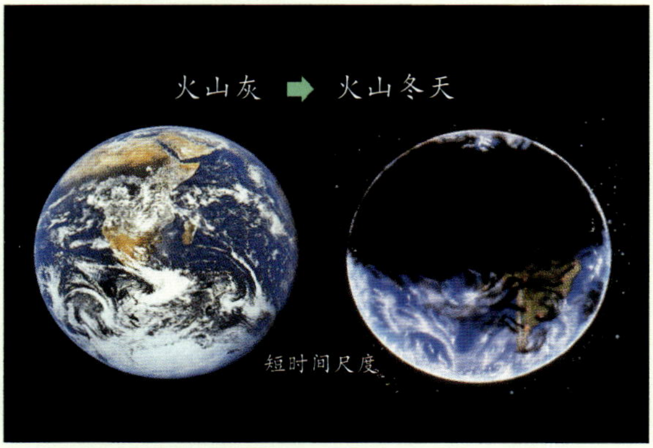

印度尼西亚坦博拉火山爆发导致的“无夏之年”

无夏之年导致牲畜数量骤减，当时的人们必须另寻运输工具，德国人发明了一种两轮木制运输工具，这种工具成了自行车的雏形，自行车应运而生。

超级火山——美国黄石国家公园

美国黄石国家公园不仅以其美丽的景色和丰富的野生动物闻名，还以其潜在的巨大火山活动吸引着科学家和公众的关注。大家都知道，黄石国家公园是火山形成的，因为公园里有 1 万多个温泉和喷泉，比世界其他地方的总和还要多。其中，最著

● 美国黄石公园大棱镜温泉。历史上喷发规模最大的火山之一是黄石公园火山，它在 60 多万年前喷出了 1000 km^3 的物质，火山喷发指数为 8，属于最高级别。1872 年 3 月 1 日，黄石公园被正式命名为保护野生动物和自然资源的国家公园，并于 1978 年被列入世界自然遗产名录。这是世界上第一个也是最大的国家公园，每年全世界超过百万游客来此参观游览（图源：Pixabay）

● 美国黄石公园的“老忠实喷泉”，过去的100年里，一直都是每小时喷发一次

名的就是“老忠实喷泉”了，因喷发间隔非常有规律，一分钟都不差，所以它被称为“老忠实喷泉”，黄石超级火山是地球上最具威力，同时也是最大的活火山之一，他位于美国怀俄明州的黄石国家公园下方，在地球史上已经爆发过上百次，仅在200万年中，就发生过三次大规模爆发，它们分别是在210万年前、130万年前和64万年前，每次喷发都会释放出巨大的火山灰和熔岩，200万年以前那次喷发所喷出来的火山灰，足以把整个加利福尼亚埋在6 m深处。

20世纪60年代前，人们困惑，黄石有那么多的温泉和喷泉，可就是找不到火山口。后来宇航局（NASA）的航空照片发现了没有找到（破）火山口（爆炸形成）的原因，原来整个火山公园就是火山口！火山喷发留下了一个直径60多千米的大坑，大坑之大，人从地面上的任何地方都看不清。地面以下是一个岩浆房，大致等于公园大小，里面都是不稳定的岩浆。黄石公园提醒我们，我们所居住的这颗星球的活力和破坏力是很大的。

● 根据现在的卫星照片，科学家们推测以前黄石超级火山喷发的情况，注意火山口喷发的大小和整个北美大陆的比较

1991 年菲律宾皮纳图博火山喷发

1991 年 6 月 15 日，菲律宾距首都马尼拉 100 km 的皮纳图博火山喷发。这是 20 世纪第二大火山喷发，也是迄今为止发生在人口密集地区的最大的火山喷发。

火山口处迅速喷出的热而致命的火山灰云，冲到了十几千米的高空。卫星监测表明，高空的火山灰和有害气体扩散到全世界，绕地球转了好几圈，使全球全年平均气温下降 0.5℃。此次火山喷发对全球的影响至少持续了 5 年，因喷发正值台风季节，巨量的火山泥石流从火山口流出，覆盖范围可达几十千米。喷出的熔岩流，摧毁了途经路上的所有树木、房屋和植被（图源：https://www.esa.int/ESA_Multimedia/Images/2003/12/Active_vulcano[2024-10-18]）

2010 年冰岛火山喷发——空中的“311”事件

冰岛位于大西洋洋中脊的北端，冰岛南部的艾雅法拉火山于 2010 年 3 月至 4 月接连两次爆发，从火山口源源不断喷出的火山烟尘在七千米高空形成火山灰云团，随着风向漂移到欧洲，欧洲几乎所有的航空公司（超过七万多个航班）纷纷停飞，每天将给欧洲的航空业造成近二亿欧元的损失。全球约六百八十万人因欧洲空中管制措施受困于三十多个国家的三百多个机场。一个火山的爆发，竟然使全球航空运输瘫痪，前所未有。

2011 年 3 月 11 日在日本发生的一次 9 级地震和大规模海啸事件，是日本历史上损失最严重的自然灾害，也是近百年全世界影响最大的自然灾害，于是人们用“311”表示大的影响全球的灾害，冰岛的火山喷发，有人称为“空中的 311 事件”，成为全球关注的重大灾难事件。

火山灰中更细微的被称为火山尘，其直径连 0.1 mm 都不到。火山灰的外形看上去还有点像烟灰，不过，其质地更坚硬，且不溶于水。当飞机遇到火山灰时，将成为堵塞飞机发动机的最大杀手。据当地民众描述，“他们饲养的绵羊由白色变成了灰色，各种鸟类钻进马厩避难。农田和屋顶堆积着厚厚的火山灰，最厚处达 10 cm”。

古往今来，人类一直对火山怀着敬畏之心。可能是它能造成毁灭性的灾害，人类显得渺小又脆弱，抑或是火山能令周边的土地肥沃，给人类带来不少好处。

冰岛火山喷发产生的火山灰，引起全球航空瘫痪，被比喻为“空中的 311 事件”。位于冰岛南部的艾雅法拉火山于 2010 年 3 月至 4 月接连两次爆发。火山喷出的岩浆穿透了地面的冰雪，大量的烟尘一同喷出（图源：NASA）

火山睡了

旅游

地球上最壮观的景象莫过于火山喷发了，巨大的火柱直冲云霄，充分展现了自然的猛烈与狂暴，同时也彰显出其无与伦比的美丽。火山附近有大量的温泉，也是重要的旅游资源。世界上很多著名的风景区是火山区。

温泉是火山区的旅游景点中最吸引人的项目。火山周围地热丰富，容易形成温泉、间歇泉和泥浆池。地下洞穴中的水被加热到沸腾，变成蒸汽，洞穴中压力积累到一定程度，蒸汽就高高地喷发出来。洞穴压力降低后，再准备下一次喷发。

● 云南腾冲热海大滚锅温泉。当明代旅行家徐霞客看到云南腾冲火山群中的“大滚锅温泉”时，他写道：“水与气从中喷出，风水交迫，喷若发机，声如吼虎，其离数尺，坠涧下流，犹热若探汤”

● 冰岛位于大西洋洋中脊的北端，岩浆从大洋中脊向两边扩展，岩浆充足，扩展速度较快，从而形成一个露出海平面的岛。图为冰岛格林达维克火山爆发

农业资源

火山可以给人类创造一些土地资源，像夏威夷群岛和冰岛都是火山喷发形成的，太平洋中的许多岛屿也基本如此。

火山喷出的火山灰使土壤肥沃，形成了重要的农业区。在意大利的西西里岛，埃特纳火山的低坡带早已被垦殖了几千年，是重要的农业支柱。在印度尼西亚的爪哇岛，虽然人口密度达到了平均每平方千米近 800 人，但风化的火山土壤形成的肥沃土地却可以使这个地球上人口密度最高的地区免受饥荒。火山灰是一种难得的天然肥料，如古巴、哥伦比亚、印度尼西亚的甘糖和咖啡，韩国济州岛和意大利威苏威的柑橘，日本火山地区的桑葚以及中美洲的很多水果，都与肥沃的火山土壤有关。

以葡萄酒为例，来说明火山给农业带来的好处。传统葡萄酒生产国

● 西班牙兰萨罗特岛（Lanzarote）上的鱼鳞坑。兰萨罗特岛是西班牙的著名火山岛，位于非洲西北部的大西洋海域中，火山灰覆盖了整个岛屿，当地民众建造了圆形的鱼鳞坑来大力发展葡萄种植业

在欧洲（法国、意大利、西班牙、葡萄牙、德国、奥地利等），这些国家有着几百年的葡萄酒酿造历史。它们大多位于北纬 20° ～52° ，拥有十分适合种植酿酒葡萄的气候条件（冬暖夏凉，雨季集中于冬春、夏秋干燥）。欧洲葡萄酒生产方式以人工作业为主，讲究小产区、穗选甚至粒选，讲究葡萄的年份差异。因此尽管欧洲葡萄酒的质量上乘，但产量较小。

随着对葡萄酒需求的增加，出现了一批新兴的葡萄酒生产国，包括南非、美国、智利、阿根廷、澳大利亚、新西兰等。在这些新兴的产酒国，葡萄酒以工业化生产为主，更多地强调科技创新和品质控制，产品之间品质差距不大。

有趣的是，新兴葡萄酒的产地，几乎都是火山地区（与纬度关系不大），当你喝葡萄酒的时候，不要忘记火山的作用。

为什么火山产地的葡萄酒性价比较高？

另外，许多火山喷发物，像长白山产的浮石、火山灰和火山渣，它们也是很好的建筑填充材料，可用来修机场、体育场等，玄武岩则可用作铸石来开发，而铸石纤维是未来的新兴材料。

产品信息

Product information

葡萄品种：桑娇维塞、内比奥罗、科威纳

葡萄采摘年份：2018 年

原产国：意大利

产区：托斯卡纳

等级：DOCG

酒精度：17%vol

保质期：10 年

● 火山地区出好的葡萄酒，一瓶意大利的葡萄酒用火山作商标

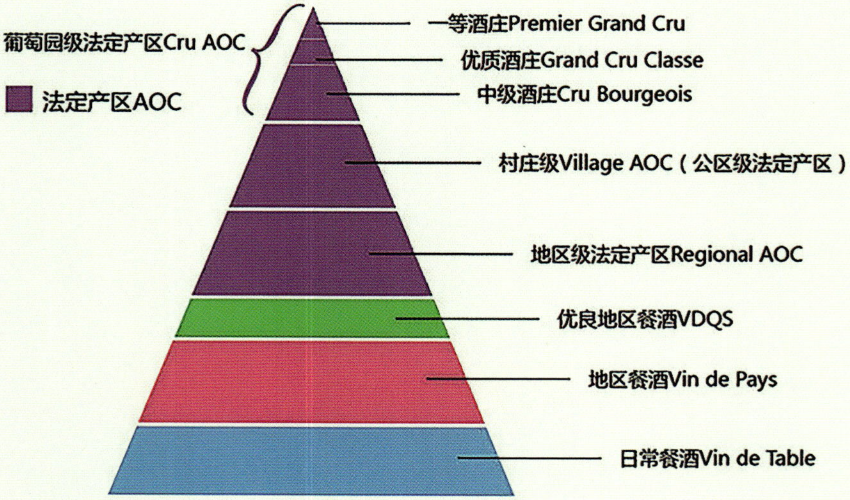

● 传统葡萄酒生产国在欧洲，有着几百年的酿造历史，现在葡萄酒的评价体系多是这些传统的生产国制定的

联系地球内部与表层系统的纽带

火山将地下丰富的物质带到地表，为我们提供了许多矿产资源。目前人们用钻井的方式最深能采集到地下约 12 km 的物质，而火山能将地下 40～900 km 的物质带上地面。很多矿产资源也跟火山作用有关，有些宝石就是火山喷发形成的，一些金矿、铜矿的形成，跟火山作用也有密切的关系。

约 2.6 亿年前的二叠纪时期，当时还是一片浅海的峨眉山地区发生过一场规模空前的玄武岩火山喷发。喷发出来的火山物质总体积为 50 万 km^3，喷出的熔岩覆盖了周围 50 万 km^2 的地区，遍布我国整个西南地区。综合近百年的工作，人们得出了初步的结论：亿万年前峨眉山所在的位置，地下有个地幔柱，在地幔柱作用下，形成了峨眉山这个超级火山，

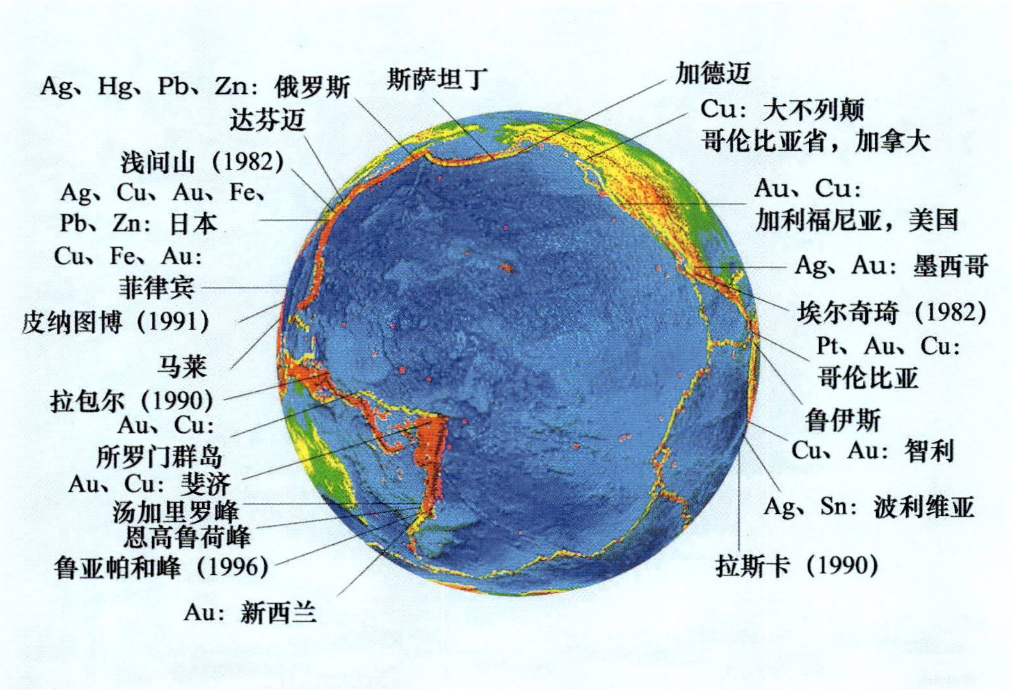

● 环太平洋火圈与矿产（中生代）。在环太平洋火山带，火山从地球深部带来了地球浅部缺少的元素，如 Ag（银）、Hg（汞）、Pb（铅）、Zn（锌）、Cu（铜）、Au（金）、Fe（铁）、Sn（锡）、Pt（铂）（图源：徐义刚供图）

中国四川攀枝花露天矿场

如果地球上没有火山会怎么样？

附近地区被称作峨眉山火山岩省。四川、贵州、云南等地分布的大量火山岩，就是当时峨眉山玄武岩火山大爆发时喷溅出去的岩浆冷凝形成的。一次火山喷发，就能把岩浆喷到几百千米外的地方，可见这次喷发的规模有多大！好在如今的峨眉山已经不是超级火山了，不然真让人提心吊胆。

攀枝花铁矿位于四川省西南边陲，在峨眉山火山岩省的中心部位，探明储量的钒钛磁铁矿达近百亿吨，其中钒、钛储量分别占全国已探明储量的 87% 和 94.3%，居世界第三位和第一位，攀枝花因此被称为“世界钒钛之都”。

人们常说“上天容易入地难”，而火山喷发能把深埋在地下几百千米的物质送到地面，让科学家可以轻松获得地球深部的岩石样本。

火山喷发的预报

公元 79 年维苏威火山爆发后，人们开始重视火山的科学研究。1845 年在维苏威上建立了观测站，开始对这个曾经埋没了繁华城市的火山进行连续监测。

1978 年，美国圣海伦斯火山喷发的两年前，两名美国地质调查局的科学家提醒公众：休眠了 4500 年的圣海伦斯，最近可能爆发。果然在 1980 年 3 月，伴随着隆隆的声音，圣海伦斯开始间歇性地往外喷发火山灰和蒸汽，熔岩周期性地涌出。

1990 年，科学家发现在菲律宾皮纳图博东北方向 100 km 发生了 7.8 级地震，随后在皮纳图博山附近发生上千次小地震，接着泉水流量大增，二氧化硫气体逸出，根据皮纳图博山大量喷烟冒气现象，菲律宾火山及地震研究所和美国地质调查局的科学家正式发布了火山喷发预报，当地政府立即疏散了处于危险区的约 10 万人，其中包括附近的美国克拉克空军基地的 2 万名军人及其家属，当地所有的飞机飞往远离火山的机场，民航飞机改变航线，避开皮纳图博火山地区。这些有效措施至少挽救了 5000 人的生命，避免了 2.5 亿美元的财产损失。这是人类历史上火山喷发预报取得巨大效果的例子。

火山喷发一般都有前兆。大喷发之前一般先会发生大量的小地震活动。这些前兆对于准确预报火山喷发很有用。但是，千万不要以为火山喷发预报的科学问题已经得到了完全解决。和其他自然灾害的预测预报一样，预测明天的事情对于科学来讲，是一个永恒的挑战。1991 年日本云仙（Unzen）火山出现了喷发前兆，按照过去的经验，科学家判断火山可能在几天

● 克拉夫特夫妇的火山之恋。1991 年 6 月 3 日下午，日本云仙火山喷发，克拉夫特夫妇在内的 43 名科学家遇难。法国导演萨拉 · 多萨拍摄了一部《火山挚恋》（*Fire of Love*）纪录片，展现了科学家的探索精神，这部电影于 2023 年在国内上映

后喷发。法国著名的火山学家兼摄影师卡蒂亚（Katia）和莫里斯 · 克拉夫特（Maurice Krafft）夫妇（他们俩曾给全世界提供过许多扣人心弦的火山喷发的照片和电影录像）很快赶到云仙火山，并带领了一批记者进入到离火山口 3 km 的地方。未曾料到的是，云仙火山中缓慢生长的熔岩穹隆突然破裂成火山碎

屑流，一共有 43 人在火山喷发中遇难。

目前火山活跃的地区多设有火山观测站，最古老的是 1845 年维苏威火山观测站，相对现代的有美国黄石火山观测站、冰岛火山观测站、日本云仙火山观测站、中国长白山火山观测站和中国台湾大屯火山观测站等，火山观测站的主要任务是通过地震观测、火山气体监测、地壳变形监测，发布火山喷发预警，帮助居民撤离。

富士山在过去的 5600 年内，平均每 30 年喷发一次，上一次喷发在 300 年前。日本政府 2020 年曾公布预测数据，最坏情况下，富士山喷发后，火山灰约 3 小时后到达首都圈。两星期后，神奈川县、山梨县等周边地区火山灰或累积 30 cm 以上。2024 年，日本气象厅宣布明年起研发相关预测系统，未来将发布富士山火山灰降灰预报。

第五章 活力大气圈

温室效应

天气和气候

全球变化

大气环流

全球气候变化

大自然的状况千变万化，如万物复苏的春天突然刮起沙尘暴，阳光明媚的夏天突然下起冰雹。这种某一瞬间或某一时段内由各种气象要素所确定的大气状况，如刮风、下雨、气温波动，被称为“天气”。我们可以这样描述天气：“今天天气很好，风和日丽，晴空万里；昨天天气很差，风雨交加”等。

初始地球形成后，一颗很大的小行星从侧面撞击了地球，使地球旋转起来，自转轴指向北极附近，自转轴倾角约 23.4°。这使得自然界不仅有短期的大气变化，还有长期的变化，如一年有春、夏、秋、冬四个季节。人们可以由温度和雨量等的差异而感知四季变化。某地区较长时间的天气平均状况，被称为“气候”。我们可以这样描述气候：“昆明气候很好，四季如春”。

院士导读

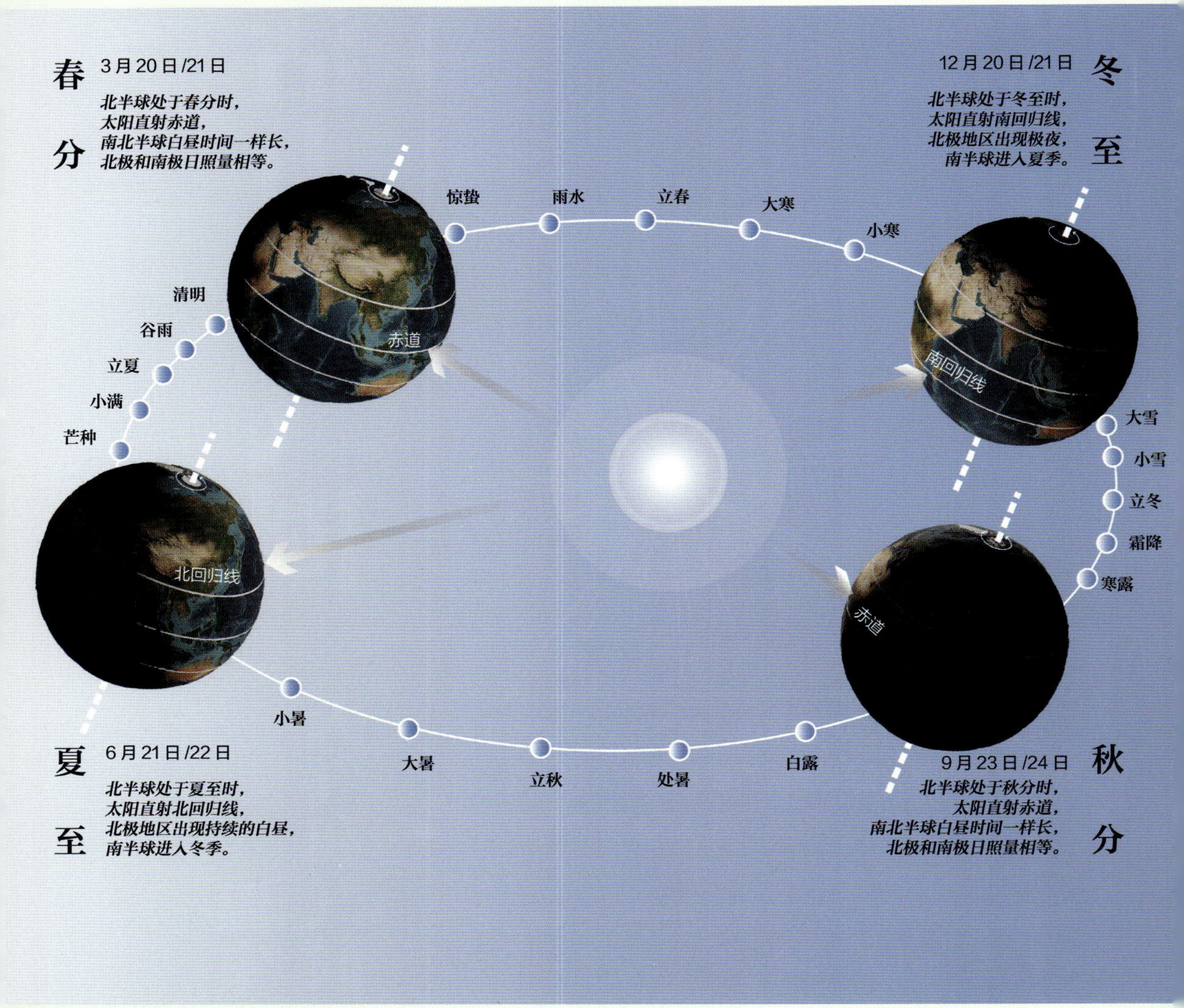

如果地球的自转轴倾角是0°，会发生什么？为什么南北回归线的纬度和地球自转轴的角度是一样的？

● 地球的四季。地球在公转的同时，还不停地绕自转轴旋转，并且自转轴倾角约为23.4°，于是形成季节变化天气与气候的区别为：天气现象的时间短，变化多；气候现象为长时间平均，相对稳定。

“气象”则是大气中的风、干湿、冷热、云、雨、雪、霜、雾、雷电等各种物理现象和物理过程的总称。“天气”、“气候”和“气象”的内涵有着明显的区别。

地球大气总在不停地运动，气体总是从高压的地方向低压的地方流动。风包括两个要素，一是风向，二是风速。风向是指风吹来的方向，例如北风就是指空气自北向南流动。风速是指空气在单位时间内流动的距离。当一阵大风吹来，你马上会意识到空气的质量或重量还真不小。地球表面上大约有 5200 万亿吨空气，地球上每平方千米有 900 多万吨空气，这是个不小的数字，当几百万吨空气以每小时五六十千米的速度刮过，树枝折断，屋瓦乱飞，就不足为怪了。

风力等级表（据国标 GB/T 28591—2012）

风力级数	名称	风速（m/s）	风速（kn/h）	风力级数	名称	风速（m /s）	风速（kn/h）
0	静风	0～0.2	0～0.4	9	烈风	20.8～24.4	40.5～47.5
1	软风	0.3～1.5	0.6～2.9	10	狂风	24.5～28.4	47.5～55.3
2	轻风	1.6～3.3	3～6.4	11	暴风	28.5～32.6	55.5～63.4
3	微风	3.4～5.4	6.5～10.5	12	飓风	32.7～36.9	63.5～71.8
4	和风	5.5～7.9	10.6～15.4	13		37.0～41.4	72～80.5
5	清劲风	8.0～10.7	15.5～20.8	14		41.5～46.1	80.5～89.7
6	强风	10.8～13.8	21～26.8	15		46.2～50.9	89.9～99
7	疾风	13.9～17.1	27～33.3	16		51.0～56.0	99～108.9
8	大风	17.2～20.7	33.5～40.3	17		56.1～61.2	109～119

注：1 kn/h=1.852 km/h，kn 表示 1 n mile（即 1.852 km）

大气环流

大气环流是具有世界规模的大气运行现象，其水平尺度在数千千米以上，垂直尺度在 10 km 以上，是大气大范围运动的状态。

大气环流形成的原因主要有三种：一是太阳辐射，这是大气运动能量的来源，地球表面接受太阳辐射能量是不均匀的，热带地区多，而极区少，从而形成大气的热力环流。如果没有别的影响，空气将从赤道上空向两极上空流动，而在地表则从两极流回赤道。二是地球自转，由于地球的自转，使南北气流偏向东西方移动，这种偏向称之为科里奥利效应。在北半球，由于地球以逆时针方向自西向东自转，向北流动的气流向东偏转，而向南流动的气流向西偏转。在南半球，情况正好相反。三是地球表面海陆分布不均匀。以上种种因素构成了地球大气环流的平均状态和复杂多变的形态。

大气环流的三种形式是全球大气环流（全球尺度）、季风环流（区域尺度）、城市热岛环流（局部尺度）。

在城市中，由于人口密集、工业发达和交通等因素，大量化石燃料被消耗后释放出大量的废热，这导致城市的气温高于周边的郊区，形成了一个明显的温度差异，从而引起空气的运动，形成一个被称为城市热岛环流的小型环流系统。

为什么飞机从伦敦飞北京比北京飞伦敦要快 1 小时？

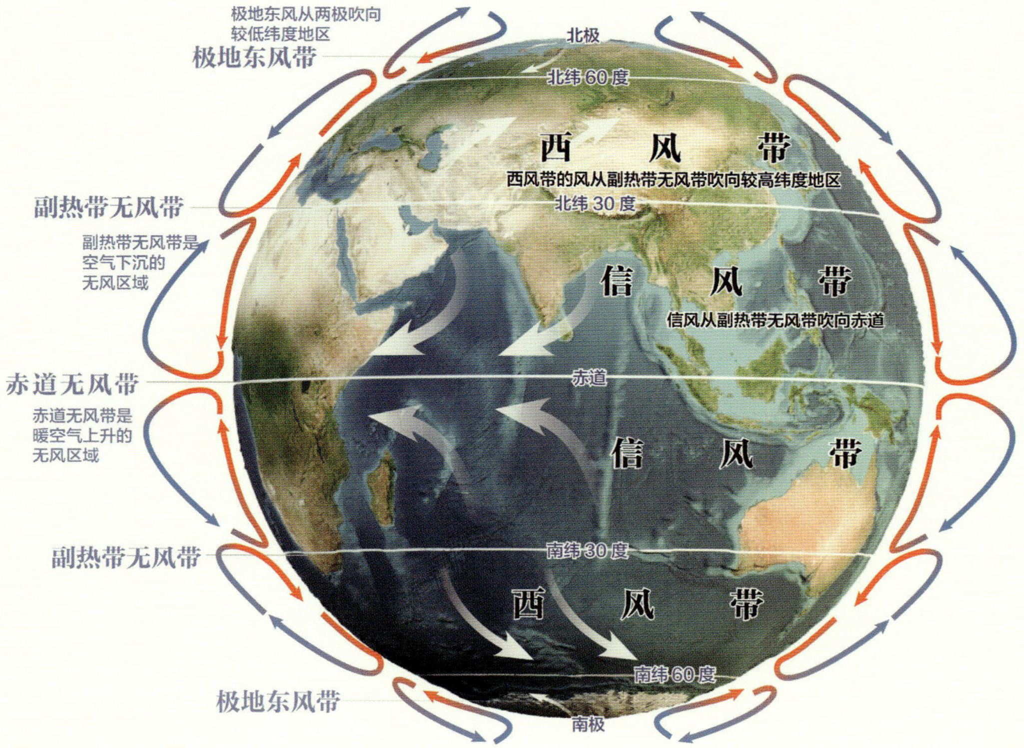

● 全球大气环流。地球上有一些常年遍吹的风，称作盛行风。在赤道的两边各有三个主要的盛行风带，分别称为信风带、西风带和极地东风带。这些风带受地球自转的影响，在北半球，风向偏右，为东北信风；在南半球则偏左，为东南信风。以北半球为例，赤道地区暖空气上升后向北流动，到一定纬度后，冷空气下沉向南流动，形成正环流圈，而中纬度地区环流方向相反，由此构成三个经圈环流

季风——随季节变换的风

大气运动最重要的能量来源是太阳辐射能。大气运动过程可以简单地概括为：太阳暖大地，大地暖大气，大气吹地球。白天太阳照射时，陆地热，形成低压，海面冷，是高压，这时空气会从较冷的海面吹向较暖的陆地，形成凉凉的“海风”。相反，到了晚上，陆地散热比海面快，陆地冷，形成高压，海面热，是低压，空气又由陆地流向海面，便吹起了“陆风”。也就是说，在一天的时间尺度内，风有海陆之分。

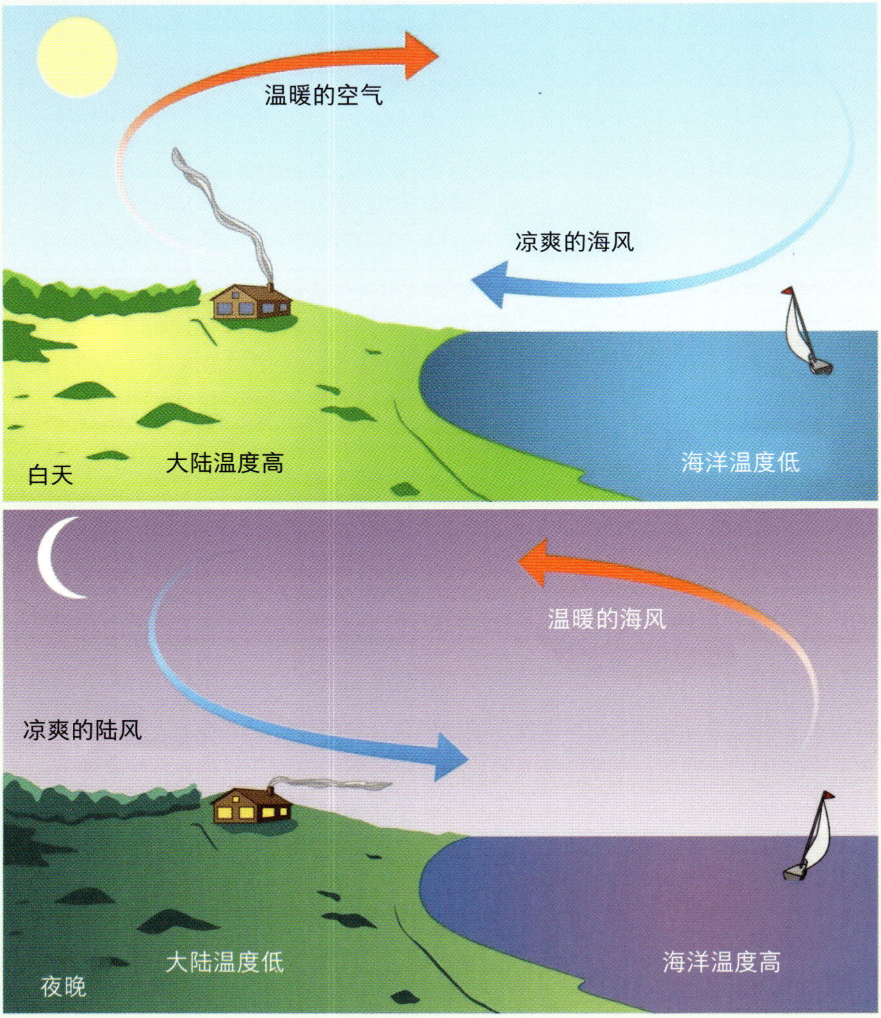

在海边，白天空气会从较冷的海面吹向较暖的陆地，形成凉凉的“海风”；晚上，空气又由陆地流向海面，便吹起了“陆风”

倘若我们考虑较长的时间尺度，例如考虑一年的四个季节，陆地和海洋吸热、散热速度不同，也会造成不同的风，这就是季风。季风是指区域大范围盛行的风向随着季节有显著变化的风系。

东亚是世界上最著名的季风区，主要是由于东亚位于世界上最大的大洋（太平洋）和最大的大陆（欧亚大陆）之间，海陆气温差异最为显著。冬季，亚洲大陆被蒙古高压控制，高压前端的偏北风成为亚洲东部的冬季风，各地冬季风的方向，由北而南依次为西北风、北风和东北风。夏季，热低压控制亚洲大陆，太平洋副热带高压西伸北进，因此季风为偏南风。

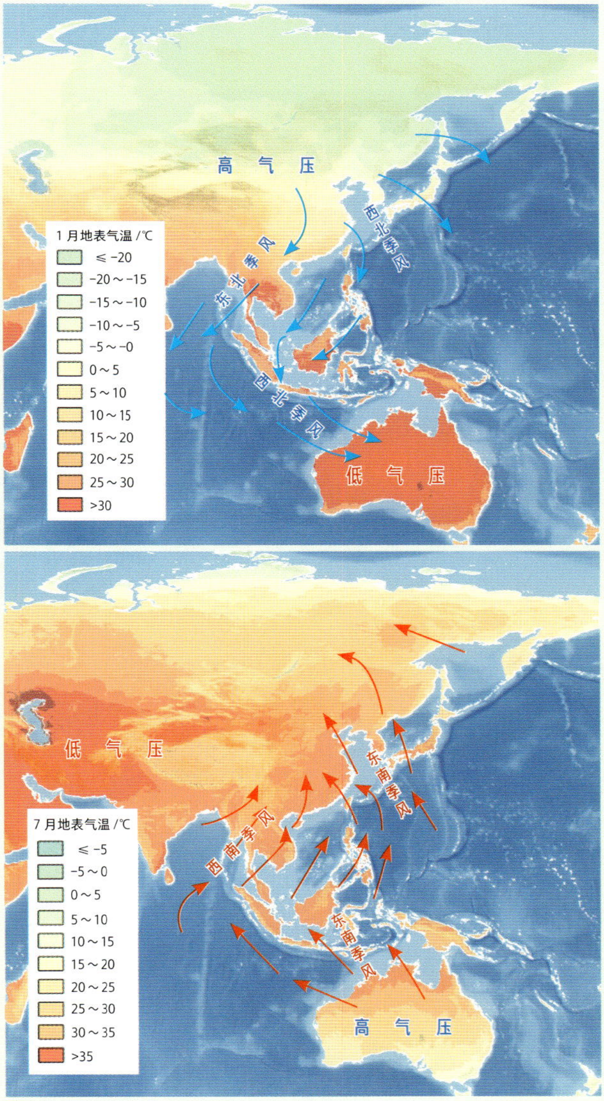

● 东亚季风区。最大的大洋（太平洋）和最大的大陆（欧亚大陆）因热力性质差异造成季风。冬季季风起源于蒙古、西伯利亚，夏季季风起源于太平洋。冬季风强于夏季风。东亚季风区的天气和气候受东亚季风的影响非常显著，冬季寒冷、干燥、少雨，夏季高温、湿润、多雨。正常情况下，东亚季风决定了这个地区旱季和雨季的存在，我国华南前汛期，江淮的梅雨及华北、东北的雨季，都属于夏季风降雨

中国科学家胡焕庸在 1935 年提出从黑龙江的黑河到云南的腾冲，画一条线，作为划分中国大陆人口密度的对比线，国际上称其为“胡焕庸线”。

1935 年，中国大陆该线东南方 36% 的国土居住着 96% 的人口，而西北方 64% 的国土居住着 4% 的人口，2000 年第 5 次人口普查发现，“胡焕庸线”两侧的人口分布比例，与 70 年前相差不到 2%，这表明“胡焕庸线”所揭示的人口分布规律依然没有被打破。但是，线之东南生存的人已经远不是当年的四亿三千万，而是十二亿两千万。

特别值得注意的是，“胡焕庸线”恰恰又是我国夏季风过渡区的西边界，夏季风过渡区不仅是中国气候环境的过渡带，还对中国人口分布和区域发展具有重要约束作用。近代发现的 400 mm 等降水量线，是我国半湿润区和半干旱区的分界线，该线与“胡焕庸线”基本重合，各种旱涝灾害特别是大洪涝灾害空间频率分布的走向与胡焕庸线日趋吻合，胡焕庸线表现出中国的现代气候特征。

● 胡焕庸（1901—1998 年），中国地理学家，1935 年提出“胡焕庸线”，在“中国地理百年大发现”评选活动，该项地理发现排在“珠峰测量”之后，名列第二

● 胡焕庸线

寒潮——“顶牛的风”（冷锋和热锋）

大气中有许多气团，气团指水平方向上的湿度、温度等比较均一的大范围空气。按温度可分为冷气团（温度低、湿度小、密度大、气压高）和暖气团（温度高、湿度大、密度小、气压低）。当冷气团遇到暖气团时，就会“顶牛”。在它们的交汇处往往会产生带状的界面，气象学上称为“锋面”。锋面中冷空气在下方，暖空气位于上方。

寒潮是一种“冷锋”。来自高纬度地区的寒冷空气气团，像潮水一样大规模地向中低纬度侵袭。侵入我国的寒潮，主要是从俄罗斯的西伯利亚南下的冷高压空气。这些地区冬季长时间见不到阳光，到处被冰雪覆盖着，停留在那些地区的空气团越来越冷、越来越干，当这股冷气团积累到一定程度，气压增

● 锋面示意图。当冷气团遇到暖气团时，双方开始“顶牛”，看看谁的力气大。在它们的交汇处往往会产生带状的界面，气象学上称为“锋面”。“顶牛”的不同结果，常带来许多不同的天气现象

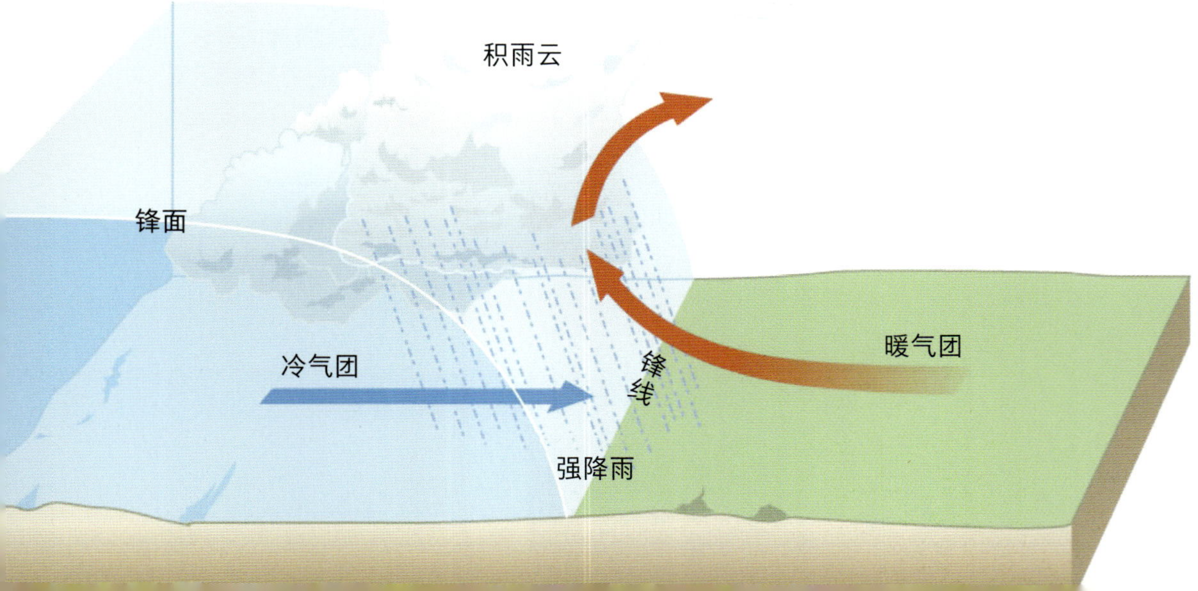

冷锋与暖锋

类型	冷锋	暖锋
形成	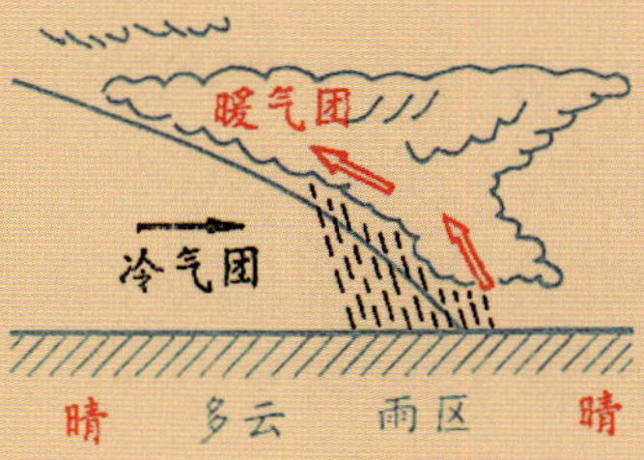	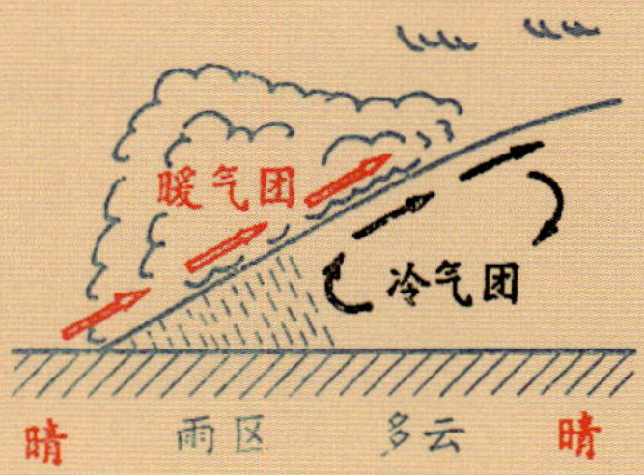
运动特征	冷气团长驱直入，暖气团被迫抬升，锋面上两个气团运动方向相反	暖气团主动爬升，冷气团被迫后退，锋面上两个气团运动方向相同
天气实例	夏季暴雨，春秋大风、沙尘暴，冬季寒潮	春雨（一场春雨一场暖）

大到远远高于南方时，就像贮存在高山上的洪水，一有机会，就向气压较低的南方泛滥、倾泻，这就形成了寒潮。人们也把寒潮称为寒流。每一次寒潮爆发后，西伯利亚的冷空气就要减少一部分，气压也随之降低。但经过一段时间后，冷空气又重新聚集堆积起来，孕育着一次新的寒潮的爆发。

寒潮引发的大风、霜冻、雪灾、雨凇等灾害对农业、交通、电力、航海以及人们的健康都有很大的影响。寒潮和强冷空气通常会带来大风、降温天气，是中国冬半年主要的灾害性天气。

2023 年冬奥会为什么不在东北，而在北京举行？

随着纬度增高，地球接收的太阳辐射能量逐渐减弱，寒潮携带大量冷空气向热带倾泻，使地面热量进行大规模交换，有助于保持自然界的生态平衡。寒潮也是风调雨顺的保障。冬天气候干旱，当寒潮南侵时，常会带来大范围的雨雪天气，缓解冬天的旱情，使农作物受益。“瑞雪兆丰年”“寒冬不寒，来年不丰”这些农谚能在民间千古流传，是有道理的。但寒潮也会带来过多的降雪，甚至导致连续数天或十几天的暴风雪，也会造成灾害。

● 2021 年威海市寒潮导致“冰河世纪”景观。在寒潮过程中，最突出的天气是剧烈降温、降雪（雨）和大风。由于我国幅员辽阔，南方和北方气候差异很大，一般而言，北方采用的寒潮标准是：24 小时降温 10℃以上，或 48 小时降温 12℃以上，同时最低气温低于 4℃；南方采用的寒潮标准是：24 小时降温 8℃以上，或 48 小时降温 10℃以上，同时最低温度低于 5℃

冰雹——“上蹿下跳”的风（对流）

冰雹和雨、雪一样，都是从云里掉下来的。热空气从地面上升，上升过程中由于气压降低，体积膨胀，消耗能量，空气温度就要降低。在大气中空气每上升 100 m，因绝热变化会使温度降低 0.65℃左右。在一定温度下，空气中容纳水汽有一个限度，达到这个限度就称为“饱和”，当温度降低时，空气中可能容纳的水汽量就会降低。因此，原来没有饱和的空气在上升运动中由于绝热冷却可能达到饱和，空气达到饱和之后，过剩的水汽便附着在飘浮于空中的凝结核上，形成水滴。当温度低于 0℃时，过剩的水汽便会凝华成细小的冰晶。这些水滴和冰晶聚集在一起，飘浮于空中便成了云。空气在对流运动中有上升运动和下沉运动，在上升气流区往往会形成云块，下沉气流区就成了云的间隙，露出了蓝天。所以说，天空中的云是由空气对流产生的。

如果对流运动十分猛烈（强烈而不均匀），空气频繁上蹿下跳，强烈的上升气流进入低温区后，空气中的灰尘和其他固态物质就会形成雹核，接着上升的雹核与低温区中的冰晶、雪花和少量过冷水滴黏合并冻结成为一个不透明的冰雹。在上升气流较弱的时间和地点，当逐渐增大的冰雹无法被支托时，就会在上升气流里下落，在下落中不断地合并冰晶、雪花和水滴而继续生长，这时如果落到另一个更强的上升气流区，那么冰雹又将再次上升，重复上述的生长过程。这样冰雹就一层透明一层不透明地生长，由于各次生长的时间、含水量和其他条件的差异，冰雹的各层厚薄及其他特点也各有不同。最后，当上升气流终于支撑不住冰雹时，它就从云中落了下来，成为我们所看

大雷暴会产生大冰雹（图源：NOAA）

到的冰雹。冰雹的大小和形状不同，有些可能只有豆子大小，而另一些可能有鸡蛋大小。1930 年，德国 5 名滑翔机驾驶员被卷入雷雨云后弃机跳伞，恰被上升气流卷入了过冷水气区形成的巨大冰雹核心，云中强烈的气流将他们上下抛扔，使他们身上包裹了层层厚冰，最后落在地上成了“人雹”。1894 年 8 月 11 日，美国密西西比州维克斯堡降下一个特大冰雹，里面竟包裹着一个大乌龟。

冰雹灾害是由强对流天气系统引起的一种气象灾害，它出现的范围虽然较小，持续时间也比较短促，但来势猛、强度大，并常常伴随着狂风、暴雨、闪电等其他天气过程。

强对流天气系统引起的另一种天气现象是雷电。对流发展旺盛而形成的积雨云中，冰晶的凇附（冰晶与过冷水滴相碰，过冷水滴冻结在冰晶上的过程），水滴的破碎以及空气对流等过程，使云中产生电荷。云

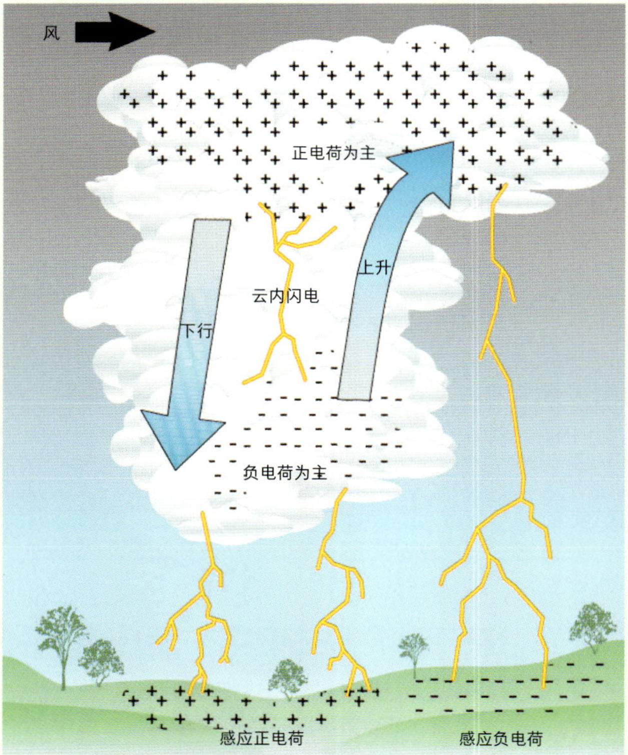

● 闪电的形成过程示意图。对流激烈的积雨云中，云的上部以正电荷为主，下部以负电荷为主。因此，云的上、下部之间形成一个电位差。当电位差达到一定程度后，大气中一个狭窄的空气柱被电离，形成瞬间的放电通道，这就是闪电

● 积雨云中的闪电。积雨云下部的负电荷，还吸引地面产生正电荷，让它们如影随形地跟着云移动。正电荷和负电荷彼此相吸，带有电荷的雷云与地面的突起物接近时，它们之间就发生激烈的放电，巨大的电流沿着一条气道通向地面，破坏建筑物，伤害人类（图源：Pexels）

的上部以正电荷为主，下部以负电荷为主。因此，云的上、下部之间形成一个电位差。当电位差达到一定程度后，就会发生放电，这就是我们常见的闪电现象。

闪电和雷声是同时发生的，但闪电是光，传播速度快（30 万 km/s），而声音的传播速度慢（340 m/s），所以，人们总是先看见闪电，后听到雷声，两者时间差乘以声波速度，即可知道雷电离你有多远。

人在室外时，如果遇到雷电，需注意以下四点：一是人体应尽量降低自己，以免作为凸出尖端被闪电直接击中；二是人体与地面的接触面要尽量缩小，以防止因“跨步电压”造成伤害；三是不可到孤立的大树下和无避雷装置的高大建筑体附近，不可手持金属体高举头顶；四是不要进入水中。

台风——旋转的风（气旋）

夏秋季节，赤道附近的海面，大量高温（26℃以上）海水蒸发，上升到了空中形成对流云，而外围空气短期内源源不绝地进入对流通道，并在对流云高层向外流出。地球转动使流入的空气像车轮那样旋转起来。热带气旋会越来越强大，当气旋中心持续风速在 12～13 级（即 32.7～41.4 m/s）时，就形成了台风（typhoon，北太平洋西部）或飓风（hurricane，在北大西洋及东太平洋）。台风就是在大气中绕着自己的中心急速旋转的同时又向前移动的热带气旋。热带气旋的生命期平均为一周，短的只有 2～3 天，最长可达一个月左右。

台风是旋转的风，其形成与地球自转密切联系。受地球自转影响，地球上水平运动的流体，无论朝哪个方向运动，都会发生偏转现象。在北半球，台风总是逆时针旋转，而在南半球，台风则是顺时针旋转。

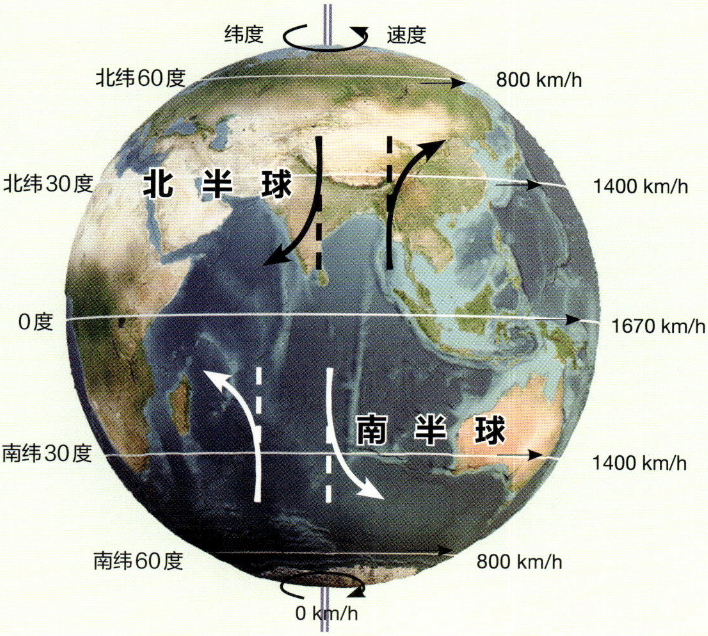

● 地球自转的科里奥利效应。由于地球的自转，地面上的流体（大气或海水）流动的路线会是一条弧线。图中的虚线表示没有自转时流体的流动路线，实线表示有自转时的流动路线。当大气从赤道向两极运动时，北半球大气路线向右手边偏移，而在南半球，则向左手边偏移。地球上近南北取向的河流，东岸比西岸被流水侵蚀得严重，也是这个道理

● 傅科钟摆实验。1851 年法国物理学家傅科（Foucault）为证明地球自转，他在巴黎先贤祠大厅的穹顶上悬挂了一条 67 m 长的绳索，绳索的下面是一个重达 28 kg 的摆锤。傅科设置的摆每经过一个周期的震荡，在沙盘上画出的轨迹都会偏离原来的轨迹（准确地说，在这个直径 6 m 的沙盘边缘，两个轨迹之间相差大约 3 mm）。该实验证明了科里奥利力的存在，为大气自旋提供了解释

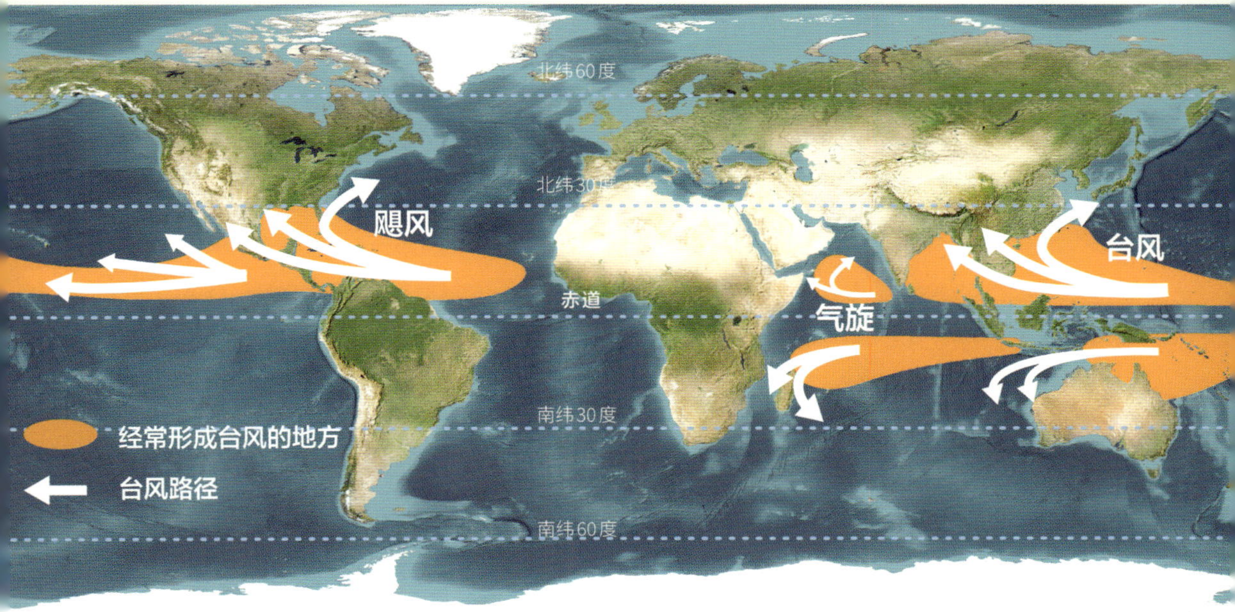

● 全球台风（飓风）运动路线分布图。箭头表示台风前进的方向，线条粗细表示发生的频度

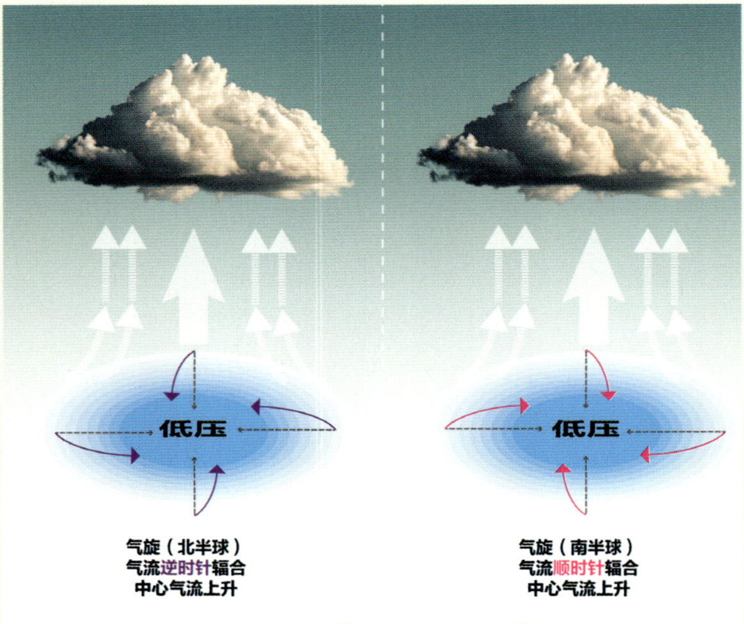

● 南北半球台风形成机制示意图。台风就是绕着自己的中心急速旋转的同时又向前移动的热带气旋。热带海洋中大量高温（26℃以上）海水被蒸发到了空中，形成一个低气压中心。北半球低压中心是一个很大的气柱，由于地球自转，气柱南面靠近赤道的大气向东运动的速度比北面的大气向东运动的速度快，于是，围绕低压中心的大气作逆时针方向转动。反之，在南半球作顺时针方向旋转。台风是一种旋转的热带风旋

台风携带的能量极大。1996 年太平洋东南部出现的赫拔台风（Typhoon Herb）是一个高能量的系统，其产生的主要天气现象包括强风和暴雨，强风携带着大量的动能，而暴雨则带着大量水汽凝结的潜热释放。赫拔台风总能量估计值为 1×10^{20} J，如此大的能量相当于台湾省几百年的用电量。

全世界平均每年有 80～100 场台风发生，其中绝大部分发生在太平洋和大西洋上。太平洋中热带风和暖流通常自东向西流动。但每隔 2～7 年这一流动会逆转方向，开始从西流向东。这一反常的现象被称为厄尔尼诺现象。科学家尚不清楚厄尔尼诺的成因。但厄尔尼诺的出现，导致西太平洋受暖流的影响小，海水温度和气温较其他年份低，从而形成的台风较常年少。

1922 年 8 月 2 日被太平洋的台风袭击的广东汕头。这是中国近代危害最严重的一次台风，海水陡涨 3.6 m，沿海 150 km 堤防悉数溃决，造成了严重的灾害。当时正处于北洋军阀混战时期，灾后救援不到位，这次台风共造成 7 万多人遇难，数十万人流离失所（图源：Sonoma State University Library）

台风除了其“灾害”的一面外，也有为人类造福的一面。台风降水是我国江南地区和东北诸省夏季雨量的主要来源。在酷热的日子里，台风来临，凉风习习，可以降温消暑，所以，有人认为台风是“局部受灾，大面积受益”，这不是没有道理的。

除了台风以外，另一种大气气旋是龙卷风。龙卷风是一种气旋，它是大气中最强烈的一种旋涡现象。龙卷风主要出现在夏季 6～9 月，春末夏初也偶有发生，以下午至傍晚最为多见。龙卷风的直径一般在十几米到数百米之间。龙卷风的生存时间一般只有几分钟，最长也不超过数小时。风力特别大，在中心附近的风速可达 100～200 m/s。当旋涡运动愈趋猛烈时，可自云中直降至地面，形成一个猛烈旋转着的圆形空气柱，它的上端与雷雨云相接，下端有的悬在半空中，有的直接延伸到地面或水面，一边旋转，一边向前移动。它发生在海上时犹如“龙吸水”，被称为“水龙卷”；出现在陆上时，卷扬尘土，卷走房屋、树木等，被称为“陆龙卷”。远远看去，它不但很像吊在空中晃晃悠悠的一条巨蟒，而且很像一个摆动不停的大象鼻子。龙卷风的风力极强，是所有大气现象中破坏力最强的。龙卷风常会拔起大树、掀翻车辆、摧毁建筑物，有时甚至会把人吸走，危害很大。

● 龙卷风形成初期（左）以及末期（右）的景象。1981 年 5 月 22 日科学家在俄克拉何马州 Cordell 追踪并研究龙卷风发出的声音时拍摄（图源：NOAA）

大理洱海的“水龙卷”。2020 年 8 月 5 日上午，云南大理洱海惊现龙卷风，一条巨大的水柱连通云层与洱海，场面令人震撼。龙卷风内部的气压很低，可以低到 400 hPa（0.4 个大气压）。它犹如一个特殊的吸泵一样，把它所触及的水和沙尘、树木等吸卷而起，形成高大的柱体，这就是过去人们所说的“龙吸水”。当龙卷风把陆地上某些物质或海里的鱼类卷到高空，移到某地再随暴雨降到地面，就会形成“血雨”、“谷雨”、“钱雨”或“鱼雨”

美国堪萨斯州的格林斯堡（Greensburg）被龙卷风袭击后的废墟。2007 年 5 月，龙卷风以近 300 km/h 的速度袭击了美国堪萨斯州的格林斯堡小镇，过后一片狼藉，到处是龙卷风肆虐的痕迹。龙卷风的脾气极其“粗暴”，所到之处，吼声如雷，犹如飞机机群在低空掠过。1896 年美国圣路易斯的龙卷风夹带的松木棍竟把 1 cm 厚的钢板击穿。不过，龙卷风中心的风速很小，甚至无风，这和台风眼中的情况很相似

热浪——半路拐弯的风（副热带高压）

30°N～35°N 附近地区处在热带和温带的过渡，具有热带和温带的一些特点（因此称之为副热带），气流在赤道上升，在高空向两极流动，当流到 30°N 附近地区时，由于持续受到地转偏向力使得气流运动方向由南北向逐渐转为东西向，阻碍后续气流运动，因此气流被迫下沉形成高压带，下沉气流因绝热压缩而变暖，造成很强的下沉逆温（逆温指地面温度低、高空下沉气流温度高的现象），所控制地区会出现持续性的晴热天气，这种副热带高压带的出现，是热浪产生的原因。

● 2003 年欧洲的热浪至少造成 35000 人死亡。图中给出了与多年平均值相比，热浪时各地高温天气增温幅度的分布，可以看到，在欧洲的中部，大面积地区的温度较多年平均值高了 10℃（图源：NASA）

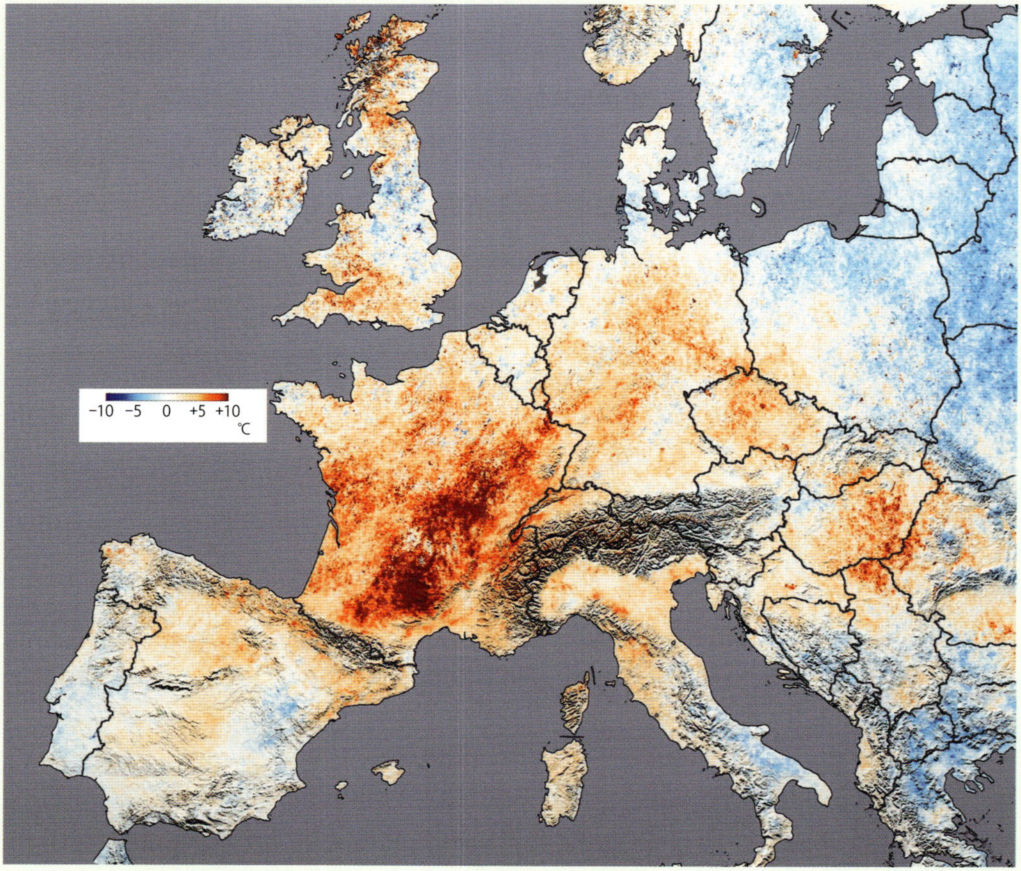

热浪侵袭中的巴西里约热内卢海滨

日最高气温达到或超过 35℃时称为高温［世界气象组织（WMO）定义］，连续数天（3 天以上）的高温天气过程称为高温热浪（也称为高温酷暑）。高温酷暑与副热带高压活动有密切关系。我国高温酷暑主要发生在华南、华东、华中等地区，尤其在长江中下游地区。过去著名的长江流域“三大火炉”——南京、武汉和重庆，7 月份高温天气通常会持续 20 多天。闽、浙、赣、湘、鄂、豫、苏、沪、皖、川东、黔东、陕南、粤、桂等地的日最高气温普遍达 35～39℃，淮河及长江中下游不少地区的气温高达 39℃，有的地区甚至超过 41℃。

近年来，随着全球气候变暖以及城市化加速发展，高温酷暑灾害发生强度和频率呈现增长的趋势，高温热浪事件越来越多。美国的五大湖区、法国、英国、西班牙和我国华北都逐渐成为新的区域高温中心。西安、石家庄的炎热程度已不亚于重庆、武汉、南京等传统的“三大火炉”。

全球气候变化

全球变暖

科学家们从地质记录、历史资料和近代仪器记录的资料中，发现自工业革命以来全球平均温度已升高 0.3～0.6℃ 。

观测资料显示，20 世纪是过去 1000 年中最温暖的 100 年，地球气候正经历一次以全球变暖为主要特征的显著变化，主要表现为海平面上升、雪山和冰川消融。

● 1000～1999 年北半球千年温度重建。0℃线是 1961～1990 年北半球年平均温度，蓝色表示通过树木年轮、冰芯等资料得到的数据（1000～1980 年），红色线表示器测记录（1861～2000 年），黑色的曲线是平滑过后的数据

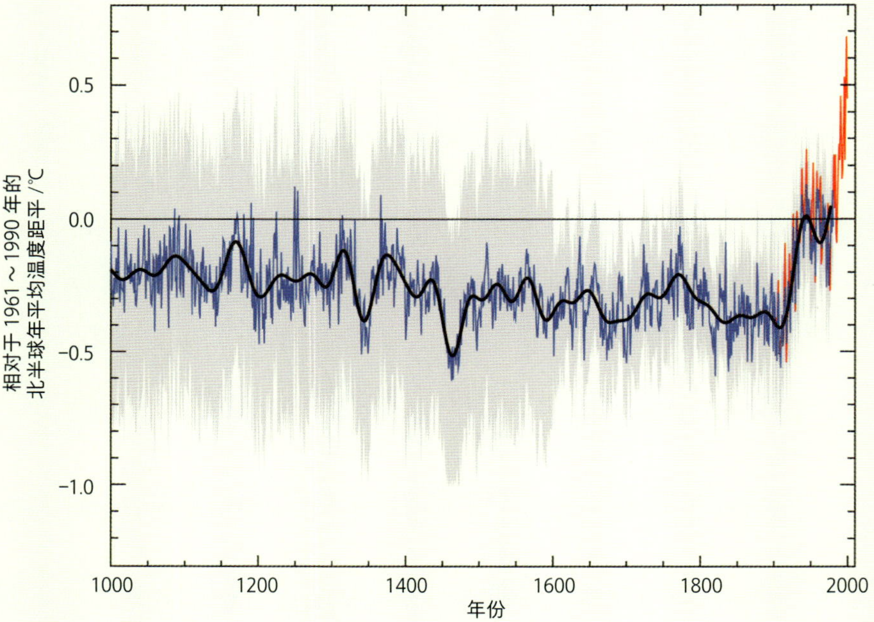

● 乞力马扎罗山雪峰 1970 年（上）和 2000 年（下）的积雪面积对比。海拔 5896 m 的乞力马扎罗山是非洲最高的山，其高山雪峰更以独特的地理风貌著称。对比两张图，可以看出在 30 年左右的时间内，乞力马扎罗山山顶积雪面积大幅度减少

导致全球变暖的因素分为自然因素和人为因素两大类。自然因素往往是长时间叠加的影响，如太阳辐射、地球轨道变化等；人为因素包括人类向大气排放 CO_2 的增加、大面积砍伐森林等，导致森林吸收 CO_2 能力减少，大气中 CO_2 增多。多数气候科学家认为，人类活动极有可能是导致近半个世纪全球变暖现象的主要原因。全球变暖问题引起了各国公众的密切注意。

● 气候变化的冰雕行为艺术。2009 年 9 月 2 日，巴西艺术家内尔·阿泽维多（Nele Azevedo）制作了 1000 个冰雕小人放置在柏林御林广场音乐厅的台阶上。冰雕小人形态各异，三三两两坐在一起。随着气温的升高，冰雕小人渐渐融化，直至消失。艺术家表示，活动意在提醒公众，人类命运和地球休戚与共，人类不是自然的主宰，而是大自然的一个组成部分（图源：https://www.collater.al/nele-azevedo-minimum-monument[2024-10-18]）

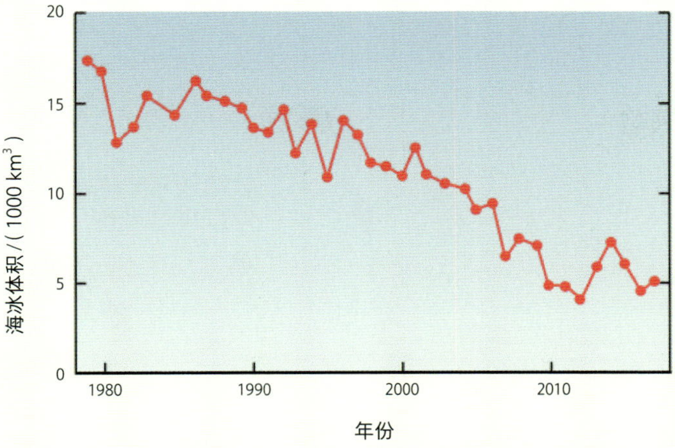

1979～2017 年北极海冰的体积变化。2017 年海冰体积仅为 1979 年的 29% (数据来源：美国国家冰雪数据中心)

温室效应

任何物体都会向外辐射电磁波。物体温度越高，辐射的波长越短。太阳表面温度约 6000 K，它发射的电磁波长很短，称为太阳短波辐射。地面在接受太阳短波辐射而增温的同时，也时时刻刻向外辐射电磁波。地球发射的电磁波长因为温度较低而较长，称为地面长波辐射。短波辐射和长波辐射在经过地球大气时的遭遇是不同的：大气对太阳短波辐射几乎是透明的，却强烈吸收地面长波辐射。因此太阳短波辐射可顺利到达地面，地表受热后向外放出的大量长波热辐射线却被大气吸收，这样就使地表与低层大气温度增高，因其原理类似于栽培植物的温室，故名温室效应 (又称花房效应) 。

大气中的一些气体，可以阻止地球热量的散失，这就是有名的“温室气体”。大气中主要的温室气体是水汽 (H_2O) 、二氧化碳 (CO_2) 、甲烷 (CH_4) 等。这些温室气体在大气中含量不多，但温室作用影响却不小。

水汽是大气中最丰富的温室气体，是温室效应的最大总体贡献者。然而，大气中几乎所有的水汽都来自于自然过程。人类排放的水汽的量非常少，因此与人类关系不大。

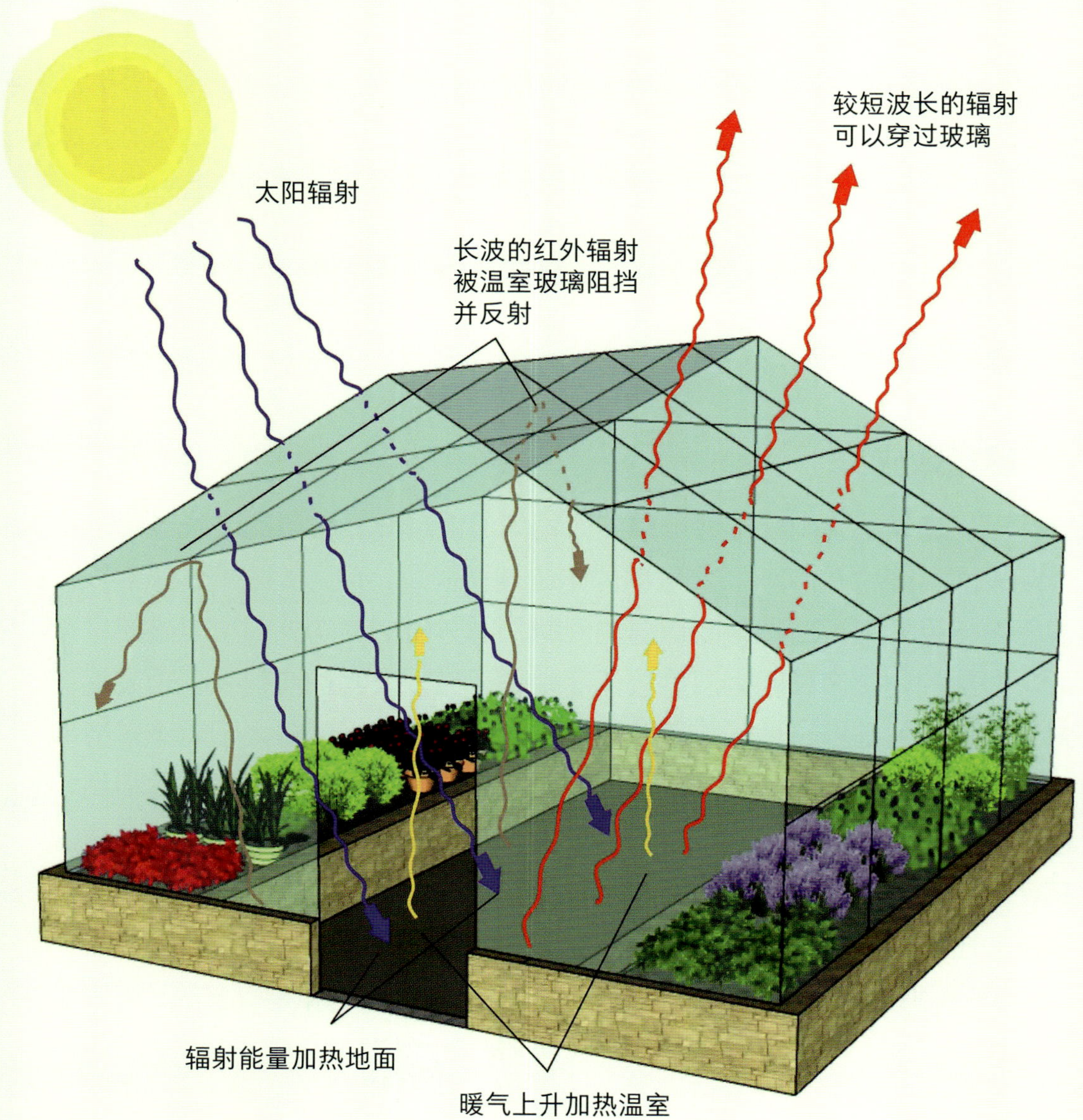

● 温室的原理。在温室中，短波的阳光（蓝色）能透过花房周围的玻璃，室内的长波辐射（棕色）却逃不出去。地球表面大气中的一些气体的功用和温室玻璃有着异曲同工之妙，都是只允许太阳光（短波）进，而阻止其反射（长波）出去，从而实现保温、升温作用，因此被称为温室气体

与“温室效应”对应，会有“冰箱效应”吗？

自然界在排放着各种温室气体的同时，也在吸收或分解它们。从天然森林来看，CO_2 的吸收和排放基本是平衡的，但人类活动导致的温室气体的排放量却不断增加。1750 年之前，大气中 CO_2 含量基本维持在 280 ppm（1 ppm=1 × 10^{-6}），现已上升到近 360 ppm。许多学者预测，到 22 世纪中叶，世界能源消费的格局若不发生根本性变化，大气 CO_2 的浓度将会上升，全球平均温度也可能上升。

温室效应对气候变化的影响是多尺度和多层次的，正面影响和负面影响并存。在中国和世界历史中，繁荣时期多是降水较多、干旱区退缩的温暖期。但温室效应的负面影响更受关注，

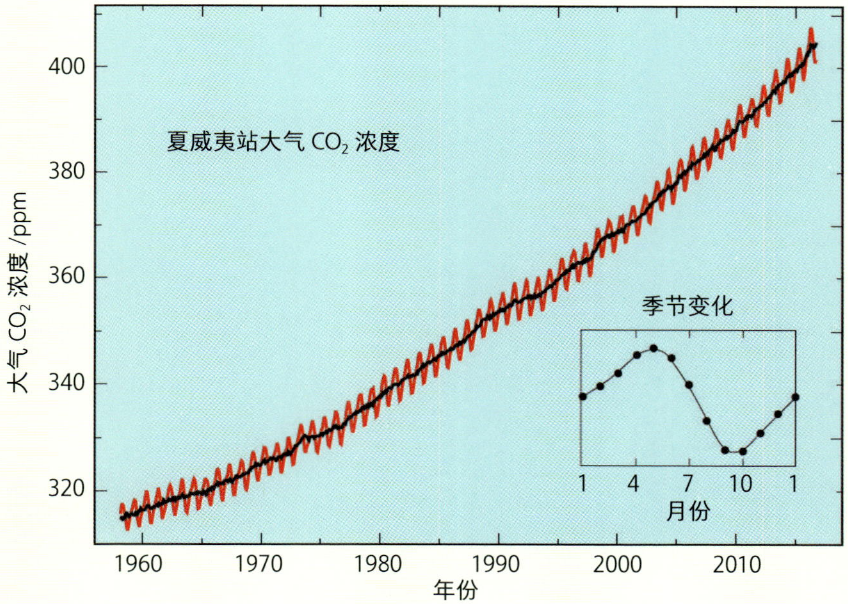

● 基林曲线。基林（Charles Keling，1928～2005）从 1958 年开始在夏威夷的高山上进行连续测量，结果发现空气中的 CO_2 浓度有昼夜和季节的升降，同时还有逐年上升的趋势。图中给出的是夏威夷上空 CO_2 浓度的基林曲线（1958～2022）。现在温室效应成为了人类最大的生态担忧。这根著名的“基林曲线”成了人类实测 CO_2 唯一最长的纪录。基林因此获得了美国国家科学奖

如气候异常、海平面升高、冰川退缩、冻土融化、河（湖）冰迟冻与早融、某些动植物数量减少等等。人为因素减缓气候变暖的措施大致有两个方面：控制温室气体的排放和增加温室气体的吸收。

全球气候变化

尽管还存在一些不确定因素，但气候变化会使人类付出巨额代价的观念已为世界所广泛接受，全球气候变化已成为被广泛关注和研究的全球性环境问题。大多数科学家仍认为及时采

● 威尼斯是众多海拔较低的海滨城市之一，如果全球变暖持续，在 22 世纪，这座城市将面临海平面升高而引发永久性洪灾

● 两部气候变化的纪录片。《难以忽视的真相》（*An Inconvenient Truth*）于2006年1月24日上映，并于2007年2月26日获第79届奥斯卡金像奖最佳纪录片奖。3月8日，英国BBC电视台播出了纪录片《全球变暖的大骗局》（*The Great Global Warming Swindle*）

取措施预防全球气候变化带来的影响是必需的。为了控制温室气体排放和气候变化危害，2015年12月12日，在巴黎召开的气候大会（COP21）上，190个缔约方签订了有史以来首个具有普遍性和法律约束力的全球气候变化协定——《巴黎协定》（*The Paris Agreement*），《巴黎协定》是对2020年后全球应对气候变化的行动做出的统一安排。《巴黎协定》的长期目标是将全球平均气温较前工业化时期的上升幅度控制在2℃以内，并努力将温度上升幅度限制在1.5℃以内，协议于2016年11月4日起正式实施。

联合国政府间气候变化专门委员会（Intergovernmental Panel on Climate Change，IPCC）是在 1988 年联合设立的科学技术咨询评估学术组织。IPCC 既不从事研究，也不监测与气候有关的资料或其他相关参数，其主要活动是定期对气候变化科学知识的现状、气候变化对社会和经济的潜在影响以及适应和减缓气候变化的可能对策进行评估。2021 年，IPCC 发布了最新的第六次评估报告。

IPCC 在对气候变化的科学认识评估中提到：目前主要有两方意见，一方认为气候变暖是人类活动结果；另一方认为判断自然因素和人类活动因素对气候变暖的影响孰大孰小，还需要有更多的数据和更长期的观测。地球演化史上曾经多次发生变暖—变冷的气候波动，许多次变暖是在没有人类活动的情况下发生的。而且，一次大型的火山爆发喷出的 CO_2 远比人类千百年释放的还要多得多。无论是变暖还是变冷，都会导致赤道与两极之间的温差变化，缺少了热动力的驱动，全球大气环流将受到严重影响。

第六章 活力水圈

洪水与干旱

冲积平原

古代文明

水，太多、太少——都会成灾

洪水

冲积平原

干旱

防洪抗涝工程

院士导读

水，太多、太少

——都会成灾

● 多水：2005 年 8 月，飓风“卡特里娜”登陆时造成了密西西比河河水泛滥，新奥尔良市成为一片泽国（图源：Smiley N. Pool/The Dallas Morning News）

水对地球上的生物至关重要，水和生命是息息相关的。一个 50kg 的成年人，32.5kg 的重量是水。一个人可以绝食一周甚至数十天只饮水而不死，但如果滴水不进，生命很快就会停止。对人类来说，水不仅不能断绝，而且少一点儿也不行。但是水又不能太多，如果日日夜夜倾盆大雨，山洪暴发，江河泛滥，这将是什么景象？水还不能脏，如果江河湖海都遭污染，不能喝、不能用，水产灭绝，植物枯萎，世界的末日也就来到了。

1997 年国际减灾日主题是：水，太多、太少——都会造成自然灾害。

● 少水：气候变化和干旱环境下垂死的牛羊（图源：Brendan Cox/Oxfam）

洪水

人类对于洪水的认识最早可以追溯到“大禹治水”和“诺亚方舟”的传说。“大禹治水”是在尧舜时代，中国经历了一场空前的洪水浩劫，洪水淹没了黄河和江淮流域的大部分地区，禹吸收了父亲鲧的治水教训，变围堵为疏导，治水终于取得了成功。西方世界著名的古代洪水传说是“诺亚方舟”。据《圣经 · 旧约》记载，上帝见到人在地上罪恶很大，后悔造人，心中忧伤，就计划用洪水将所造的人和走兽、昆虫、飞鸟都从地上除灭，因诺亚是个义人，上帝就让诺亚用歌斐木造一艘上中下三层的方舟，带着妻子、三个儿子和儿媳进入方舟，并把飞鸟、畜类、昆虫雌雄各一对带上方舟躲避洪水，大雨降了四十昼夜，大地洪水泛滥，天下的高山都淹没了，而诺亚他们躲过洪水，存活了下来。

● 尧舜时代，曾遭遇空前的洪水浩劫，禹变围堵为疏导，治水成功。大禹治水是中国古代治理洪水的故事，三皇五帝时期，黄河泛滥，大禹率领民众，从前人治水的失败中汲取教训，变“堵”为“疏导”，治水 13 年，耗尽心血与体力，“三过家门而不入”，完成了治水的大业

亚拉腊山上的“诺亚方舟”（西蒙·德·米尔绘于 1570 年）

中国的“大禹治水”和西方的“诺亚方舟”，有可能是在史前时期，地球上确实发生过一次历史性的、全球性的大洪水，几乎毁灭了刚刚萌芽的人类文明，而后由先人到后辈，一代代口述流传下来，成为洪水影响人类生活的最古老的传说。东西方民族有如此惊人的相似内容，恐怕很难说成“纯属巧合”。实际上，人类的文明史是和洪水史、治水史同时开始的。

在正常情况下，水会在河道内流动，但流动的水量往往并不一样，当水流突然增加，河道不能容纳时，洪水便会溢出河道，形成洪水。世界上五大河流分别是亚马孙河、尼罗河、长江、密西西比河和黄河。

黄河洪水

河流洪水有助于地球系统通过创造高度肥沃的冲积平原（新造平原），通过沉积物的沉淀（生成岩石），长时间成为沉积岩，并通过浑浊的流动，将沉积物远远输送到海洋（河流的三角洲－新造陆地）。

黄河发源于青藏高原（亚洲水塔），流经黄土高原，河水挟带大量黄泥一路流淌，直到下游的平原地区才沉积下来，这些泥沙足有几百万吨之多，使平原地区的土地变得肥沃无比。在世界的其他地方，在大河上构筑堤坝就能轻易地阻挡住河水，而对于黄河（黄河是世界上泥沙最多的河），筑坝显然就心有余而力不足了。1852 年，洪水冲垮了一座 5 丈多高的堤坝，轻松得就像撕开一张纸。从 17 世纪开始至今，黄河已经改道 10 次了。黄河泥沙之多，几乎是一条无法让船只航行的河流。黄河的主流在漫流区游荡，人们开始筑堤防洪，行洪河道不断淤积抬高，成为高出两岸的“地上河”，在一定条件下就决溢泛滥，改走新道。黄河下游河道迁徙变化的剧烈程度和泛滥的频度，是世界之最。

● 束缚着“地上悬河”的黄河大堤。含沙量大的黄河，到了河谷开阔、比降不大、水流平缓的河段，泥沙大量沉积，河床不断抬高，水位相应上升，为防止水害，两岸大堤亦随之不断加高，日久天长，河床高出两岸地面，便成为“悬河”。黄河下游每年大约有 4 亿 t 泥沙淤积于下游河道，河床逐年升高，使黄河下游成为世界上著名的“悬河”，此为开封北郊柳园口的“悬河”景观（图源：殷鹤仙 / 中国国家地理）

黄河全长 5464 km，流域面积 75 万 km^2，但黄河下游地区的流域面积也在不断变化，这是黄河不同于其他河流的突出特点之一。黄土高原和黄河冲积平原，土质疏松，易于垦殖，适于原始农牧业的发展。黄土的特性，利于先民们挖洞聚居。为孕育我国古代文明提供了较好的条件，黄河河水灌溉着两岸广大土地，孕育出中华文明。迄今 4000 多年的历史时期中，历代王朝在黄河流域建都的时间延绵 3000 多年。世界各地的炎黄子孙，都把黄河流域认作中华民族的摇篮，黄河被称为“母亲河”。

黄河又是一条著名的“灾难河”，黄河在 2000 年内决口成灾 1500 多次，水灾波及范围达 25 万 km^2。1117 年黄河决口淹死百余万人。1642 年黄河决口，水淹开封城，全城 37 万人中有 34 万人淹死。

黄河上游流经黄土高原，干流和支流中的滚滚黄水挟带着黄土奔向下游，沉积在下游和河口。北起天津、南达淮河的广大冲积平原（黄淮海平原）都是黄河淤积形成的。黄河一出山区，实际上就没有固定河道，而在这广阔的大三角洲中摆动奔流，历史上已发生过多次大改道。生活在大平原上的人民不得不在黄河两岸修建堤防，希望将它的行水道固定下来。西周时，黄河堤防已初具规模，战国时更已连绵百里。但由于上游泥沙源源而下，河道不断淤高，两岸大堤也被迫加高，形成“水涨船高”的恶性循环，最后河床高出地面成为“地上悬河”。恶性循环的后果是在发生特大洪水时，滚滚狂洪终将摧毁束缚它的大堤，扑向两岸，横扫一切，泛滥成灾，并自然地形成新的河道，人们如无法迫使它回归故道，就只能在新河道两侧再次修堤约束，进入新的恶性循环。这样周而复始，黄淮海平原上留下许多黄河故道和大堤遗迹。

现在黄河下游两岸防洪堤总长已近 2000 km，经历了四十多年大汛考验。但开封附近，河道平均高出城市地面 11 m，新乡市处高出 20 多米，济南市区设防水位高出地面 10 m，悬河形势十分严峻。已修建的小浪底水利枢纽，将带给我们一段稳定的时间，但解决黄河的防洪和排沙问题仍将是我们长期研究和奋斗的目标。

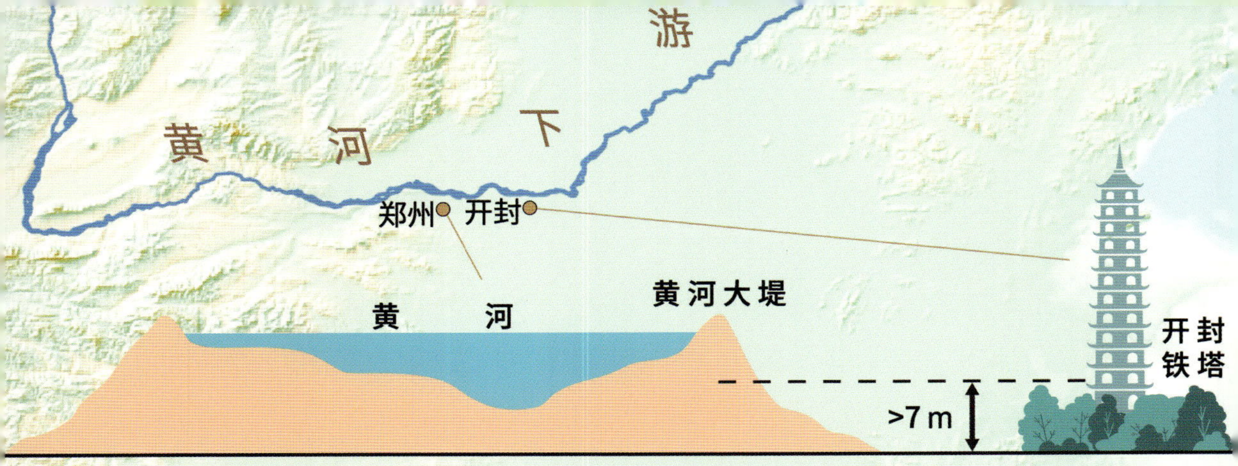

● 黄河在改道前有一个明显的标志——地上悬河。目前地上悬河最严重的地方是河南的开封市，在开封市郊外 10 km 的地方，黄河的河床已经比开封市高出了 7～8 m。恐怖的是黄河的泥沙沉积，让河床的高度每年增高 10 cm

长江洪水

长江是我国第一大河。源头海拔高达 5400 m，干流全长 6397 km，流域面积大部分处于亚热带季风气候区，温暖湿润，多年平均降水量达 1100 mm，年平均入海水量近 1 万亿 m^3，占中国河川径流总量的 36% 左右，水量居世界第三位，仅次于亚马孙河和刚果河，长江水量约为黄河水量的 30 倍。

长江在 1300 多年间发生水灾 200 多次。1931 年自沙市至上海沿江城市多被水淹，武汉市受淹近百日，沿江受灾人口 2850 万人，死亡 14.5 万人。

1954 年 6 月中旬，长江中下游发生三次大暴雨，暴雨强度大、面积广、持续时间长，直至 7 月底流域内每天均有暴雨出现，由于在上游洪水未到之前，中下游湖泊洼地均已满盈，以致上游洪水东下时，宣泄受阻，形成了 20 世纪以来的又一次大洪水。百万军民奋战百天，为了保“帅”，只得弃“车”，动用了荆江分洪区和一大批平原分蓄洪区，丰收在望的四大分洪区顷刻化为一片汪洋，飞机船只紧急出动援救被困灾民。虽保住了武汉、黄石等重点城市免遭水淹，但洪灾造成的损失仍然十分严重。十余座中小城市埋于水底，淹没的良田、建筑、工矿油田、铁路公路不计其数，武昌、汉口被洪水围困百日之久，京广铁路 100 天不能正常通车。

长江洪水发生的一个重要原因，是上游乱砍滥伐带来的水土流失。长江每年土壤浸融量达 25 亿 t。河流、湖泊、水库淤积的泥沙量达 20 亿 t。仅四川一省一年流入长江各支流的泥沙，如叠成宽高各 1 m 的堤，可以围绕地球赤道 16 圈。我国第一大淡水湖洞庭湖每年沉积的泥沙达 1 亿多吨，有人惊呼："这样下去，要不了 50 年，洞庭湖将从地球上消失！"长江之险，险在荆江，由于泥沙俱下，如今荆江段河床比江外地面高出十多米，成了除黄河之外又一条名副其实的地上河。长江上游，大面积的森林砍伐、水土流失，导致河流泥沙量增加；长江下游，湖群消失，这些是长江流域水灾愈发频繁的重要的原因。19 世纪初，洞庭湖面积还曾广达 6000 km^2，1949 年仍有 4350 km^2，然而从 1949 年到现在仅剩下 2145 km^2。同样

● 1931 年洪水淹至汉口邮务管理局。武汉三镇淹没水中达两月之久，受灾 16 万户 78 万余人，待救济灾民 23 万多人。武汉遭此重创，逐渐由盛转衰

40 年中，鄱阳湖湖面也缩小了 1/5 以上。长江中下游的湖泊星罗棋布，容纳七百多条大小河流，与长江形成了一个和谐的整体，但泥沙淤积和围湖造田后，使湖群面积剧烈缩减，调节洪水的功能减弱。

在最近的 100 年里，长江全流域的特大洪水主要发生在 1931 年、1954 年、1998 年，巧合的是，把这些年份与太阳黑子年份进行对比，发现洪水年都在太阳活动极小年附近。其中有一个太阳活动极小年在 1976 年，虽然那年没有特大洪水，但 1975 年台风导致的特大暴雨引发了河南驻马店水库溃坝事件。

暴雨洪水

雨水是洪水最重要的来源。如果降雨量很大，而又持续一段长时间的话，便可能出现洪灾。相对其他类型的洪水而言，暴雨洪水一般强度大、历时长、面积广。我国绝大多数河流的洪水都是由暴雨产生的，且多发生在夏秋季节，发生的时间由南往北推迟。

● 郑州暴雨前后一段公路对比图。2021 年 7 月，郑州暴雨，千年一遇，三天下了以往一年的雨（图源：才扬 / 新华社）

● 2005 年 6 月黑龙江宁安市沙兰镇突发洪水（图源：Newsphoto，新京报）

2021 年 7 月 19～21 日，河南郑州等地接连出现历史罕见的极端、短时强降雨，引发特大暴雨洪涝灾害。降雨量达 617.1 mm，以郑州全市总面积 7446 km^2 进行计算，这三天共降下了 459490 万 km^3 的水量。杭州西湖库容量约为 1448 万 km^3，也就是说，这三天的降水量，约等于将 317 个西湖倒进了郑州。此轮特大暴雨洪涝灾害破坏性极强，郑州等多个城区出现大面积淹水，发生大面积断电、停水，铁路、公路、民航、电力、通信、城市公共交通等受到严重影响。据评估，此次特大暴雨洪涝灾害共造成河南省 1478.6 万人受灾，因灾死亡失踪 398 人，直接经济损失约 1200.6 亿元。

河流的上游多在山区，发生暴雨时，上游洪水咆哮而下，形成了常说的山洪。2005 年 6 月 10 日，一场 200 年一遇的强降雨发生在黑龙江省宁安市的山区，沙兰河上游在 40 分钟内降雨量达到 150～200 mm，瞬间形成巨大山洪，袭击了地处低洼的沙兰中心小学，高达 2 m 的洪水从门、窗同时灌进教室。当时 300 多名师生正在上课，部分师生被淹死或闷死在教室里。

1975 年 8 月 4 日，3 号台风在福建登陆，专家按照以往的经验估计 3 号台风会向北移动。没有想到的是，它没有向北移动，而是以罕见的强劲势头急速拐向西南，直入河南省淮河上游的丘陵腹地，这里有北汝河、沙河、洪河、汝河等河流，兴建有上百座山区水库，台风带来了倾盆大雨，强度令人难以置信，降雨中心雨量达 1631 mm，6 个小时降雨量达 830 mm，达世界纪录——不幸的世界纪录。老乡说：“雨像盆子里的水倒下来一样，对面三尺不见人”。在林庄村，雨前鸟雀遍山冈，雨后虫鸟绝迹，死雀遍地。

板桥、石漫滩两座大型水库及一大批中小水库溃坝失事，洪水的前沿形成一道高高的水墙席卷而下，大型拖拉机被冲到数百米外，合抱的大树被连根拔起，巨大石碾被举在浪峰。1 个小时后，洪水冲进 45 km 外的遂平县，城中 40 万人半数漂在水中，一些人被途中的电线勒死，一些人被冲入涵洞窒息而死，更多的人在翻越京广铁路高坡时坠入漩涡淹死。洪水将京广铁路的铁轨拧成麻花状，京广铁路被冲毁 102 km，运输中断 18 天。短短 5 个小时后，库水即泄尽。汝河沿岸的土地

● 2018 年老挝阿速坡省一村庄被溃坝洪水淹没（图源：ABC Laos News Handout/EPA）

被刮地三尺，田野上的黑色熟土悉被刮尽，遗留下一片令人毛骨悚然的鲜黄色。原来修建的一些水利工程现在反而变成影响洪水外泄的障碍。河南省委书记在北京汇报时含泪说了一句“河南只有一个请求，炸开阻水工程，解救河南人民”。两座水库大坝瞬时溃决的原因和教训，首先是设计时水文资料的严重欠缺，抗洪标准过低，其次是对山区的土坝不能抗御漫坝洪水这一特点认识不足。

2018 年 7 月 24 日，老挝东南部一座水电站大坝发生倒塌，造成超过 6600 人无家可归，数百人失踪，死亡人数不详。

根据历史文献，从公元前 206 年至 1949 年的 2155 年中，我国各地发生较大的洪水灾害 1092 次，平均约每两年发生 1 次。比较严重的洪水事件如下：

（1）1931～1932 年汉江大水：受灾面积 150.9 万公顷，1003 万人受灾，死亡 14.2 万人。

（2）1938 年黄河决堤：为阻止日军前进，花园口黄河大堤被炸，这为保卫武汉争取了时间，但同时也淹没了河南、皖北、苏北的大片土地，受灾死亡人数无法统计，千百万人流离失所。

（3）1954 年长江大水：汉口水位超出 1931 年决堤水位 2.8 m，经全力抢护，保住了重点堤防和武汉市的安全，但受灾农田仍达 317 万公顷，受灾人口约 1800 万。

（4）1963 年海河洪灾：海河南部遭遇洪水，主要暴雨达 700～1500 mm，中心河北省内丘县獐么村 7 天降雨量达 2050 mm，累计受灾人口 2200 万。

按洪水的大小，可对洪水灾害进行分级：小洪水（小于 5 年一遇）、中洪水（5～20 年一遇）、大洪水（20～50 年一遇）与特大洪水（大于 50 年一遇）。全世界约有 1150 万 km^2 的土地，23 亿人口受到严重的洪水的威胁，中国、孟加拉国是世界上洪水灾害最频繁的地方，美国、日本、印度和欧洲也较严重。

冲积平原

世界各大文明的发展都和洪水有着密切而又微妙的关系。华夏民族赖以建立的重要原因在于黄河流域的洪水，正是黄河频繁暴发的洪水把散落在华夏大地上的部落逐渐团结在一起。冲积平原（alluvial plain）是由河流沉积作用形成的平原地貌。在河流的下游，水流没有上游急速，上游被侵蚀的大量泥沙到了下游后，因流速不足以携带泥沙，泥沙便沉积在下游。尤其当河流发生水浸时，泥沙在河的两岸沉积，冲积平原便逐渐形成。

● 黄河入海口的卫星影像图（2009 年）。黄河发源于青藏高原巴颜喀拉山北麓，流入渤海，全长 5464 km，流经青海、四川、甘肃、宁夏、内蒙古、陕西、山西、河南、山东九省区。黄河几乎周期性地泛滥，一面夹带着泥沙，一面又造成广阔而肥沃的冲积平原。正是在这片黄色的原野，我们的先民创造了辉煌灿烂的旱作农业文化

黄河洪水和华北大平原

洪水泛滥给两岸带来了肥沃的土壤，有利于农业的发展。曾经有过两次大型的地壳运动（燕山运动和喜马拉雅运动），整个太行山和太行山以西的地壳隆起，西部塌陷，在这西部塌陷的范围里，黄河曾经多次改道：西起郑州附近，北抵天津，南达江淮，纵横 25 万 km^2。从公元前 602 年到公元 1128 年

的1700多年间，黄河的迁徙大都在现行河道以北地区，侵袭海河水系，流入渤海。其后，黄河侵袭淮河水系，流入黄海，形成了广阔的黄河冲积平原。

中国的三大冲积平原：东北、华北、长江中下游平原也都和洪水有关。中国总人口的一半，居住在这些平原上。平原物产丰盛，水陆相连，是中国的核心区域。

近年来，有人建议，在黄河下游引入汉江淮河水源，使华北平原不再缺水，在黄河上游则将黄河水量大部分用来再造平原，使黄河上游获得超过2亿亩耕地。再造一个大平原是一个国运攸关，为民众谋求更大福祉的选择题。

古埃及文明产生是洪水的功劳

尼罗河是世界第一长河，正是它哺育了古老的埃及文明。尼罗河对古埃及有着非同寻常的意义，他是古埃及人的“生命之河”。在古埃及人的观念中，一年不是四季，而是三季：泛滥季（7月中旬至10月中旬）、耕种季（10月中旬至3月中旬）和收获季（3月中旬至7月中旬），这种划分和尼罗河有着直接关系。每年7月中旬，当天狼星携日东升的时候，受东非高原季风降水的影响，尼罗河水位开始暴涨，大水淹没了河流两岸的谷地平原。到了秋天，尼罗河水退回河床，为浸泡数月的土地留下一层肥沃的淤泥，正是这层淤泥使得精耕农业得以实现，支撑着古埃及的繁荣与发展。

● 埃及水源几乎全部来自尼罗河（左图）。尼罗河（River Nile）发源于布隆迪高原，流经11国，全长6670 km，是非洲第一大河，尼罗河每年7～10月定期的洪水泛滥、河流冲积形成的尼罗河三角洲，面积2.4万km^2，是埃及人口最稠密、最富饶的地区，人口占全国总数的96%，可耕地占全国耕地面积的2/3

尼罗河每年 7～10 月定期的洪水泛滥，淹没了河岸两旁的大片田野，却给尼罗河流域带来了肥沃的土壤，埃及就在这样的土地上创造出了辉煌的埃及文明，所以人们说“埃及是尼罗河的赠礼”。

同样，印度文明也离不开印度河与恒河的滋润，4000～5000 年前，人们利用河流充沛的河水与一年两季的洪水，奠定了印度文明繁荣的基础。

东南亚的许多国家的兴旺和发展，也多与河流有关。

● 湄公河入海口的卫星影像图。湄公河发源于中国青海，在我国境内名为澜沧江。经云南出境后流经缅甸、老挝、泰国和柬埔寨后，在越南南部流入南中国海。湄公河下游及其 9 条岔道流入南海时所形成的冲积平原，称为湄公河三角洲，是越南第一大平原，面积约 4.4 万 km^2（其中 1/5 属于柬埔寨），平均海拔不到 2 m，多河流、沼泽。越南南方 60%～70% 的农业人口集中于此，是越南稻米的主要产地，也是东南亚著名的产米区之一

干旱

干旱通常包括干旱气候和干旱灾害两重含义。干旱气候是指最大可能蒸发量比降水量大得多的一种气候现象，但它不一定造成灾害，主要用于大范围的气候区划。干旱灾害是指某一具体时段内的降水量比常年平均降水量显著偏少而引发的地表水分严重减少的现象，包括缺水、作物枯萎、河流断流等。人们通常所说的干旱主要指干旱灾害。

中国境内降水主要源自太平洋的东南季风和印度洋西南季风输送的水汽。从空间格局来看，中国的降水自东南沿海向西北内陆逐渐减少。以 400 mm 等降水线为界，其东南为受季风影响的半湿润地区，其西北为少受甚至不受季风影响的半干旱地区。年降水量少于 200 mm 的地区称为干旱地区。世界上干旱地区约占全球陆地面积的 25%。干旱是一个长期存在的世界性难题，遍及世界 60 多个国家和地区。在各类自然灾害造成的总损失中，气象灾害引起的损失占一半以上，而干旱又占气象灾害损失的相当大一部分。值得注意的是，随着人类的经济发展和人口膨胀，水资源短缺现象日趋严重，这也直接导致了干旱地区的扩大与干旱化程度的加重，干旱化趋势已成为全球关注的问题。

旱灾

气候干旱，人们已经习惯了干旱的气候，所以此地一般的干旱不能称作旱灾。

20 世纪内发生的“十大灾害”中，旱灾高居首位，有 5 次，它们是：

（1）1920 年，中国北方大旱。山东、河南、山西、陕西、河北等省遭受了 40 多年未遇的大旱灾，灾民 2000 万，死亡 50 万人。

（2）1928～1929 年，中国陕西大旱。陕西全境共 940 万人受灾，死者达 250 万人，逃难者 40 余万人。

（3）1943 年，中国广东大旱。许多地方年初至谷雨没有下雨，造成严重粮荒，仅台山县饥民就死亡 15 万人。有些灾情严重的村子，人口损失过半。

（4）1943 年，印度、孟加拉国等地大旱。无水浇灌庄稼，粮食歉收，造成严重饥荒，死亡 350 万人。

（5）1968～1973 年，非洲大旱。涉及 36 个国家，受灾人口 2500 万人，逃荒者逾 1000 万人，累计死亡人数达 200 万以上。仅撒哈拉地区死亡人数就超过 150 万。

在以上 5 次世界性特大旱灾中，我国占有 3 次，均发生在新中国成立前。

造成干旱的原因既与气象等自然因素有关，也与人类活动及应对干旱的能力有关。

气象原因：长时间无降水或降水偏少等气象条件是造成大面积干旱的主要因素，而地形地貌条件是造成区域性旱灾的重要原因。

人口因素：由于人口持续增长和当地社会经济快速发展，生活和生产用水不断增加，造成一些地区水资源过度开发，超出当地水资源的承载能力，干旱发生时也往往加重旱灾。水源条件也会造成抗旱能力不足，旱灾与因水利工程设施如水库、水井不足带来的水源条件差也有很大关系。

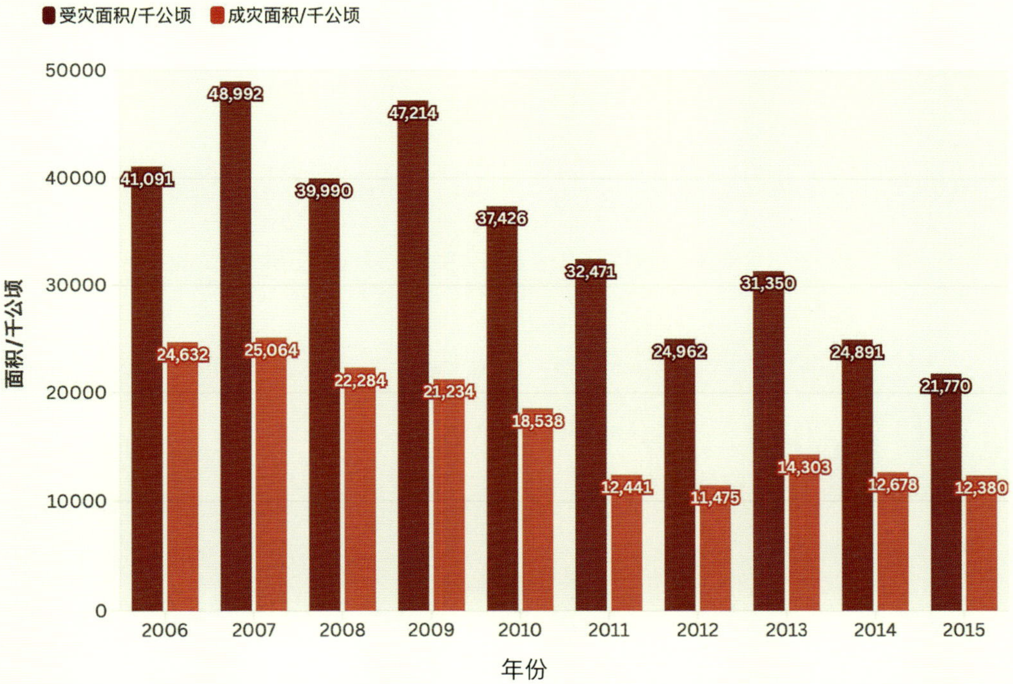

● 中国旱灾受灾和成灾直方图（国家统计局，2016）。1 公顷 =15 亩①，1 千公顷 =1.5 万亩，全国耕地面积接近 20 亿亩，当我国每年受灾面积约 30000 千公顷（4.50 亿亩）时，占全国耕地面积近 22%，每年成灾面积为 1000 万公顷（1.5 亿亩）时，占全国耕地面积近 7.5%。由此可见，干旱是危害农牧业生产的第一灾害，干旱还导致生态环境进一步恶化

① 1 亩 ≈ 666.67 m^2

旱灾之后，必有大涝？

俗话说大旱之后，必有大涝，这句话有道理吗？这句谚语并非空穴来风，而是古人对自然现象的深刻观察和总结。干旱和洪涝是两种截然不同的极端气候现象，然而他们之间却存在着一种微妙的联系。大旱之后土壤中的水分大量蒸发，地表水减少，导致空气干燥，降雨稀少。然而物极必反，当干旱到一定程度，大自然会进行自我调节，积蓄力量，最终引发一场酣畅淋漓的降雨，以滋润干涸的大地。

● 造成干旱的原因既与气象等自然因素有关，也与人类活动及应对干旱的能力有关

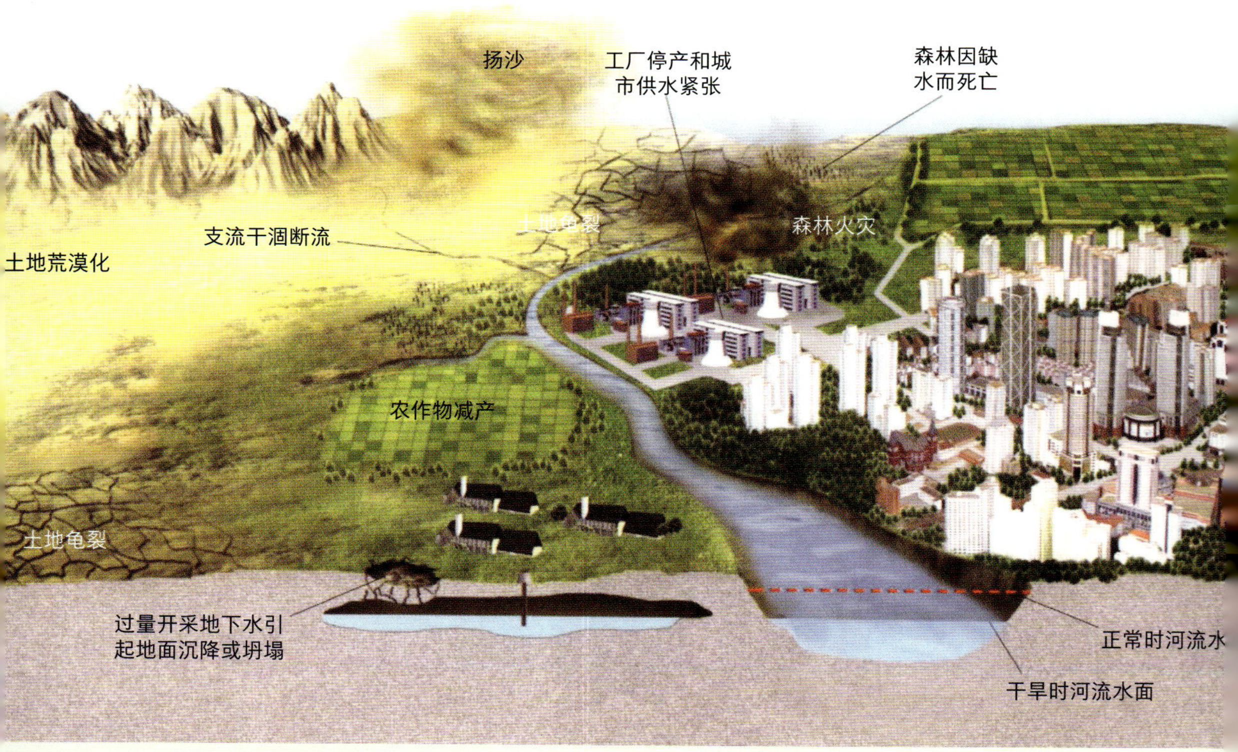

从科学角度来看，大气中的水、气循环是一个动态平衡的过程。当某地长时间干旱，空气中的水汽含量降低，而周围地区的水汽则会相对充足，一旦气候条件成熟，这些水汽就会向干旱地区输送形成强降水，从而导致大涝。此外长时间的干旱使得地表植被覆盖率降低，土壤失去涵养水源的能力，一旦遇到强降水就容易出现洪水泛滥的现象。

这句谚语背后还隐藏着人们对自然规律的敬畏，在古代科技水平有限，人们无法准确预测天气变化，只能通过观察自然现象来总结规律，这句谚语体现了古人防灾减灾的一种智慧，它提醒着人们在享受大自然的恩赐时也要时刻警惕自然灾害的侵袭。

旱灾也有两重性，发生适度的旱情，可以促进农作物改变抗旱的性能，但是一旦发生非常大的旱情，就会造成极大的灾害。

因此我们看地球上发生很多的现象，很多灾害都有两重性，它有好的一面，也有不好的一面。因此我们要认识这些灾害，必须从科学的角度加深我们对于地球和地球过程的认识。

森林大火

长期的天气干旱可能导致地面温度持续升高，森林物质易引起自燃，从而引发森林火灾。1950 年以来，我国年均发生森林火灾多达 1000 起。2019 年冬至 2020 年春的澳大利亚森林大火，灾害之大，惊动全球。

每年春夏之交，南半球的澳大利亚都会迎来火季。但澳大利亚 2019 年 9 月发生的大火与往年不一样，整整燃烧了 4 个多月，导致 2500 间房屋坍塌成废墟，10 万 km^2 的土地被炙烤，几乎三分之一的澳大利亚大陆被浓白的烟雾覆盖。干旱和高温是造成此次林火蔓延的重要原因，2019 年是澳大利亚有记录以来最干旱的一年，而 2019 年 12 月 17 日是澳大利亚有史以来最热的一天，全国平均气温高达 40.9℃。

遭遇大火时，人员可以撤离，但野生动物不能。悉尼大学发布的报告显示，澳大利亚全国有 10 亿只动物被大火波及，至少 5 亿只动物在火灾中惨死。超过 2 万只澳大利亚国宝袋鼠在大火中死亡，三分之一的考拉丧生。此外，被大火烧毁的植物和植被也在较长时间内难以恢复。

● 澳大利亚大火中受害的生物。据生态学家估计，2019 年 9 月起延续 4 个多月的澳大利亚大火造成至少 5 亿只动物在火灾中惨死。大量被烧焦的袋鼠和牛、羊等牲畜的尸体，躺在道路的两侧（图源：Rohan Kelly/News）

防洪抗涝工程

洪水灾害和干旱灾害的产生，有自然因素，也有人为因素，如乱砍滥伐、水土流失、与水争地、围湖造田、城市地面硬化。洪水和干旱都是不以人的意志为转移的自然现象，根治的想法是不现实的。但在减灾方面，人为因素也能发挥积极的作用，如减轻干旱灾害的做法就主要有：兴修水利，发展农田灌溉事业；植树造林，改善区域气候，减少蒸发，降低干旱风的危害；合理用水，研究应用现代技术和节水措施，如人工降雨、喷滴灌、地膜覆盖，以及暂时利用质量较差的水源，包括劣质地下水以至海水等。此外要注重减灾工程的建设。

修建水库

修建水利工程可以有效减轻洪水和干旱灾害。水库和分洪工程可以在水多时，将洪水拦住和分散，在水少时，向下游排出和补充。大型的调水工程不但有利于水资源合理的地理分布，而且有利于促进区域性经济的发展。

1918 年，孙中山在《建国方略》中提出了建设三峡工程的原始设想：“当以水闸堰其水，使舟得溯流以行，而又可资其水力”。1994 年 12 月，三峡工程正式开工。2009 年，长江三峡工程全部竣工。175 m 正常蓄水位高程，总库容 393 亿 m^3，形成总面积达 1084 km^2 的人工湖泊，为长江流域的航运、供水、生态、发电等需求提供有力保障。

纳赛尔水库设计年发电量 100 亿 kW · h，不仅供应了埃及一半的电力需求，而且解决了尼罗河洪水对埃及的威胁。1970 年水库建成，20 世纪 80 年代，苏丹和埃塞俄比亚因为干旱导致大规模

● 长江三峡水库大坝全长约 3335 m，坝顶高程 185 m，三峡水电站装机容量达到 2240 万 kW，2012 年 7 月 4 日成为全世界最大的水力发电站，具有年均 1000 亿 kW · h 的发电能力，以及 5000 万 t 的航运能力，而且其 393 亿 m^3 的防洪库容，在长江防洪体系中发挥巨大的作用（图源：杜华举 / 新华社）

● 阿斯旺大坝卫星影像图。1960～1970 年，埃及在尼罗河上修建了阿斯旺大坝，建坝使用的花岗岩，相当于著名的胡夫金字塔的 17 倍。大坝将世界第一长河尼罗河拦腰截断，蓄水形成的纳赛尔水库水深二十多米，水域面积达到了 5000 多平方千米（图源：NASA）

饥荒，但埃及因为有这个大坝，丝毫没有受到影响，从而避免了一场又一场的灾难。不过，水坝也对尼罗河沿岸生态环境造成了一定的破坏。由于尼罗河下游每年一次的泛滥没有了，使得下游和入海的泥沙大大减少，下游土壤肥力不断下降，致使农业减产。尼罗河三角洲的海岸线受海水侵蚀不断向后退缩，不少地方被海水淹没了，造成入海口产卵的沙丁鱼已经绝迹。

胡佛水坝（Hoover Dam）是美国科罗拉多河（Colorado）上的水坝，在世界水利工程行列中占有重要地位。大坝修建于 1931～1936 年美国经济困难时期，以当时的总统胡佛的名字命名。坝高 221.4 m，大坝形成的水库叫米德（Mead）湖，总库容 348.5 亿 m^3，水电站装机容量为 208 万 kW，具有防洪、灌溉、发电、航运、供水等综合效益。

● 胡佛水坝（图源：美国垦务局）

● 都江堰工程布置示意图

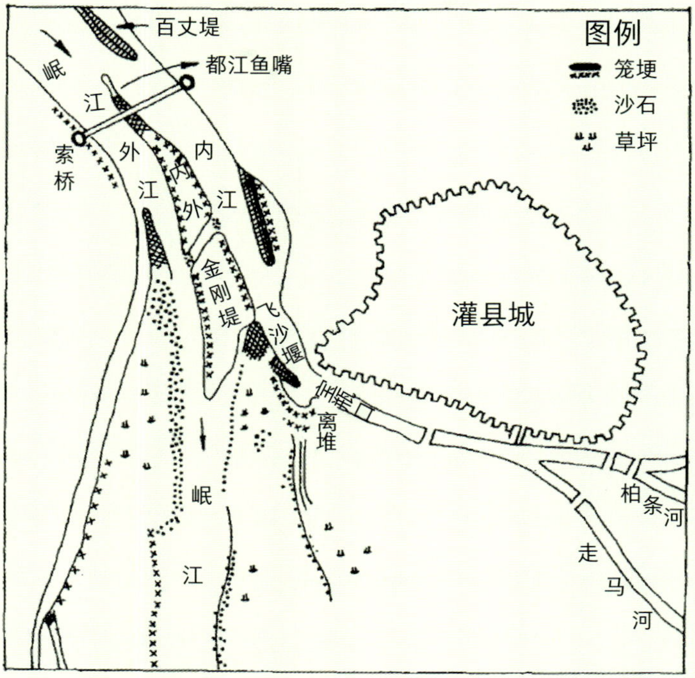

分洪工程

都江堰水利工程是我国乃至世界历史上水利工程的典范，它用事实证明了在正确的洪水自然观指导下，工程措施是减轻洪水灾害的有效方法。

都江堰位于四川成都平原西部的岷江上。岷江是长江上游最大的支流之一，贯穿成都平原，是古代蜀地的重要河流。都江堰修筑前，岷江水害严重，每年夏秋汛期，洪水大至，泛滥成灾，汛后又河干水枯，形成旱灾，百姓苦不堪言。

秦昭王五十一年（公元前 256 年），蜀郡太守李冰主持修建了闻名中外的都江堰水利工程，不仅消除了水患，而且发展了灌溉和航运，使灾害频繁的成都平原变成了旱涝保收的天府之国，创造了一个奇迹。

都江堰枢纽构思之巧妙，配合之科学，成效之显著，即使请现代水利专家来设计恐怕也难出其右。都江堰工程完工后，成都平原从此“水旱从人，不知饥馑，时无荒年，天下谓之天府”。李冰建都江堰至今已有 2200 多年，经历代不断维修改造，至今还在应用，不愧是我国科技史上的一座丰碑。2000 年都江堰被联合国教科文组织列入“世界文化遗产”名录。

南水北调

1952 年毛泽东视察黄河时提出："南方水多，北方水少，如有可能，借点水来也是可以的"。为解决我国北方地区，尤其是黄淮海流域的水资源短缺问题，中国建设了南水北调工程，规划区人口 4.38 亿人，共有东线、中线和西线三条调水线路，通过三条调水线路与长江、黄河、淮河和海河四大江河的联系，构成以"四横三纵"为主体的总体布局，以利于实现中国水资源南北调配、东西互济的合理配置格局。

南水北调工程自 2014 年全面建成通水以来，截至 2022 年 5 月 13 日，南水北调东线和中线工程累计调水量达到 531 亿 m^3。其中，为沿线 50 多条河流实施生态补水 85 亿 m^3，为受水区压减地下水超采量 50 亿 m^3。

● 都江堰工程。我国古代著名的水利工程，位于四川省岷江上游，公元前 256 年由蜀郡太守李冰主持修建。工程有鱼嘴、飞沙堰和宝瓶口三个匠心独运的设计。都江堰不仅消除了水患，而且发展了灌溉和航运，使灾害频繁的成都平原变成了旱涝保收的天府之国（图源：Pixabay）

南水北调工程路线图。南水北调工程分东、中、西三条线路调水，东线工程起点位于江苏扬州江都水利枢纽，中线工程起点位于汉江中上游丹江口水库，受水区域为河南、河北、北京、天津四个省（市），目前西线工程仍在规划论证中

南水北调的标志由四宽三窄七条弧线构成，飘逸流动，四条宽线代表长江、黄河、淮河、海河，三条窄线代表东、中、西三条调水路线，两者相互衔接、叠压，构成四横三纵的大水网格局。整个图案象征南水北调工程的实施是宏观调控水资源的重大战略举措

第七章 活力水圈

海中海啸　陆地受灾

海啸波

生啸三条件

海啸灾害

海啸预警

当深海海底发生特大地震或大型火山喷发时，如果海底出现大规模的升降（水平运动例外），其上几千米厚、几百平方千米的海水也将发生整体性的升降，携带的能量之大，怎样想象也不为过。巨大体积的海水向四面八方传播，这就是海啸。

海啸有下面的几个特点：

（1）海啸的波长达几百千米，而平常的海浪波长只有几米；

（2）海啸波在海洋中传播速度和飞机一样快；

（3）海啸产生于海洋，造成的灾害却在陆地（海岸附近）；

（4）海啸灾害不是每年都有，多年才发生一次；

（5）灾害巨大。2004 年印度洋海啸，约 30 万人丧生。

院士导读

海啸波

海啸波是一种特殊的水中的波，要认识它，得从普通水中的波动谈起。“风乍起，吹皱一池春水”，我们都有经验，只要风吹过水面，或往水里扔一个石子，就会激发水体产生波动，两个波峰之间的距离，就是波长。

钱塘观潮，两个潮水之间的距离就是波长。台风来的时候，两个浪之间的距离就是波长。通常，这种波长也就几厘米到几米范围。那么，海啸波的波长呢？

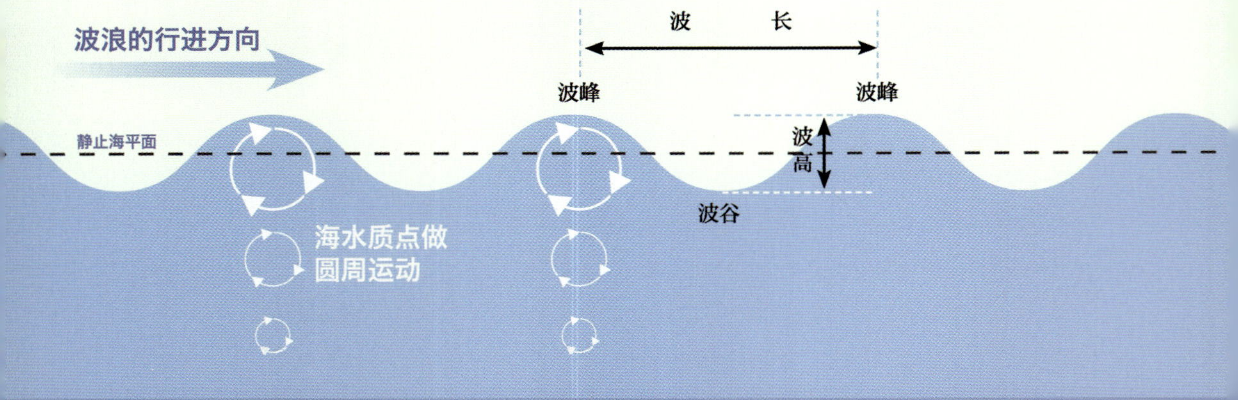

● 海浪运动示意图。海水中的波浪不断地向前传播，但海水的质点却并不向前传播。海水质点运动在海面最大，向下运动越来越小（指数衰减）。尽管海面上惊涛骇浪，海底却是平静的。海面上海水质点在做圆周运动，越往深处，圆周运动的幅度越小。海面上波浪究竟涉及多少海水质点，完全取决于海浪的波长。波长越长，参与运动的海水越多，波长很短时，就只有海水表面薄薄一层水参与了海浪的运动

波长竟达 500 km 的海啸波!

1971 年，美国国家航空航天局（NASA）发射了一颗海洋卫星 Jason-1（贾森 1 号卫星），它的主要使命就是测量海面高程的变化。2004 年 12 月 26 日，苏门答腊岛近海发生 9 级大地震并引发海啸，在地震海啸产生后 2 小时，这颗卫星恰好沿着 129 轨道由南向北穿过印度洋，海啸波也正好在印度洋传播。测高卫星在天上飞了二十几年，从来没有逮到过海啸，这次刚好测量到了海啸波传播时的海面变化。

卫星的测量结果显示：海啸的波长为 500 km，海啸波造成的海面高程最大变化约为 0.6 m。500 km 的波长，高度差却不到 1 m，此时的海面就像一面大镜子，海啸波往外传播过程中，海面风平浪静。

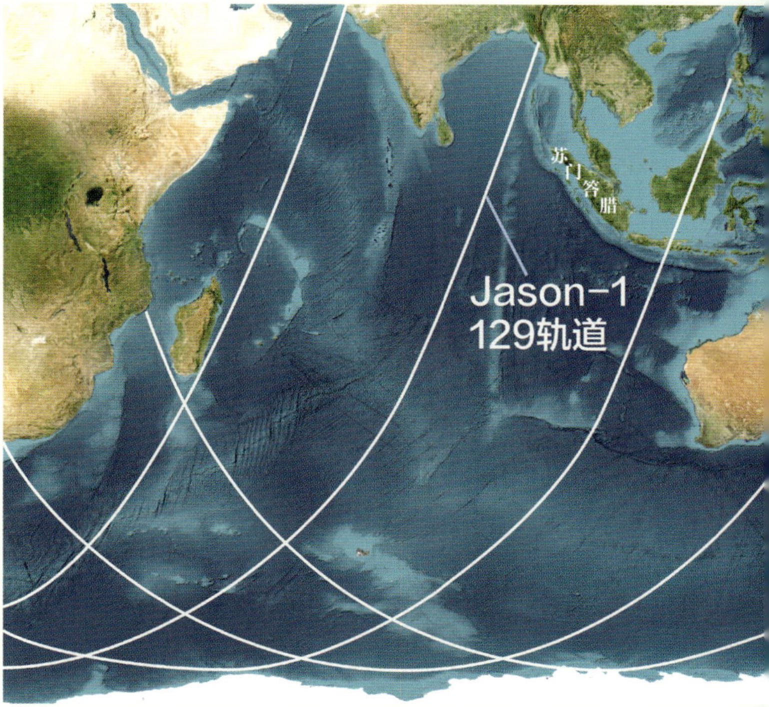

● Jason-1 号测高卫星测得的海面变化。Jason-1 号测高卫星在地震后 2 小时沿 129 轨道由南向北穿过印度洋，这时海啸波正好在印度洋传播。测高卫星可以测得卫星正下方约 5 km 直径区域的海面高度变化，精度为厘米级。十分难得的是，在这样凑巧的时间和这样凑巧的地点，在海啸波上方运行的 Jason-1 号测高卫星测量到了海啸波传播时的海面变化

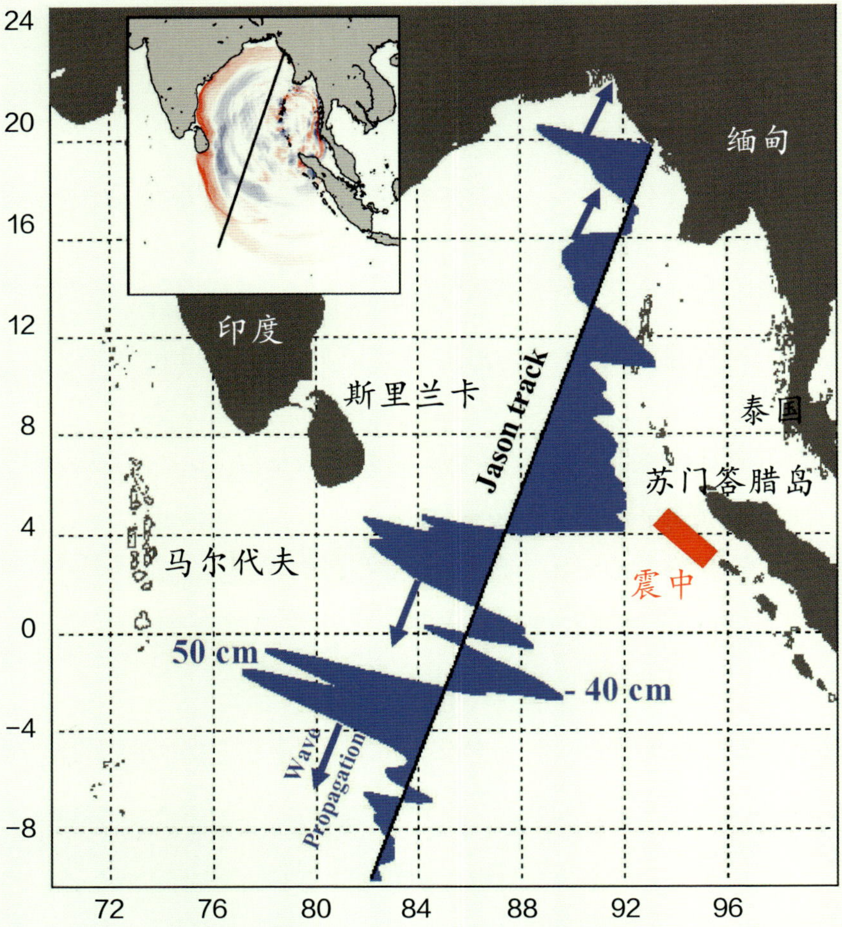

● 海啸时的海面高程变化。Jason-1 号测高卫星在地震后 2 小时沿 129 轨道由南向北穿过印度洋，这时海啸波正好在印度洋上传播（图源：NOAA）

海啸是水中一种特殊的波，它最大的特点就是超大波长。为什么在深海海啸波的波浪只有 0.5 m 的高度，但是传到岸边，波浪高度竟可高达 50 m？

海水表面的振荡和起伏，叫作海浪，海浪也有区别，一种叫表面波，另一种叫浅水波。当水波的波长比海洋深度小很多时，这种波叫表面波，风吹过池塘引起的波动就是表面波，此时海水的运动基本上局限在海面附近，影响深度不大，深处的海水几乎不运动，那里的鱼儿们对海面上发生了什么几乎一无所知。

当水波的波长比海洋深度大很多时，这种波叫浅水波，风吹过地上薄薄的一层水，此时泛起的波会导致这一层水几乎都发生了整体性的运动，波长要比水深大许多倍以上。海啸波的波长非常长，可达到几百甚至上千千米，比海洋的最大深度（全球海洋平均深度近 3.7 km，最深的马里亚纳海沟也不过 11 km）还要大许多，所以海啸是一种浅水波。从海底到海面，整个海水水体都在同步运动，包含的能量惊人。

跑得比飞机快

浅水波有个非常显著的特点，它的传播速度只与海水深度有关，海水越深，传播得越快，如用 V 表示海啸波的传播速度，用 g 表示地球的重力加速度（$9.8\ m/s^2$），用 H 表示海水深度，则有：

$$V=\sqrt{gH}$$

以太平洋海水深 5500 m 为例，取 H=5000 m 代入上式，得到海啸波速度为 232 m/s，即 835 km/h，这是跨洋喷气式飞机的速度。如果考虑近海岸的情况，取 H=100 m 代入上式，海啸波的速度为 31.3 m/s，即 112.7 km/h，这是高速公路上汽车的速度。当海水深度变浅时，海啸波速度就更低了。

● 传播速度与海水深度密切有关，是海啸波最重要的特点。
4000 m 水深，海啸波速度为每小时 713 km，波长 213 km；
10 m 水深，速度为每小时 36 km，波长 10.6 km

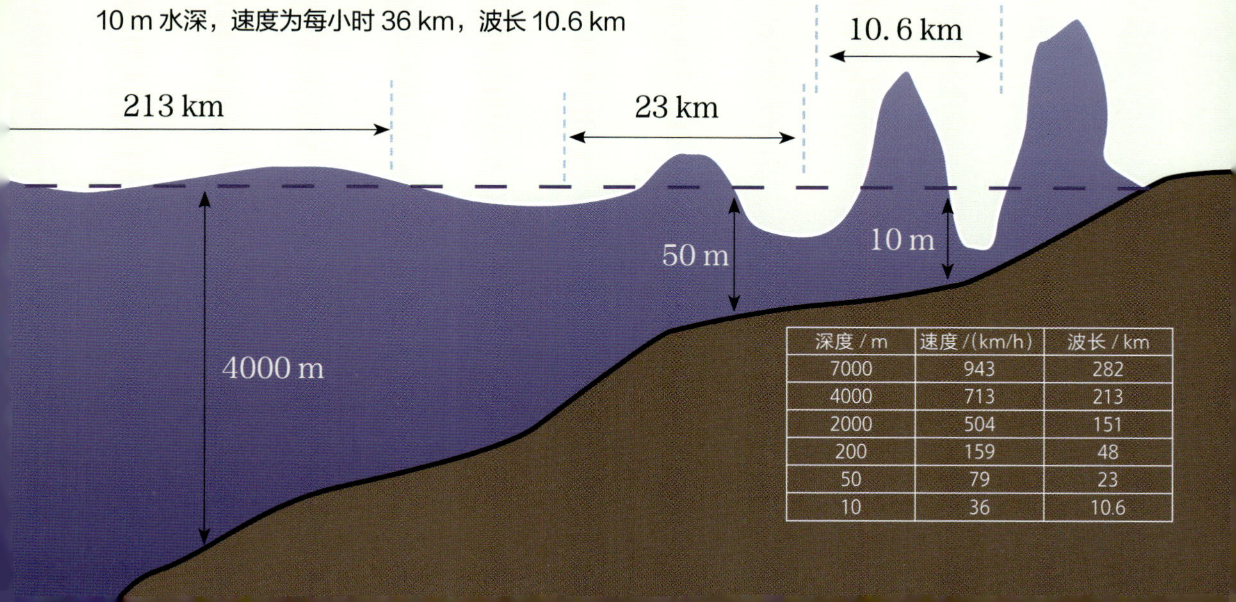

深度 / m	速度 /(km/h)	波长 / km
7000	943	282
4000	713	213
2000	504	151
200	159	48
50	79	23
10	36	10.6

你能在脸盆中制造“浅水波”吗？

“浅水波”的特点是：深水传播速度快，浅水速度慢。在深海，海啸的波长很长，虽然速度快，但波高不足 1 m，不会造成破坏。

2004 年印度尼西亚地震产生的海啸波传到斯里兰卡和印度需 2～3 小时，这与喷气式飞机的速度是一样快的，与浅水波计算结果一致。请注意，尽管印度尼西亚与越南不远，但由于陆地的阻挡，海啸波要绕地球一圈后才能到达越南沿海，需要 12～16 小时。也就是说，海啸波绕地球一圈需要的时间连 24 小时都不用，大多数飞机都做不到这一点。

● 印度尼西亚苏门答腊地震产生的海啸实际传播的时间。图中白色方块中的数字表示海啸波传播到该地所需要的时间（单位：h）（图源：USGS）

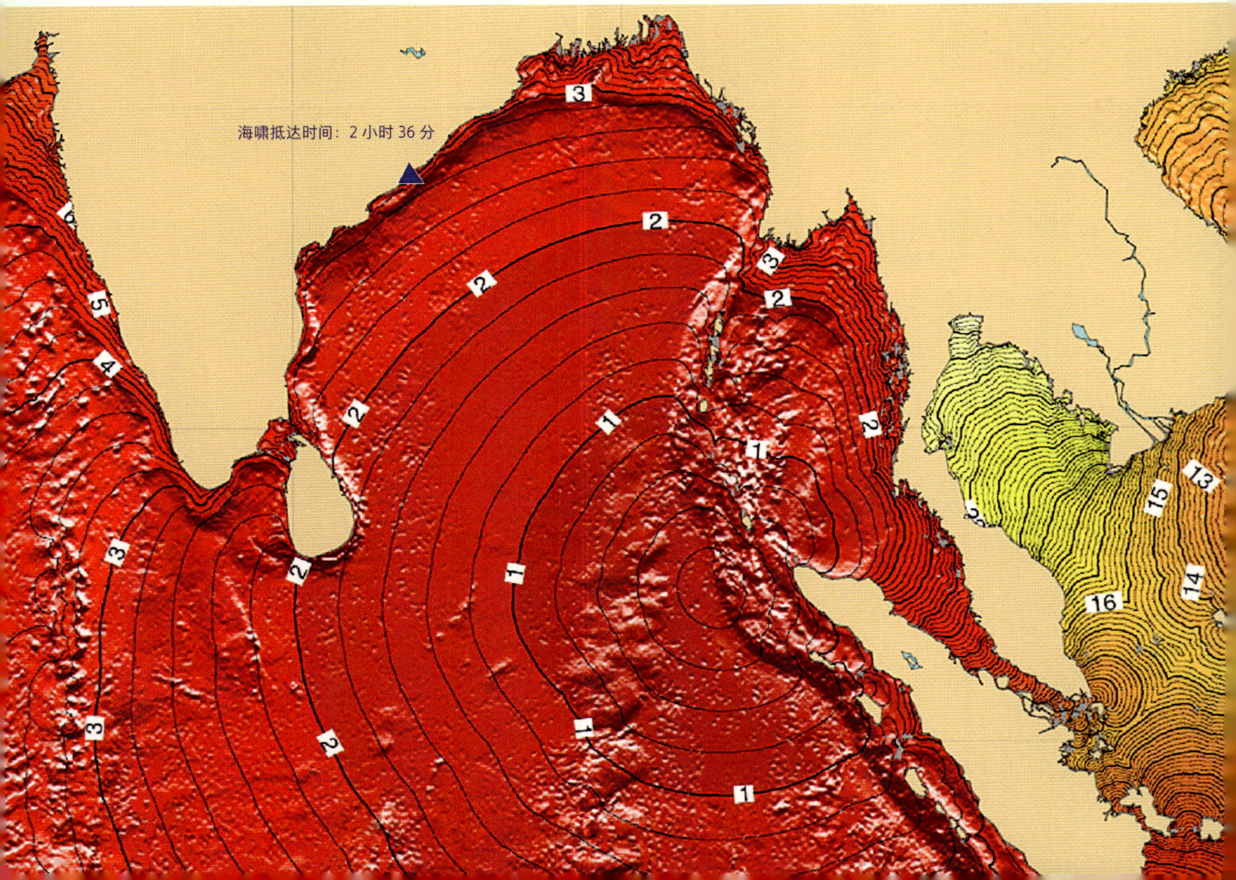

海中产生，陆地受灾

当海啸波传播到近海浅水水域时，海水深度急剧变浅，速度减慢。由于近海先到达的海水波速已减慢，后面的海水还在持续向前涌，动能就会转化为势能，造成波高急剧增加，最大可抬升到几十米。可想而知，前进一旦受到阻挡，其全部的前进能量就将变成巨大的破坏力量，就像成千上万辆汽车发生了不断的追尾事故。几十米高的“水墙”高速冲向海岸，摧毁一切可以摧毁的东西，造成巨大的灾难。

TsunamiReady™
NATIONAL WEATHER SERVICE

● 美国国家气象中心的海啸预报标志，形象地表示出了海啸波的特点：在深海，海啸波波长很长，但波高很低，接近岸边时，波长越来越短，而波浪的波高越来越高

船长在深海上得到了发生海啸的消息，船应开往何处？

● 海啸发生机制示意图

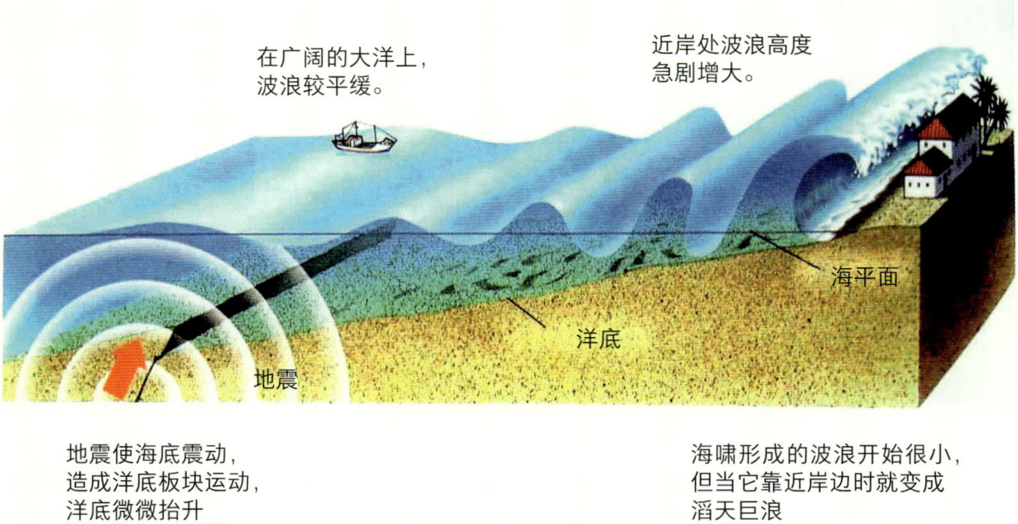

生啸三条件

海啸的生成需要满足三个条件：深海、海底大地震和开阔逐渐变浅的海岸条件。

深海

地震、火山等（以下简称地震）释放的能量要变为巨大水体的波动能量，水体必须足够大，因此地震必须发生在深海，只有在深海，海底上面才有巨大的水体，而发生在浅海的地震等产生不了海啸。

海底大地震

要产生非常长波长的海啸波，要求海底有大面积的上升或下降，这个面积是产生长波长的决定因素，面积的尺度决定着海啸波的波长。只有震级接近 8 级的大地震才能产生大面积的海底运动，或者巨大的海底火山喷发或极大规模的海底滑坡。20 世纪，全球发生的 8 级或 8 级以上的地震只有 25 次，而发生在深海的就要少得多，这种巨型的海底升降，多年才发生一次，这也是海啸发生的次数远少于地震和火山喷发的原因。太平洋海啸预警中心（The Pacific Tsunami Warning Center，PTWC）发布海啸警报的必要条件是：深海底地震的震源深度 <60 km，同时地震的震级 >7.5 级，这个规定十分谨慎，反映了人对海啸生成的认识。

逐渐变浅的海岸

只有在水浅的地方才能“追尾”，岸边的悬崖地形会把海啸波反射回去。所以，海岸必须开阔，具备逐渐变浅的条件，这时，可形成海啸灾害。

● 海啸的产生过程。（a）俯冲板块向上覆板块下方俯冲运动；（b）两个板块紧密接触，俯冲造成上覆板块缓慢变形，不断积蓄弹性能量；（c）能量积蓄到达极限，紧密接触的两个板块突然滑动，上覆板块“弹”起了巨大的水柱，水柱的尺寸相当于海啸波的波长；（d）水柱向两侧传播，形成海啸，原生的海啸分裂成为两个波，一个向深海传播，一个向附近的海岸传播。向海岸传播的海啸，受到岸边的海底地形等影响，在岸边与海底发生相互作用，速度减慢，波长变小，振幅变得很大（可达几十米），在岸边造成很大的破坏（图源：修改自 USGS）

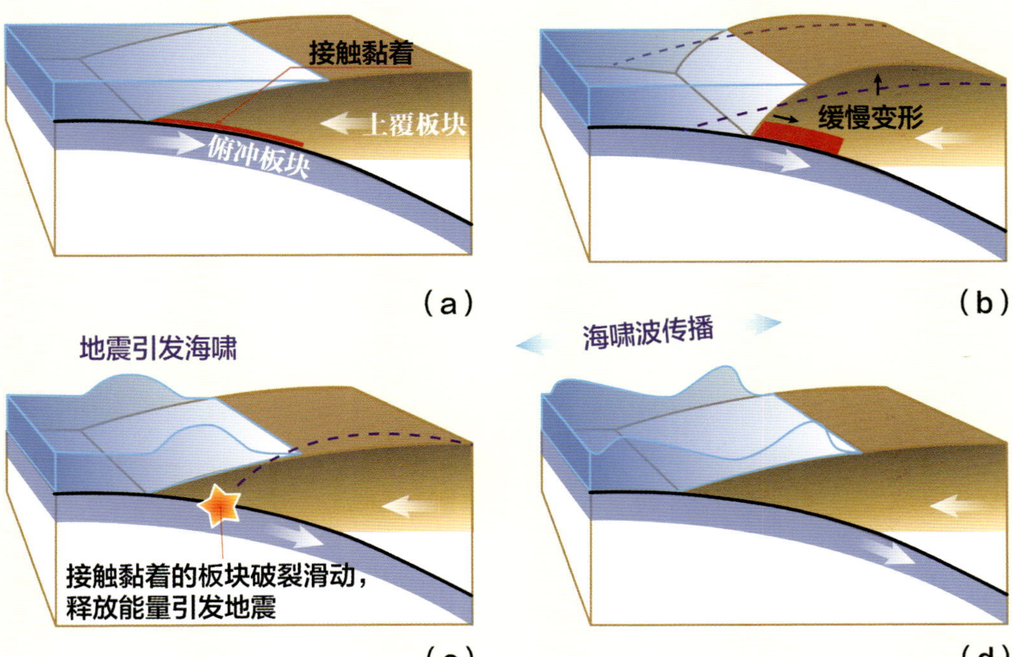

海啸的浪高是海啸最重要的特征。我们经常把在海岸上观测到的海啸浪高的对数作为海啸大小的度量，叫作海啸的等级（magnitude）。如果用 H（单位为 m）代表海啸的浪高，则海啸的等级 m 为（注意 H 要和海水深度的 H 加以区分）

$$m = \log_2 H$$

各种不同震级的地震产生的海啸高度见表：

地震震级、海啸等级和海啸浪高的关系

地震震级	6	6.5	7	7.5	8	8.5	8.75
产生的海啸等级	−2	−1	0	1	2	4	5
可能海啸的最大高度 /m	<0.3	0.5~0.7	1.0~1.5	2~3	4~6	16~24	>24

这是从全球近百年资料得到的经验关系。目前知道的海啸的最高浪高达 30 m 以上，是 1960 年智利大地震引起的，它对应 5 级海啸，从上表可以看出，只有 7 级以上的海底大地震才能产生海啸灾害，小地震产生不了海啸。

风暴潮不是海啸

风暴潮也是一种严重的自然灾害。在北美、加勒比地区和东太平洋地区它们被叫作飓风，在西太平洋地区叫作台风，在印度叫旋风。产生于赤道附近的热带风暴潮具有极大的能量。台风发源于热带海面，那里温度高，大量的海水被蒸发到了空中，形成一个低气压中心。随着气压的变化和地球自转，流入的空气也旋转起来，形成一个逆时针旋转的空气漩涡，这就是热带气旋——台风。只要气温不下降，这个热带气旋过境时常常带来狂风暴雨天气，引起海面巨浪，冲到陆地后，仍然会引起狂风和暴雨。

尽管风暴潮和海啸都会造成海水的剧烈运动，风暴潮是由海面大气运动引起的，而海啸是由海底升降运动造成的，前者主要是海水表面的运动，而后者是海水整体的运动。它们的不同性质，决定了在认识灾害和减轻灾害方面的方法也不同。

海啸与风暴潮的不同

（1）成因不同。风暴潮是由海面大气运动引起的，而海啸是由海底升降运动造成的，前者主要是海水表面的运动，而后者是海水整体的运动。

（2）波长不同。海啸的波长长达几百千米，而风暴潮的波长不到 1 km。水深达数千米的海洋，对于波长几百千米的海啸，犹如一池浅水，所以海啸波是一种浅水波；而风暴潮波长比海水的深度小得多，所以是一种深水波。

（3）传播速度不同。海啸传播速度快，每小时可达 700～900 km，这正是越洋波音 747 飞机的速度，而水面波传播速度较慢，风暴潮要快一点，最快的台风速度也只有 200 km/h 左右，比起海啸还是要慢得多。

（4）激发的难易程度不同。风暴潮很容易被风或风暴所激发，而海啸是由海底地震产生的，只有少数的海底大地震，在极其特殊的条件下才能激发起灾害性的大海啸。有风和风暴，必有风暴潮；而有大地震，未必一定产生海啸，大约十个地震中只有 1～2 个能够产生海啸。尽管对只有极少数地震能够产生海啸已经有了不少解释，但至今，这还是一个值得不断研究的问题。

海啸灾害

太平洋的周围是地球上构造运动最活跃的地带，孕育着大量的地震，因此，太平洋是最容易发生海啸的地方，长期以来，人们对海啸的研究和对海啸灾害的预警系统都集中在太平洋。

全球的海啸发生区大致与地震带一致。全球有记载的破坏性海啸大约有 260 次，平均六七年发生一次。发生在环太平洋地区的地震海啸就占了约 80%，而日本列岛及附近海域的地震又占太平洋地震海啸的 60% 左右。

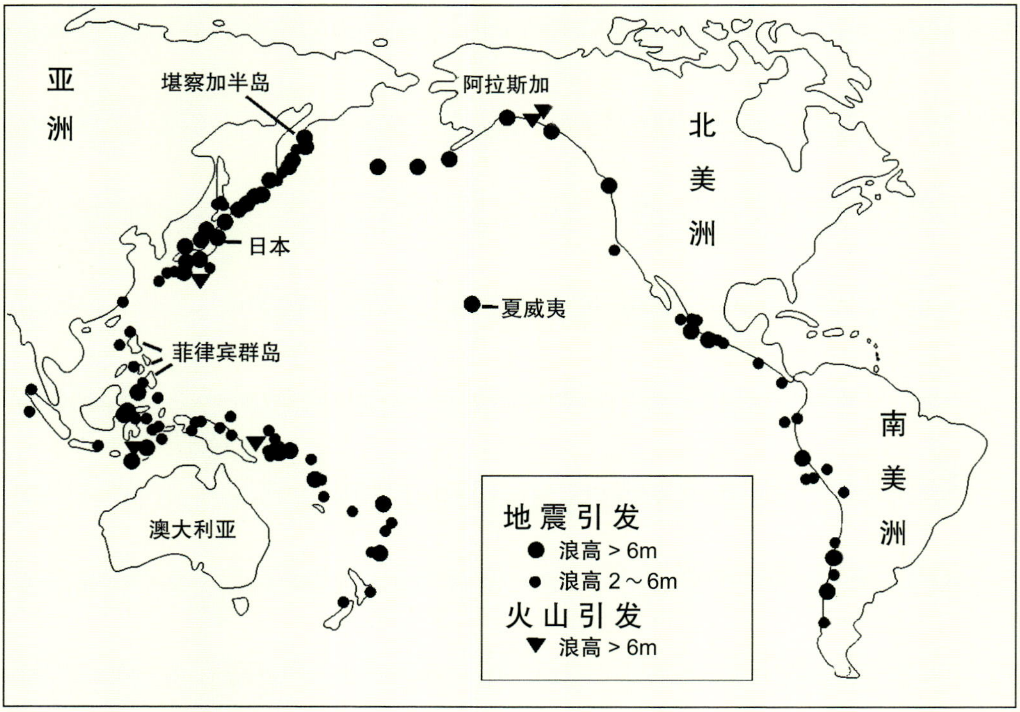

1900 ~ 2013 年期间，浪高超过 2.5 m 的海啸在太平洋的发源地多数都发生在环太平洋地震带附近

● 达尔文在他的探险日记中记载了 1835 年智利大地震产生的海啸，图为达尔文当时所乘坐的贝格尔号考察船

达尔文亲历的海啸——1835 年智利海啸

智利是个多地震的国家。有趣的是，最早描述智利地震和海啸的人中，有一个是写《物种起源》的达尔文（Charles Darwin），人们都知道他在自然演化、物种起源方面的贡献，却很少有人知道他在地震和海啸研究方面的工作。1835 年达尔文乘小猎犬号（Beagle）军舰环球旅行时，正好途经智利，目睹了当年智利大地震产生的海啸。

1960 年 5 月 22 日，位于智利圣地亚哥以南 700 km 附近海洋中发生 9.5 级大地震。地震引起的海啸严重冲击智利海岸，掀起高达 25 m 的海浪。海啸波及遥远的日本和菲律宾，就连距离震中 1 万 km 的地方也记录到了 10.7 m 高的海浪。如此大范围的灾难所造成的死亡人数及经济损失无法精确得知。

1960 年智利地震产生的海啸袭击了太平洋的夏威夷。在夏威夷，第一次海啸波并不大，居住在海边的居民都纷纷跑到高处，所以几乎没有人员的伤亡，一看海水退了，许多人又回到原来的家中，没有想到的是，约 30 分钟后，有更大的海啸波突然袭击，61 人不幸遇难。如果知道海啸波不止一个，提高警惕，这样的悲剧就不会发生。与此形成鲜明对比的是，同一个地震引发的海啸也袭击了日本。在第一次海啸波之后，日本的居民也跑到高处躲避海啸波，但是人们保持着高度的警惕，在没有得到通知前，没有一个人回家，他们在高处足足等了 4 个小时。正是日本民众海啸知识的普及，大大减少了人员的伤亡。

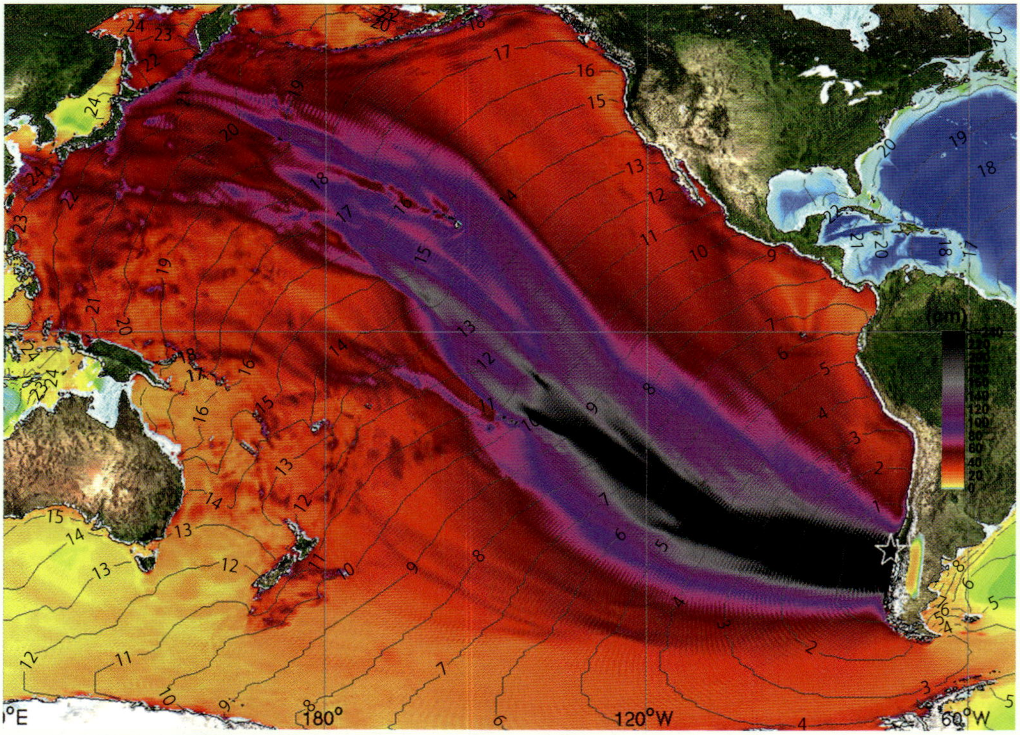

● 1960 年智利地震产生的海啸波传遍整个太平洋地区。图中的数字表示海啸波传播所需的时间（单位：h）。

达尔文的探险日记记录了智利大地震引发海啸的情形：紧接地震后的巨浪和海啸，以迅雷不及掩耳之势席卷了港口。从三四千米外的海上可以看到一层层涌动的巨大如山的波浪，以一种缓和的速度慢慢逼近港口，到近处时则变得非常有力、快速，一下子就扫平了岸上的房屋和树木。巨浪的力量如此惊人，就连四吨重的大炮也被移走了十五英尺。达尔文感慨：人类无数时间和劳动所创造的成果，只在一分钟内就被毁灭了（图源：National Weather Service, https://w2.weather.gov/jetstream/1960chile_forecast [2024-10-08]）

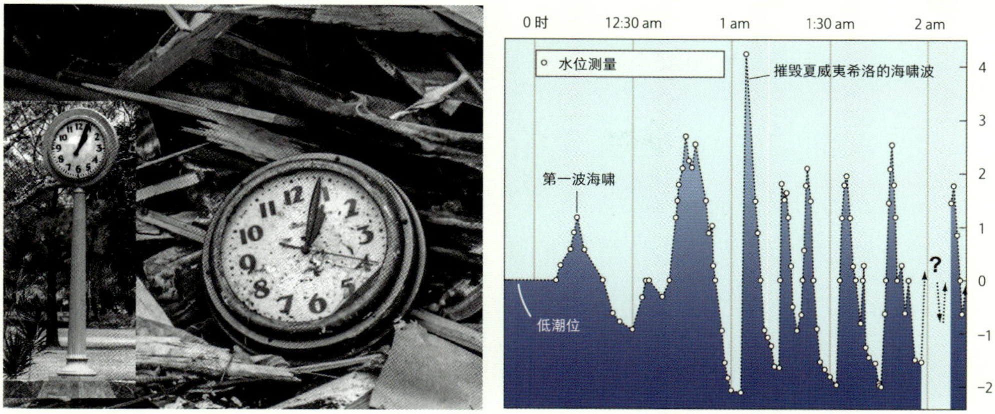

● 1960 年智利地震产生的巨大的海啸袭击了夏威夷。（左）岸边马路上原来竖立着一只巨大的时钟，海啸袭击摧毁了时钟的支架，时钟倒落在地上，指针永远地记下了海啸第一次袭击的时刻：1960 年 5 月 24 日凌晨 1 点 4 分。现在人们把这只倒落的时钟，制成了一个纪念碑，用来纪念这次海啸事件。（右）海啸第一次袭击夏威夷发生在 5 月 23 日半夜，随后的几次海啸波以 30 分钟左右的间隔，接连几次不断袭击，而且威力一次比一次大，第三次的海啸波最大，夏威夷的验潮站记录了海啸袭击夏威夷的全过程（图源：USGS）

● 1960 年智利地震产生的海啸波也袭击了日本（图源：USGS）

遇难者超过 30 万人的 2004 年印尼海啸

2004 年 12 月 26 日的印度尼西亚苏门答腊地震，发生在水深超过 1000 m 的深海，震级高达 9 级，是近 50 年来全世界发生的特大地震，也是印度洋地区历史上发生的震级最大的地震，而且符合断层面相互垂直错动等产生海啸的条件，因此，产生了巨大的海啸。

此次地震震中为无人居住的海洋，故地震本身造成的伤亡不大。但地震引发的海啸，造成了极为严重的伤亡。对于印度尼西亚来说，这次海啸属于近海海啸，或称本地海啸。班达亚齐（Banda Aceh）是印度尼西亚亚齐省（今亚齐特别行政区）的首府，是离地震震中最近的海滨城市，海边的人们纷纷被冲上岸来的巨浪卷入大海。数百人在海啸中丧生，其中包括很多儿童。当地的一名美联社记者看见巨浪扫荡过后，连树梢上都挂有尸体，迷人的海滩在灾难过后成为"露天停尸间"，到处都可以看见尸体，其状惨不忍睹。

海啸等自然灾害到来前可能会产生次声波，由于大象可以听到海啸产生的次声波，它们不听主人指挥，快速离开现场，海边乘坐大象的游客才得以生还。

地震产生的海啸，袭击了几百、几千千米外的印度洋周围不设防的海岸带，由于当地人口密集，故受灾严重。这次地震引发的海啸波及印度尼西亚、斯里兰卡、泰国、印度、马来西亚、孟加拉国、缅甸、马尔代夫等国，遇难者总数两周内超过 30 万人。

● 班达亚齐海啸前后对比。班达亚齐是印度尼西亚亚齐省的首府，是一个海滨城市，距 12 月 26 日大地震震中约 250 km，对于这个地方而言，属于本地海啸。10 m 高的海浪席卷了灾区村庄和海滨度假区，其海啸灾害十分严重。美国 DigitalGlobe 公司发布了一系列卫星遥感照片，图为快鸟卫星拍摄的地震海啸前后对比遥感图像，清楚地表明了特大地震和海啸灾害最重的地区之一的班达亚齐的破坏情况。海岸已经缩小，部分海岸消失，海边建筑完全被地震和水灾所摧毁，露出了泥土和岩石（图源：DigitalGlobe）

日本的海啸——311 灾害

海啸灾害主要发生在海岸，岛国日本就成了一个经常遭受海啸袭击的国家，成为海啸的英文单词 Tsunami 的发源地。Tsunami 在日语中称为“津波”，即“港边的波浪”，其中 Tsu 指海港、港口，Nami 的意思是波浪。“Tsunami”一词，在 1963 年的国际科学会议上正式列为国际术语。

2011 年 3 月 11 日，东日本发生 9.0 级大地震，震中位于仙台市以东的太平洋海域约 130 km 处，距日本首都东京约

● 版画《神奈川冲浪里》是日本浮世绘画家葛饰北斋在 1830～1831 年间发表的作品。画面上翻卷的浪花像庞大的怪物迎面扑来，远处的小船被海浪悬起，和远处的富士山形成对照。这幅画，是日本印刷数量最多的一幅画，这幅画也被用于 2024 年发行的新版 1000 元日元

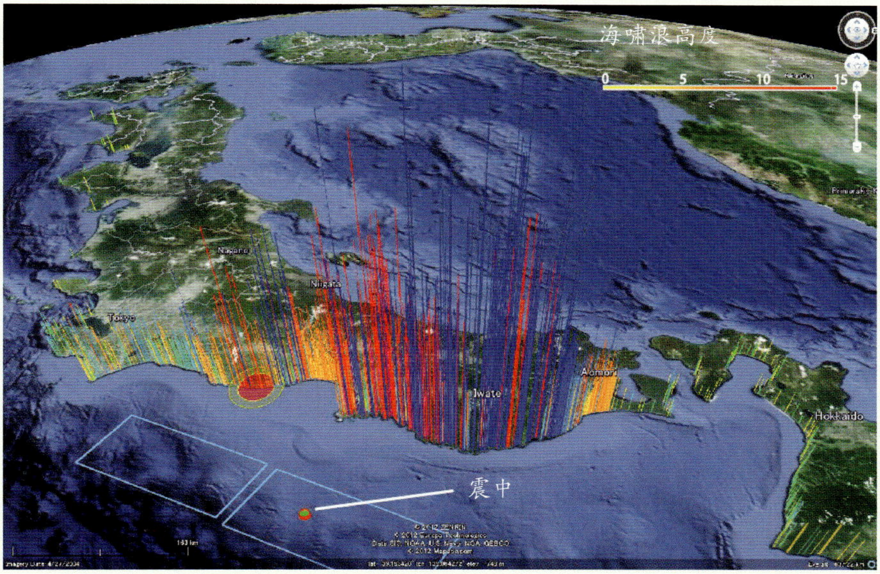

● 2011 年 3 月 11 日，日本各地观测到的海啸高度。对于日本来说，这次海啸属于近海海啸，对于日本海岸的破坏极为严重。灾后调查显示共 500 km 的沿岸地区海啸波的高度超过 10 m，最大波高达 40.1 m（图源：Google Earth）

373 km。此次地震是日本有观测记录以来第一个震级超过 9.0 级的地震，也是日本史上规模最大的地震。这次地震使本州岛移动，地球的地轴也因此发生偏移。这次地震引起的海啸也是最为严重的，南北长约 500 km、东西宽约 200 km，创下日本海啸波及区域最广的纪录。对日本来说，这是一次极为严重的近海海啸。地震和海啸造成至少约 15900 人死亡、2523 人失踪，遭受破坏的房屋约 130 万栋，为日本第二次世界大战后伤亡最惨重的自然灾害。

日本东北地方人口最多的宫城县，县内沿海城市多遭受海啸袭击。首府仙台市市区在海啸侵袭后造成严重水灾，多数居民被迫撤离。对比海啸前后的卫星照片，可见宫城县受灾之严重。

海啸导致太平洋海边的福岛核电站受到严重的影响。它是当时世界上最大的在役核电站。核电站防御设施能够抵御浪高 5.7 m 的海啸，而当天袭击电厂的最大浪潮达到约 14 m。核

● 海啸后 1 周日本岩手县的海啸破坏情况（图源：NOAA/NGDC, Dylan McCord, U.S. Navy）

● 仙台机场跑道大部分被淹，只留下航厦大楼。海啸时，海水冲上宫城县沿海陆地，首府仙台市市区在海啸侵袭后造成严重水灾，多数居民被迫撤离。宫城县的日本航空自卫队松岛基地有 18 架的 F-22 战斗机、4 架 T-4 教练机、4 架 UH-60 黑鹰直升机等被淹没致故障，当时基地中的 200 名人员失去联系（图源：新华社）

● 宫城县一处海岸海啸前后对比。日本东北地方人口最多的宫城县，县内沿海城市多遭受海啸袭击，照片显示了海啸袭击的严重程度。地震和海啸造成约 15900 人死亡、2523 人失踪，遭受破坏的房屋约 130 万栋，为日本二战后伤亡最惨重的自然灾害（图源：Google Earth）

电厂所有交流、直流电丧失，由于丧失了排热手段，福岛核电厂 1 号、2 号、3 号机组在堆芯余热的作用下迅速升温，锆金属包壳在高温下与水作用产生了大量氢气，随后引发了一系列爆炸。日本原子力安全保安院（Nuclear and Industrial Safety Agency, NISA）将福岛核事故等级定为核事故最高分级的 7 级（特大事故），与切尔诺贝利核事故同级。3 月 30 日日本官方宣布永久关闭福岛第一核电厂 1 号、2 号、3 号、4 号机组。东京电力公司因福岛核事故支付的赔偿总额，包括临时预付补偿在内，截至 2017 年底，已达 76821 亿日元（约合人民币 4619.95 亿元）。

3 月 16 日，很少露面的日本明仁天皇罕见地通过电视发表公开演说，对于日本受灾民众在这次重大灾难中所表现出的冷静，给予充分肯定。天皇主动要求全部皇室人员配合政府限电措施，能不用电就不用，尽量将资源留给受灾民众。这是日本历史上，天皇首次在重大灾难后发表电视演说，1995 年的阪神大地震，明仁天皇仅以书面声明鼓励日本民众。日本政府于 2011 年 8 月 7 日凌晨宣布自 2012 年起每年的 3 月 11 日定为“国家灾难防治日”。

日本是容易受到海啸袭击的国家。1896 年 6 月 15 日，明治 29 年，日本东部发生了 8.5 级大地震，随后地震引发了大海啸，30 分钟后，海啸到达沿岸冲击歌津、三陆、宫古、田野烟等市县。三陆町绫里记录到了明治时代以来最高的海啸水位，高达 38.2 m，同时夏威夷也记录到海浪为 2.5～9 m。这次地震造成 21909 人死亡，房屋损失 8526 栋，倒塌 1844 栋，船舶损失 5720 艘。日本历史上称这次海啸为“明治海啸”。

1933 年 3 月 3 日，在明治三陆地震震中附近再次发生 8.1 级大地震，不过和上次不同的是，这次地震是正断层引起的，而明治地震是逆断层引起的。

● 日本及其附近区域发生的海啸。太平洋是滋生地震海啸的“温床”，全球 70% 的地震分布在环太平洋地震带。在这个特殊的地震圈里，靠近太平洋俯冲带的日本最容易受到海啸的侵扰。从公元 684～1983 年间，日本共发生 62 次损失严重的海啸。其中最著名的是 1896 年的“明治海啸”和 1933 年的“昭和海啸”（图源：NOAA）

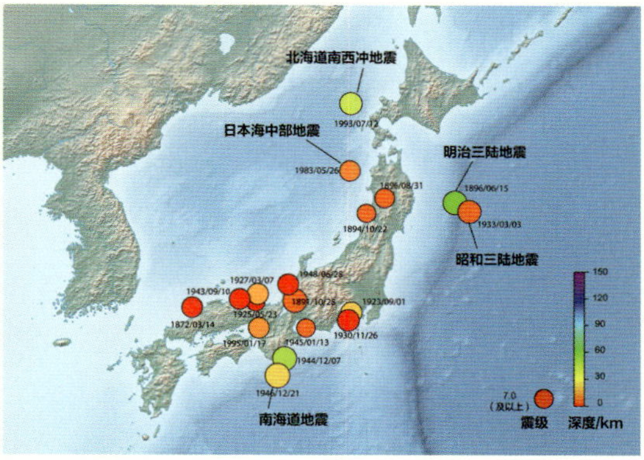

● 几次大海啸的水位高度记录。（上）在岩手县记录到了明治时代以来最高的海啸水位，高达 38.2 m。（下）几次大地震海啸的水位对比（图源：日本防灾系统实验室）

中国的海啸

中国的近海，渤海平均深度约为 20 m，黄海平均深度约为 40 m，东海约为 340 m，它们的深度都不大，只有南海平均深度为 1200 m。因此，对比海啸产生的三个条件：深海、大地震和开阔逐渐变浅的海岸条件，大部分海域地震产生本地海啸的可能性比较小，只有当南海和东海的个别地方发生特大地震时，才有可能产生海啸。

再来看看太平洋地震产生的远洋海啸对中国海岸的影响。亚洲东部有一系列的岛弧，从北往南有堪察加半岛、千岛群岛、日本列岛、琉球群岛，直到菲律宾。这一系列的天然岛弧屏蔽了中国的大部分海岸线，中国受太平洋方向来的海啸袭击的可能性不大。1960 年，智利发生 9.5 级大地震，产生地震海啸，对菲律宾、日本等地造成巨大的灾害，但传到中国的东海，在上海附近的吴淞验潮站，浪高只有 15～20 cm，没有造成灾害。

台湾位于环太平洋地震带，当太平洋海啸从台湾东部靠近时，由于台湾东部的海底，海底地形非常陡峭，容易使波浪受到折射而远离，不利海啸成形。2011 年日本东北大地震（海底地震）时台湾仅观测到 10 cm 潮差，而 1960 年智利大地震所引发的海啸对于台湾也没有造成重大灾害。

海啸预警

目前，人类对海啸等突如其来的灾变，只能通过观察、预测来预防或减少它们所造成的损失，但还不能阻止其发生。

利用海啸不断从发源地向外传播的道理，1949 年在夏威夷建立了太平洋海啸预警中心，1965 年扩大参与国范围，现包括中国、日本、澳大利亚等环太平洋的 26 个国家。许多国家还建立了类似的国家海啸预警中心。一旦从地震台和国际地震中心得知海洋中发生地震的消息，太平洋海啸预警中心就可以计算出海啸到达太平洋各地的时间，发出警报。中国于 1983 年加入了太平洋海啸预警中心，对于来自太平洋方面的海啸，我们是有防备的。

建立海啸预警系统的科学依据有两个：第一，地震波比海啸波跑得快。地震波大约每小时传播 30000 km（每秒约 6～8 km），而海啸波每小时传播几百千米。如果智利发生地震并引起了海啸，地震波传到上海用不了一个小时，其海啸波传到上海则需要 23 个小时。这样，根据地震台上接收的地震波，人们不但可以知道智利发生了大地震，还可以知道直到二十几个小时后海啸波才会到达。第二，海啸波在海洋中传播时，其波长很长，会引起大面积海水的升高（台风也会造成海面出现大波浪，但面积远远不及海啸），如果在大洋中建立一系列的观测海水水面的工作站（如 DART），就能够知道有没有发生海啸，其传播的方向如何等关键问题。

● 1949 年建于夏威夷的太平洋海啸预警中心（PTWC，The Pacific Tsunami Warning Center）主要提供太平洋地区的海啸预警服务

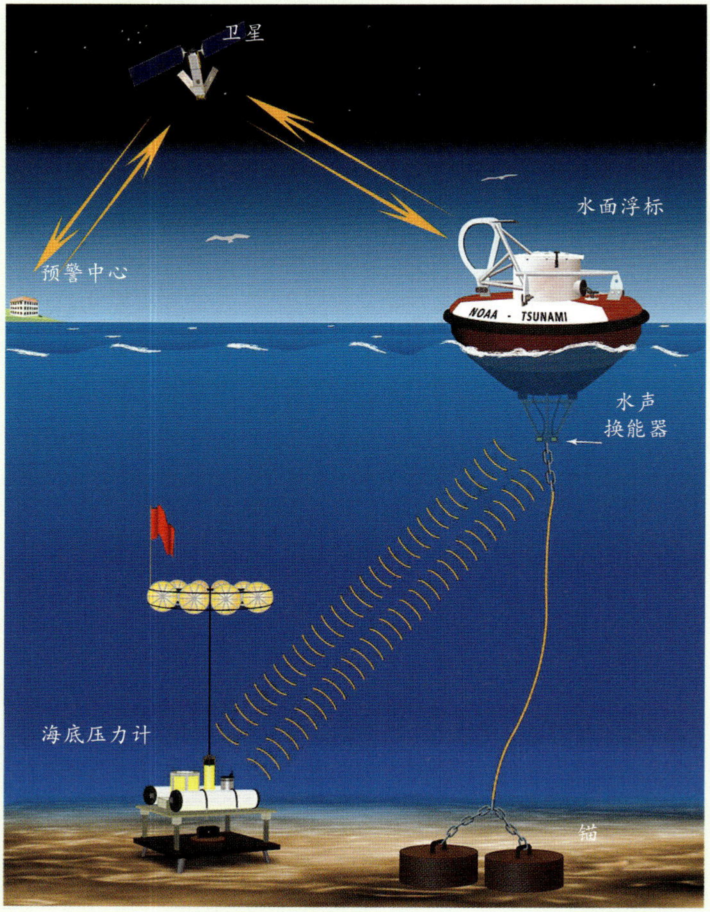

● 海啸监测系统 DART 示意图。它由四部分组成：海底压力计、浮标系统、卫星和预警中心（图源：NOAA）

海啸预警是个复杂的问题，有的地震会造成海啸，而大部分海洋中的地震不产生海啸。1948 年，檀香山收到了海啸警报，采取了紧急行动，全部居民撤离了沿岸，结果根本没有海啸发生，紧急行动付出了 3000 万美元的经济代价。太平洋海啸预警中心一共发布 20 次海啸警报，其中 15 次是虚假警报，虚报的比例为 75%。目前，预警系统仍在不断进行升级和完善。同时，人们意识到，预警系统不是万能的，本地海啸的预警比远洋海啸要困难得多。因此，为了最大限度减轻灾害，除预警系统外，一定不要忽视灾害的预防和救援。

第八章 活力生物圈

生物碳循环

地质年代表

人类世

生物碳循环

有光食物链和黑暗食物链

地球上的生命

人类世

目前全世界最关心的问题是全球变暖，其中核心的角色是温室气体——二氧化碳，核心的问题是地球上碳的循环。碳是一种很普通但又很特别的元素，碳的化合物多达六百万种，而所有其他元素一共只有几万种化合物。地球上最大的两个碳库是岩石圈和化石燃料，含碳量约占地球碳总量的99.9%，但因为周转时间极长（百万年以上），实际上主要起着贮存库的作用。地球上还有三个碳库：大气圈库、水圈库和生物库。这三个库中的碳在生物和无机环境之间迅速交换，容量小而活跃，实际上起着交换库的作用。碳的短期变化主要发生在生物圈中。

在无机自然界碳是以二氧化碳的形式存在的，随着大气可以到达地球的任何一个角落，所以碳循环问题是个全球性的问题。自然界碳循环所指的是：大气中的二氧化碳（CO_2）被陆地和海洋中的植物吸收，然后通过生物或地质过程以及人类活动，又以二氧化碳的形式返回大气中。

院士导读

生物碳循环

既然在无机自然界碳是以二氧化碳的形式存在，我们从有机物和无机物谈起。《辞海》是这样定义有机体的：有机体是自然界中有生命的生物体的总称，包括一切动植物。顾名思义，有机物就是有机体中的物质，而这些物质化学成分都含“碳”，于是人们把含“碳”的化合物称为有机物，不含“碳”的化合物称为无机物，但它们有时候难以严格界定，如含“碳”的二氧化碳、碳酸盐等就是无机物。不论如何，人们从未像现在这样，如此高度重视地球上的“碳”元素。

生物圈在地球的碳循环中起着重要的作用。绿色植物通过光合作用把太阳能和二氧化碳转化为生物能（有机物，如糖类等），吸收了大量的二氧化碳，形成碳汇。碳汇就是指运用光合作用吸收空气中的 CO_2，并且通过植绿护绿、森林管理、植被恢复等举措把它固定于植物群落和土中，从而减少空气中温室气体浓度的过程或机制。这是大气中 CO_2 被吸收的情况。

再来看看二氧化碳排入大气的情况。绿色植物（生产者）通过光合作用变成了有机物，有机物被动物（消费者）一级一级利用，碳元素也随之一级一级地传递。植物和动物的呼吸作用把摄入体内的一部分碳转化为二氧化碳，释放入大气（绿色植物和动物的呼吸），另一部分则构成生物的机体或在机体内贮存。动植物死后，微生物（分解者），对动植物遗体进行处理，将有机物分解为无机物。排出二氧化碳（CO_2）重返无机环境，从而完成一个完整的生物碳循环过程。

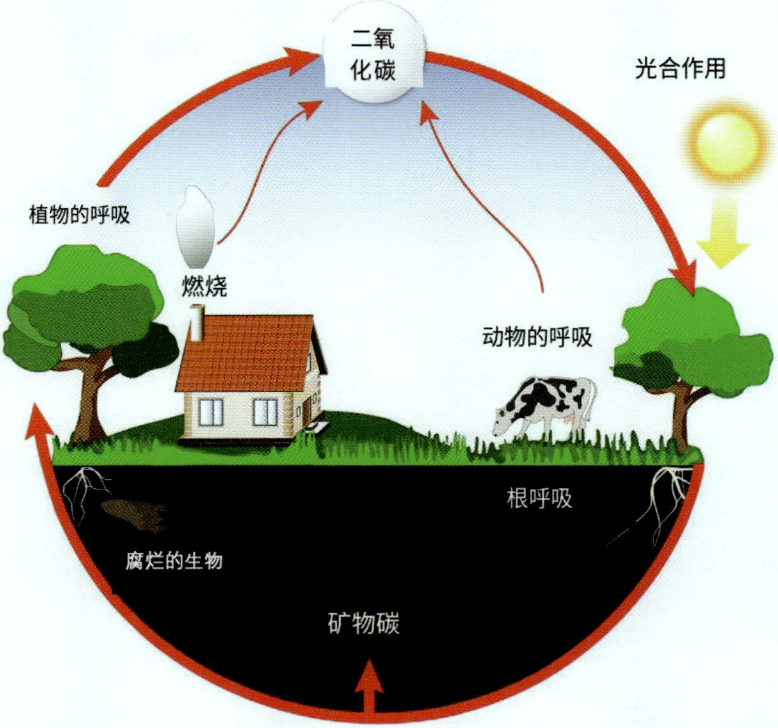

● 在碳的生物循环中，大气中的二氧化碳被植物吸收后，通过光合作用转变成有机物质，然后通过生物呼吸作用和细菌分解作用又从有机物质转换为二氧化碳而进入大气。碳的生物循环包括了碳在动、植物及环境之间的迁移。

如果我们从更长时间（百万年或更长）尺度来看碳的循环，还可以得到二氧化碳排入大气的另外的一种情况。

动植物死后，残体中碳的一部分（约千分之一），在动植物残体在被分解之前即被沉积物所掩埋而成为有机沉积物。这些沉积物经过漫长的年代（至少几

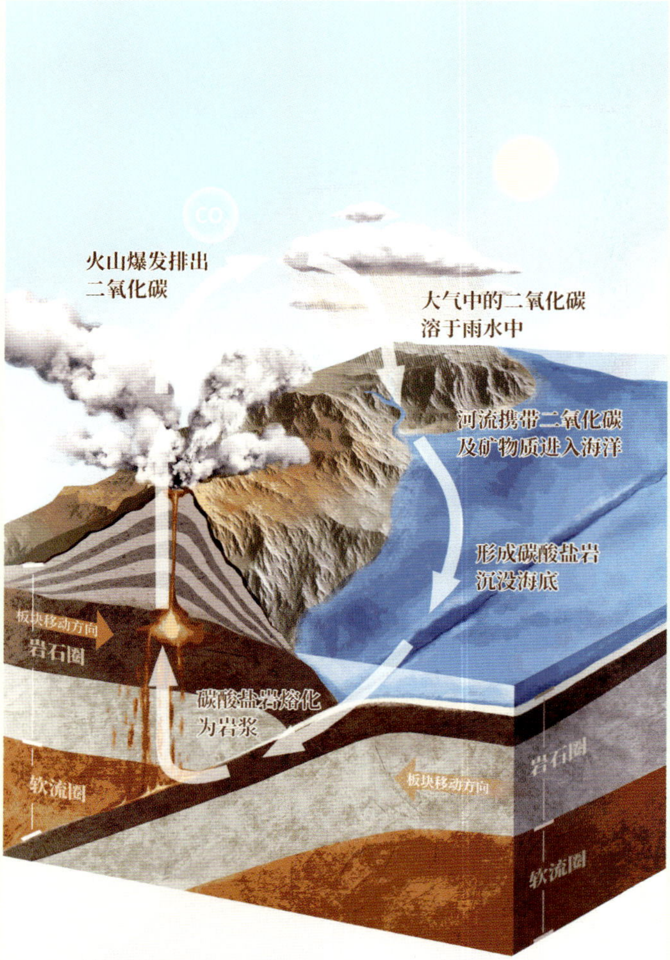

无机碳循环示意图。缓慢变化的碳的地球化学循环。大气中的二氧化碳，溶于水后被河流带入海洋，形成碳酸岩沉于海底，碳酸岩随地质运动进入地球深部，部分熔化成为岩浆，火山喷发后排出二氧化碳，成为另一种形式的碳循环，这种缓慢变化的碳的地球化学循环构成了全球碳循环的一部分

百万年），在热能和压力作用下转变成岩石，包括矿物燃料——煤、石油和天然气等。这种生物体死亡以及其他各种含碳物质又不停地以沉积物的形式返回地壳沉积岩中的碳，碳量极大，假定动植物的生存寿命是 100 年，每 100 年有千分之一的碳通过地球化学方式储存在地下岩石中，很容易算出，100 万年地下岩石中碳的积累量是当今生物圈碳量的 1 万倍。因此，

本章开头谈到，岩石圈和化石燃料，含碳量约占地球碳总量的99.9%，但因为周转时间极长（百万年以上），实际上主要起着贮存库的作用。碳的短期变化主要发生在生物圈中。

碳循环的方式很多，既有人类燃烧煤、石油和天然气时排出的碳氧化成为二氧化碳排入大气，极短时间对碳循环发生重大影响的事件，也有较短时间对当今地球的环境有着很大的影响的生物碳循环，还有生物体死亡以及其他各种含碳物质又不停地以沉积物的形式返回地壳沉积岩中的碳因自然和人为的各种化学作用分解后进入大气和海洋的无机碳循环，生物体死亡以及其他各种含碳物质又不停地以沉积物的形式返回地壳中。所有这些，构成了全球的碳循环。一方面，生物碳循环对当今地球的环境有着很大的影响，另一方面，但是从以百万年计的地质时间上来看，缓慢变化的碳的地球化学循环可能是地球环境最主要的控制因素。

除了绿色植物外，海洋生物在碳循环中也发挥了很大的作用。当空气里以二氧化碳形式存在的碳随雨水进入海洋时，无数小生物将其捕捉，用来制造自己的壳体，最后变成有机碳化石埋藏，从而防止碳再次进入大气。

植物、可光合作用的微生物通过光合作用从大气中吸收碳的速率，与生物通过呼吸作用将碳释放到大气中的速率大体相等，因此，大气中二氧化碳的含量在受到人类活动干扰以前是相对稳定的。

森林在碳循环中发挥着至关重要的作用。它们通过光合作用吸收大气中的二氧化碳，并将其转化为有机物，同时释放氧气。联合国粮农组织《全球森林资源评估报告（2020）》指出，全球森林总碳储量达到 6620 亿 t，主要储存在森林生物质（约44%）、森林土壤（约 45%）以及凋落物（约 6%）和枯死木（约4%）中。

有光食物链和黑暗食物链

20 世纪 70 年代末，海洋科学家在深海热液口附近发现了特殊的生物群落，那里有密密麻麻、色彩鲜艳的管状蠕虫群体，数不清的螺类、贝类、虾类和螃蟹，它们层层叠叠地围绕着热液口生活。

大洋深处没有阳光，生物群落如何生活？原来地球上存在

海洋深潜器正在探测海洋中的热液活动。海底“黑烟囱”喷出热液，热液附近是海底生物的“绿洲”

两大生物圈。一个是过去我们熟悉的由叶绿体作基础，依靠太阳辐射能，通过光合作用在有氧环境下制造有机物的生物圈。另一个是在深海等无光环境下，依靠化学合成作用来生存的细菌，这些细菌利用来自地球内部的热能和矿物质，将二氧化碳和水合成有机质，随后它们再被其他生物所利用，成为食物链的一环，它们是少数不依赖太阳能而生存的生物。

“有光食物链”靠的是氧，而“黑暗食物链”靠的是硫，这表明，除了太阳能以外，地球的内能也可以支撑生命的存在。两种生物链的交叉，为地球生物圈的研究掀开了新的篇章。

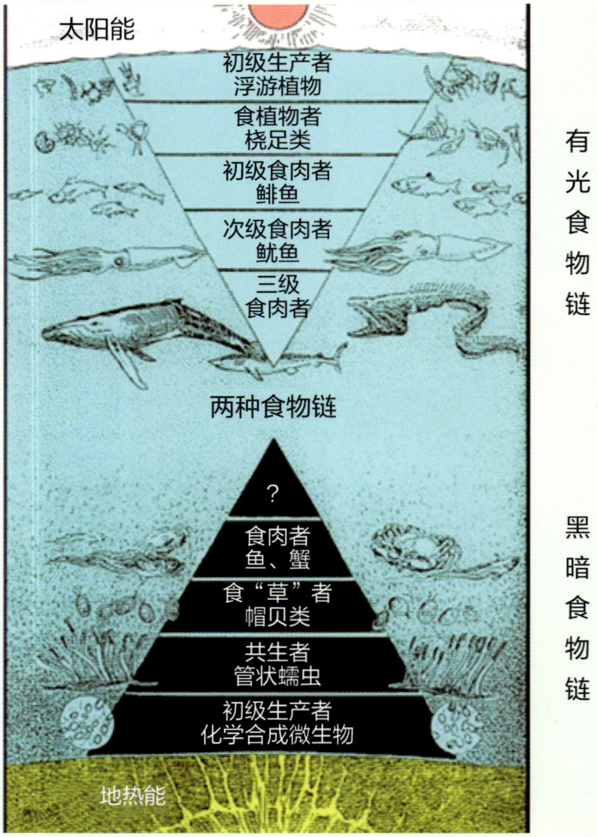

● 有光食物链和黑暗食物链。在深海大洋之下，存在“黑暗食物链”，尤其引人注目的还有“古细菌”。这种深部生物圈据估计占全球总生物量的 10%

地球上的生命

地球刚刚形成时，地球的原始大气主要由氢气、氦气组成，这些气体主要来自于太阳系形成时释放的气体和行星物质，由于原始大气质量较小，并没有像现在的大气层一样被地球引力所束缚，最终在数亿年的时间里，逐渐被太阳风和地球热量所驱散。随着地球的冷却，地球的引力逐渐增强，开始能够捕获和保留原始大气中的其他气体，氨、甲烷、水蒸气和二氧化碳等气体逐渐增多。约 40 亿年前，地球表面的水蒸气逐渐冷凝成水滴，形成了早期海洋，一系列复杂的化学反应在这个生命的摇篮中酝酿。

为了更好地理解地球的生命演化历史，法国科学家里夫将 46 亿年的时间压缩成了一天，各种生物依次上台，唱响了这场生命的交响曲：这一天的前 1/4 的时间，地球上是一片死寂；时针指向凌晨 6 时，最低级的藻类开始在海洋中出现，它们持续的时间最长；一直到了 20 时，软体动物才开始在海洋与湖沼中活动；23 时 30 分，恐龙出现，但只“露脸”了仅仅 10 分钟便匆匆离去；在这一天的最后 20 分钟里，哺乳动物时代来临，并迅速分化；23 时 50 分，灵长类的祖先登场；在最后的 2 分钟里，它们的大脑扩大了 3 倍，成为人类。地球历史仿佛一场精彩而隆重的演出。

宙	代	纪	世	距今大约年代（百万年）	主要生物演化
显生宙	新生代	第四纪	全新世	现代 0.01	 人类时代  现代植物
			更新世	2.4	
		新近纪	上新世	5.3	 哺乳动物  被子植物
			中新世	23	
		古近纪	渐新世	36.5	
			始新世	53	
			古新世	65	
	中生代	白垩纪	晚		 爬行动物  裸子植物
			早	135	
		侏罗纪	晚		
			中		
			早	205	
		三叠纪	晚		
			中		
			早	250	
	古生代	二叠纪	晚		 两栖动物  蕨类
			早	290	
		石炭纪	晚		
			中		
			早	355	
		泥盆纪	晚		 鱼  蕨类
			中		
			早	410	
		志留纪	晚		
			中		
			早	438	
		奥陶纪	晚		 无脊椎动物
			中		
			早	510	
		寒武纪	晚		
			中		
			早	570	
元古宙	元古代	震旦纪		800	 古老的菌藻类
				2500	
太古宙	太古代			4000	

然而，有人登台，就要有人离场。这漫长的过程，不仅是动植物生死轮回的过程，也是无数物种由诞生到灭绝的过程。根据化石考证，地球至少经历过 5 次生物大灭绝和若干次小型的生物灭绝事件。这些远古时代生物灭绝的研究对我们现在和未来的生存都有着现实意义。在地质学研究中，有一个重要的思维方法叫“以古论今（未来）”，了解过去的最终目的是更好地了解当前的现状并预测未来。如果我们能意识到我们的地球也正处在新一轮的生物大灭绝时期，我们就会更加珍惜现在人类的唯一家园。

生物大灭绝是指大规模的集群灭绝，经常是很多不同的生物类群一起灭绝，集群灭绝对动物的影响要比对植物的影响更显著。灭绝的原因有各式各样的争论，如陨石撞击说、超新星爆炸说、气候改变说、火山活动说等。几乎没有争议的是，绝大多数生物科学家认为这些灭绝是由地球上的自然变化引起的。

人类能来到这个世界上真是幸运！在大得难以想象的宇宙里，只有一颗小不点儿的行星尚存在生命——我们居然就有机会降生在这颗行星上！你和我，还有几十亿幸运儿，可能是全宇宙仅有的会走动、会说话、会看书、会做事的东西，有这样的好运气，你肯定很想问问自己：“这事到底是怎样发生的？”

● 地球的地质年代表（地球的履历表）。地质年代是用来描述地球历史事件的时间单位，对应生物的演化顺序，将地球的历史划分为一些自然阶段，即相对地质年代。第四纪是新生代最新的一个纪，包括更新世和全新世

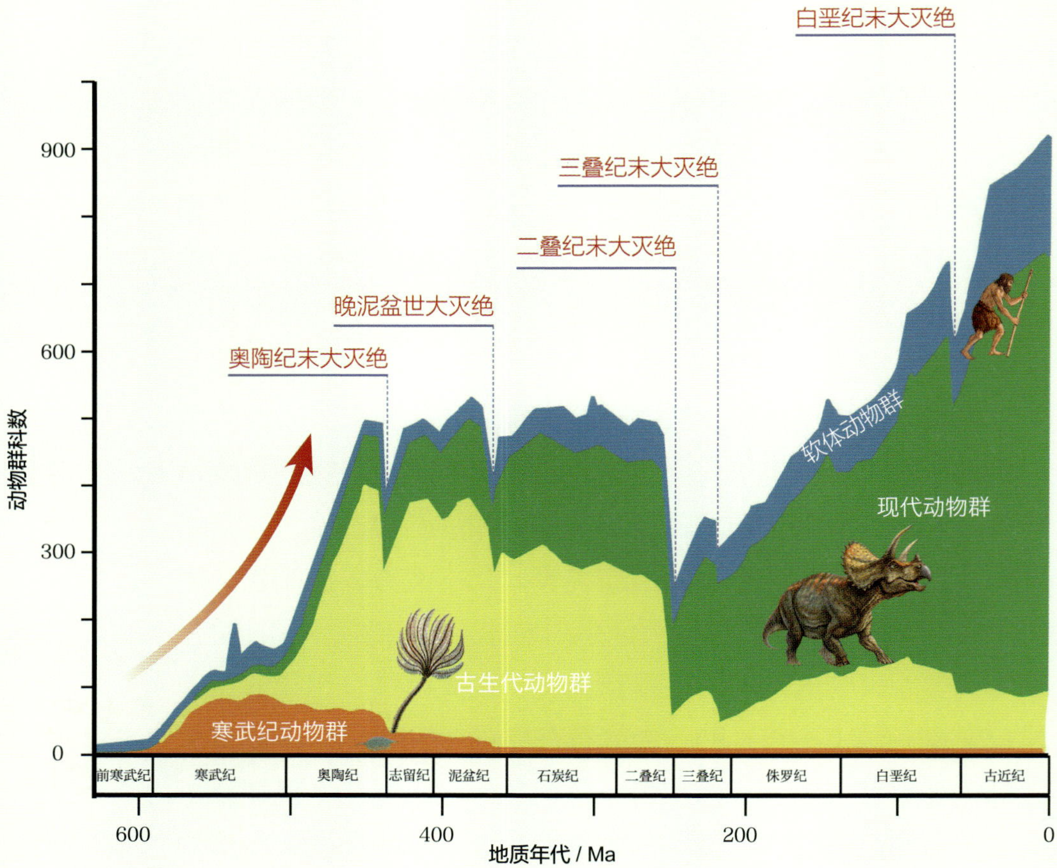

● 地球生物灭绝事件。地球上的生物灭绝事件可以分为 5 次大事件，分别是：①奥陶纪末大灭绝：发生于 4.4 亿年前的奥陶纪末期，约 85% 的物种灭绝，受影响的主要是海洋生物。②晚泥盆世大灭绝：发生于 3.65 亿年前的泥盆纪晚期，对海洋生物造成了极大的破坏，约 75% 的物种灭绝。③二叠纪末大灭绝：发生于 2.5 亿年前的二叠纪末期，导致超过 96% 的地球生物灭绝，包括陆生和海洋生物。④三叠纪末大灭绝：发生于 2 亿年前的三叠纪末期，对爬行类动物造成了重创，约 80% 的物种灭绝。⑤白垩纪末大灭绝：发生于 6500 万年前的白垩纪末期，导致曾长期统治地球的恐龙整体灭绝，同时也是一次陆海生态系统大变革的事件。每次生物灭绝事件对地球生态环境和生命的演化都产生了深远的影响

人类世

地球上有生命以来，已大约经历了 39 亿年，而作为万物之灵的原始人类仅是在其最后的数百万年才出现，而真正对地球造成全球性影响的工业革命距今不过两百多年（也有科学家建议从 1945 年首次原子弹爆炸开始算），虽然这段时间和地球历史相比很短，但绝非微不足道，相反，正是这短暂的几十上百年，谱写了人类史最华丽的篇章，许多科学家建议把这段时间称为“人类世”。

从地质学的角度看，我们人类生活的地质时期属于新生代第四纪中的全新世，这一时期人与自然的相互作用加剧，人类成为影响环境演化的重要力量，尤其“在过去的一个世纪，城市化的速度增加了 10 倍，几代人正把几百万年形成的化石燃料消耗殆尽”。在过去的两百多年中，人类活动已经对整个地球产生了深刻影响，这种影响已经超越了自然变化的范畴，形成了新的地质时代。于是科学家设想在全新世之后划分出专门的“人类世”，与更新世、全新世并列，进而来体现这种前所未有的影响。人类世标志着人类开启了地球历史上一个全新时期。在这个时期，人类成为了地球上最主要的地质营力之一，其影响范围涵盖了大气圈、水圈、岩石圈以及生物圈等各个圈层。

2000 年，荷兰大气化学家克鲁芩（Paul Jozef Crutzen, 1933—2021）正式提出“人类世”概念。克鲁芩 1995 年因研究臭氧层获得诺贝尔奖，2002 年他在《自然（*Nature*）》杂志上发表文章，说明了他心中“人类世”的概念：“自瓦特发明蒸汽机以来，人类的作用越来越成为一个重要的地质营力；全新世已经结束，当今的地球已进入一个由人类主宰的新的地质时代——人类世”。

把“人类世”作为一个新的地质单元，得到了许多专家学者的支持，但也面临不少问题：把“人类世”引入“地质年代表”，将会改变过去定义地质年代的标准，过去的地质年代都由相对应的生物灭绝或爆发事件来划分。虽然人类活动导致了一些物种的灭绝，但并没有出现新的生物种群，建立新地质年代的条件不够充分。此外，地质时期一般持续几百万年，如果建立“人类世”，那么我们现在所在的“全新世”仅持续了一万多年就夭折了。

“人类世”概念的流行，意味着人类认识到了自身对地球产生的巨大影响，把人类历史作为地球地质历史的新篇章，必将影响到地球科学的研究方向和研究方法。2021 年中国科学家朱日祥等提出将“宜居地球”作为今后地球科学研究的重要方向。2022 年与几十亿年的“自然地球”相对应，张九辰提出“人文地球”的概念，体现了“人类世”的思想，代表了传统地球科学发展的新方向。

第九章

滑坡和泥石流

滑坡

泥石流

落石

地面塌陷

雪崩

物体由于地球的吸引而受到的力叫重力（gravity）。重力的施力物体是地球。

在地球的重力作用下，山区经常发生滑坡、泥石流、雪崩等灾害，这些灾害发生的频度高，分布的地域广，造成的灾害多。历史记载了不少山区地表物质大规模运移带来灾害的例子，如公元前 218 年，迦太基名将汉尼拔奉命远征罗马帝国，他统率步兵三万八千、骑兵八千和大象三十七头，在阿尔卑斯山上遭遇雪崩，损失惨重。

院士导读

● 汉尼拔率领战象穿越阿尔卑斯山。当雪的内聚力与雪受到的重力处于几乎相当的临界状态时，雪崩在很大程度上取决于人类活动。公元前 218 年，迦太基名将汉尼拔奉命远征罗马帝国，在 10 月底翻越积雪的阿尔卑斯山时，触发了大规模的雪崩，牺牲兵士一万八千名，战马两千匹，有几头非洲大象也葬身在雪海之中。汉尼拔后来说，阿尔卑斯山是比意大利军队更危险的敌人

重力无时不在、无处不在，在地表物质运移中，重力起到了关键的作用。在重力作用下，地表物质的运移主要有两种类型。

第一种是滑坡。滑坡是大量的山体物质在重力作用下，沿着山体内部的一个滑动面，在外界触发作用下突然向下滑动的现象。雪崩是高山大量积雪的突然运动，它的产生原因和滑坡大同小异。第二种是泥石流。泥石流是沙石、泥土、岩屑、石块等松散固体物质和水的混合物在重力作用下沿着沟床或坡面向下运动的特殊流体，在重力作用下，有“泥”有“石”，和水混合在一起，就成了泥石流。

滑坡和泥石流有什么不同呢？滑坡是指山坡的土层或岩层整体或分散地顺斜坡向下的滑动。滑下的山体，是一整块或几整块的，表面植被状况可能不变。一次滑坡影响面积有限，但滑坡灾害相当频繁。滑坡也叫“地滑”，还有“走山”“垮山”或“山剥皮”等俗称。

泥石流是指在地面流水作用下，在沟谷或山坡上产生的一种挟带大量泥砂、石块等固体物质的特殊流体。它是介于山洪与滑坡之间的一种现象。泥石流影响面积比滑坡大，具有突然性，流速快，破坏性很大，俗称“走蛟”“出龙”“蛟龙”等。

在重力作用下，许多物质都有沿滑脱面向下滑动的趋势，但只要没有达到滑动的条件，它们就仍然保持稳定。一旦当某些外界因素发生少许变化，达到滑动的条件，长期积累的重力势能就会瞬间释放出来。

除滑坡和泥石流以外，重力造成的地表物质运移还有落石和地面塌陷等类型。

(a)
(b)
(c)
(d)

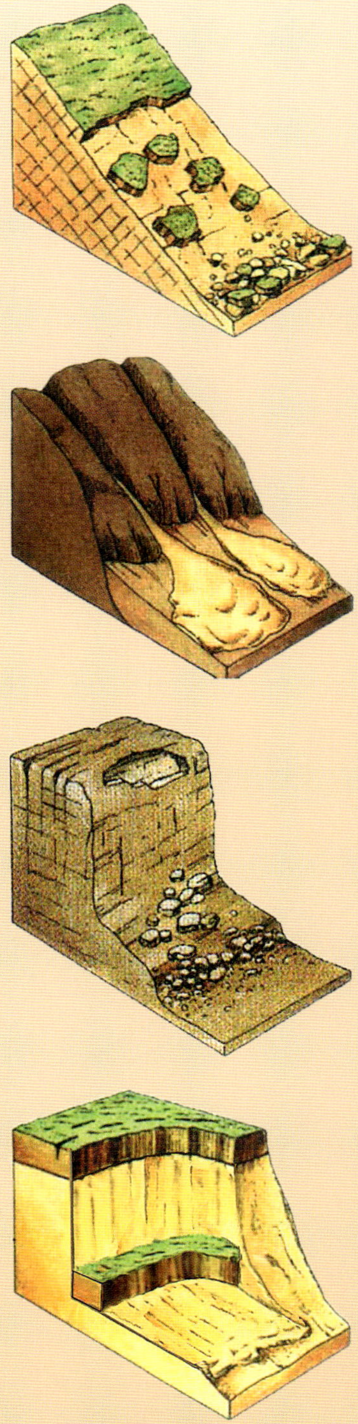

● 地表物质运动的几种情况。
(a) 滑坡：整个滑坡体下滑的整体滑动；
(b) 泥石流：大量大小混杂的松散固体物质和水的混合物沿山谷猛烈而快速向下流动；
(c) 落石：陡峭的岩石山坡上，零星岩石的下落；
(d) 地面塌陷

滑坡

顾名思义，滑坡有两重含义，一是“滑”，二是“坡”。显然，无“坡”不“滑”，在平原地区，不会出现滑坡，在陡峭的山区才有可能出现滑坡。而有“坡”未必“滑”，许多山脉和山丘屹立千万年，仍保持着稳定的状态。

假定在一个山体上存在着一个倾斜的层面，如果它是一个松软的岩层，则层面上方的山体有可能沿着该层面发生滑动。倾角很小的层面，下滑力很小，而正压力很大，这种层面不可能发生滑坡。但对于很陡峭的层面（倾角 α 很大的层面），层面上的剪切力大，而由正压力决定的摩擦力却不大，因此，滑坡主要是发生在高倾角的层面上，而且滑动面前要有滑动空间。

● 下滑力随坡度的变化。作用在物体上的重力总是要把物体拉向地心，位于与水平面成 30° 角斜面上的一个重 10 kg 的小球，由于斜面的存在，小球无法垂直向下运动，重力拉小球沿斜面运动的下滑力 T 为 10 kg × sin 30° × 9.8 m/s^2 = 5 × 9.8 N。显然，斜面越倾斜，下滑力越大。当倾角为 60° 时，下滑力变成了 8.7 × 9.8 N

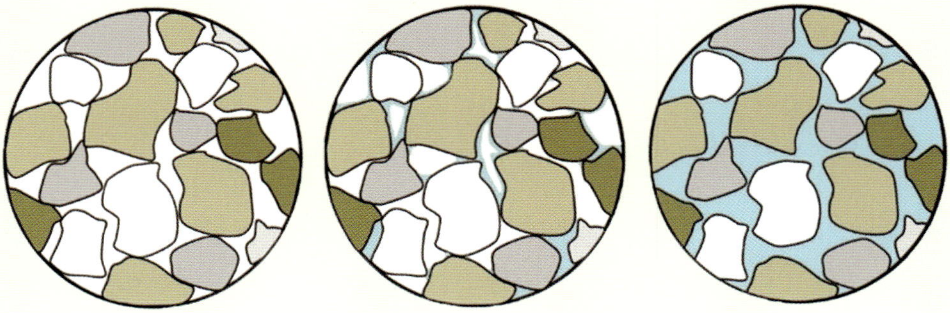

● 干燥（Dry）、潮湿（Moist）和水饱和（Saturated）的土壤。土壤颗粒间空隙中的空气为白色，水为蓝色。水使土壤饱和，导致滑动层面润滑，摩擦系数降低

触发滑坡的原因主要有三种。第一是水的作用，连续的降雨和冰雪融化，使土壤饱和，导致滑动层面润滑，摩擦系数降低，会造成滑坡。这就是大量滑坡出现在多雨的夏季的原因，滑坡多发的地方，具有“大雨大滑，小雨小滑，无雨不滑”的特点。住在山区的居民，要防止外围地表水进入滑坡区，会在滑坡边界修筑截水沟，在坡面修筑排水沟。钻孔、排水、隧道疏通都是排除地下水的有效办法。

1985 年 6 月 12 日，连续降雨后，湖北省秭归县新滩长江发生大滑坡。新滩位于长江西陵下上段兵书宝剑峡出口，总体积约 2000 万 m^3 的滑坡体冲入长江，滑坡体堵塞了 1/3 的江面，河床最低点高程由 22.5 m 上升至 37.5 m，形成的滑坡涌浪在对岸爬高为 49 m，长江被迫停航 12 天。

● 2007～2019 年全球 11033 个降雨引发滑坡点的分布图（图源：NASA）

● 1985 年新滩约 2000 万 m^3 的滑坡体冲入长江，致使长江停航 12 天。历史上，新滩发生过多次大滑坡，有文字记载始至 1985 年的 1800 多年间，就发生了 10 余次之多。据《归州志》记载："嘉靖二十一年（1542）六月二十日，归州新滩北岸山泉涌出泥滓，山势渐裂，居民惊骇逃避。顷之，山崩五里许。巨石腾壅，闭塞江流。压民舍百余家，舟楫不通"，这次滑坡过后 16 年（1558 年），新滩再次滑坡，造成 300 余人死亡

● 2010 年暴雨引发的滑坡切断了台湾的高速公路滑坡多发的地方，具有“大雨大滑，小雨小滑，无雨不滑”的特点

甘肃孙家沟滑坡遗址。1920年海原8.5级大地震在甘肃静宁县孙家沟引起滑坡，图中白色虚线的滑坡体宽1200 m，厚50 m，向下滑动距离为400 m（图源：王兰民供图）

汶川大地震引发大光包滑坡。2008 年汶川大地震引发了中国四川省安县的山体的大型滑坡。高川乡的大光包（地名）滑坡是中国已知的最大的滑坡：滑坡面宽 2.2 km，山体向下滑动距离 4.5 km，滑坡总体积达 7.5×10^{8} m^3，这也是全世界滑坡体积超过 5×10^{8} m^3 的几次巨型滑坡之一（图源：许强供图）

第二种触发因素是地震。地震时，上覆岩体除了受重力作用外，还受到地震力的作用。地震产生的力往往有很大的水平分量，这样，沿层面方向的剪切力大大增加，滑坡就发生了。世界上最大的滑坡就是由地震触发的，其造成的灾害也最大。

第三种触发因素是人为的不合理开挖。多数情况下，发生滑动的岩土层面并不是一个无限长的理想平面，人们常用尺度有限的曲面来表示潜在的滑动面。重力作用下，上覆岩土体的重量使得其有一个下滑的趋势，由于滑动面各处倾角不同，而且滑动前方存在阻碍体（坡趾，也叫坡脚），整个山体处于稳定状态。若在上覆岩土体上面再增加载荷（如建一些建筑物或堆积许多重物）或在坡脚处进行开挖，减少了阻挡作用，在这两种情况下，滑坡就有可能发生了。认识到这个道理，反过来想，人类活动也可以防止产生滑坡，如减轻上覆岩土体的重量（头轻），或增加坡脚的阻碍作用（脚稳）。产生滑坡的基本条件是斜坡体前有滑动空间，加强阻挡作用，可以减缓滑坡的产生。

● 汶川县映秀镇沿岷江山体滑坡。汶川地震发生在陡峭的山区，地震引起了周围山体的滑坡，规模大，数量多，滑坡时产生的巨大空气冲击波可达滑坡前缘100 m以外，这在世界地震灾害史上是少见的。地质灾害造成的损失，可达地震总损失的1/3。这次地震带给人们一个重要教训：必须重视地震灾害引起的灾害链（图源：郭华东供图）

预防滑坡的方式有以下几种：①减轻滑坡面上方的质量；②增加滑坡面下方的滑动阻力；③在滑动面用抗滑桩方法固定，同时设立排水管道。

地球上绝大部分滑坡的发生都与水有关（数量多），但大规模的滑坡主要与地震有关（规模大），人为活动引起的滑坡，尽管数量不少，但规模都不大。

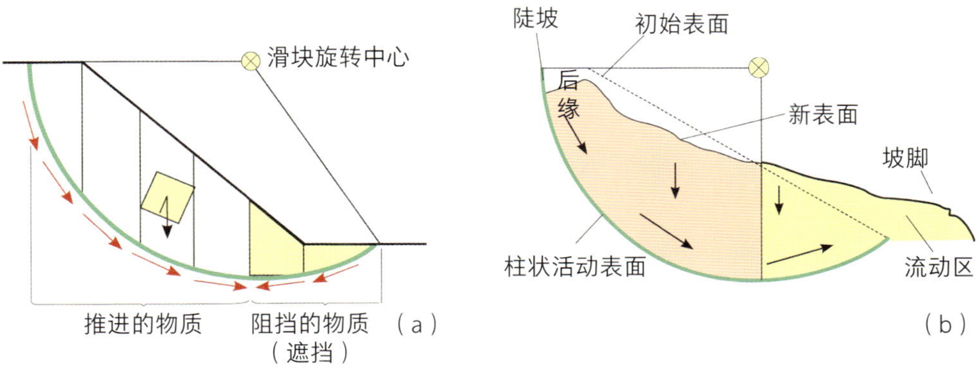

● 人为开挖产生滑坡示意图。
（a）山体中有一个潜在的滑动面（绿色线），正常时，山体处于稳定状态；
（b）在山坡上建造房屋，或在滑动体前缘（坡脚）进行开挖，山体失稳，发生滑坡

● 2005 年四川丹巴通过增加坡脚的阻碍作用避免滑坡。当滑坡仍在变形滑动时，可以在滑坡后缘拆除危房，清除部分土石，以减轻滑坡的下滑力，同时可以把后缘清除的土石堆放于滑坡前缘，作为障碍物达到压脚的效果，不给滑坡体前留下滑动空间（图源：孙文盛供图）

● 人工开挖山坡导致滑坡

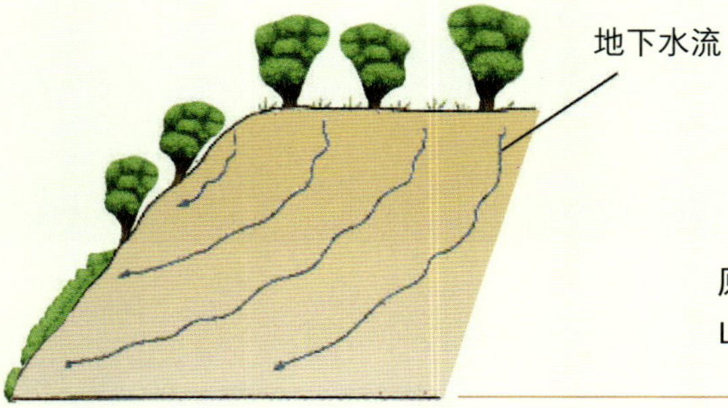

原始的山坡，地下水流的渠道在山坡内形成了一些潜在的滑动面

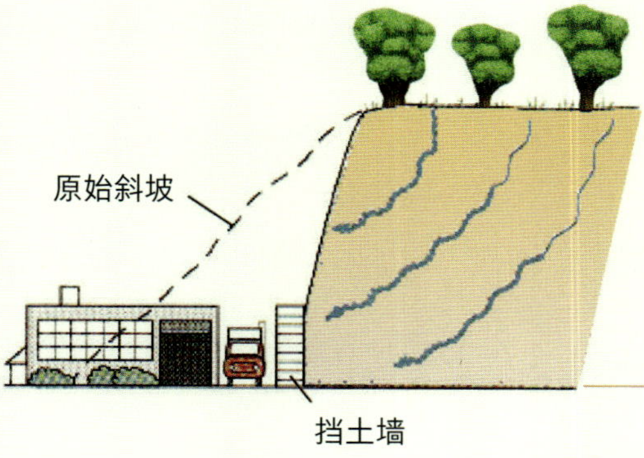

人工开挖山坡，在山坡附近的平地建筑房屋

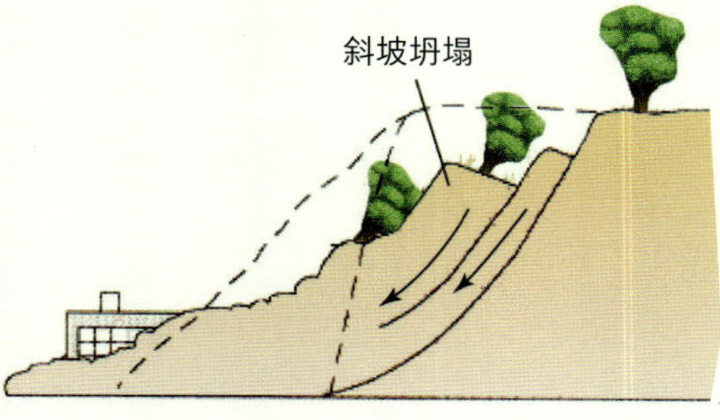

沿潜在的滑动面发生滑坡，掩埋建筑物

预防滑坡的方式

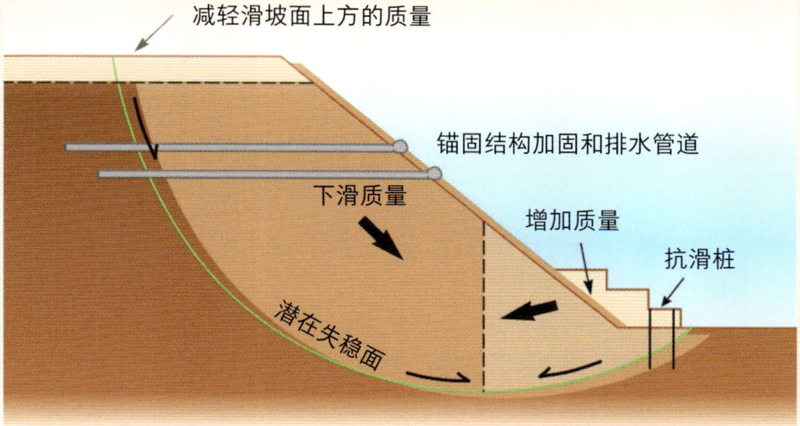

泥石流

泥石流是指由于降水（暴雨、冰川、积雪融化水）在沟谷或山坡上产生的一种挟带大量泥砂、石块和巨砾等固体物质的特殊洪流。其汇水、汇砂过程十分复杂，是各种自然和（或）人为因素综合作用的产物。泥石流具有突然性以及流速快，流量大，物质容量大和破坏力强等特点。发生泥石流常常会冲毁公路铁路等交通设施甚至村镇等，造成巨大损失。

● 摄影作品《奥马伊拉的痛苦》。1985 年哥伦比亚鲁伊斯火山爆发，12 岁的小姑娘奥马伊拉被引发的泥石流浸泡了 60 个小时，她后来终因无法抢救而停止呼吸，美国摄影记者弗朗克 · 福尼尔（Frank Fournier）在现场拍下的令人心碎的一幕

泥石流是山坡上大量泥砂、石块等经山洪冲击而形成的突发性急流。泥石流经常发生在山区的峡谷地带，在暴雨期具有群发性。1985 年，哥伦比亚的鲁伊斯火山泥石流，以 50 km/h 的速度冲击了近 30000 km^2 的土地，包括城镇、农村、田地，阿梅罗镇成为废墟。这次泥石流造成 2.5 万人遇难，15 万头家畜死亡，13 万人失去家园，经济损失高达 50 亿美元。

2010 年 8 月 7 日 22 时，中国甘肃省舟曲县突降强降雨，县城北面的三眼峪和罗家峪同时暴发泥石流，共造成 1144 人遇难，600 人失踪。泥石流的形成必须同时具备地形、松散固体物质和水源三个条件，三者缺一不可。

（1）孕育泥石流的地区一般地形陡峭，山坡的坡度大于 25°，沟床的坡度不小于 14°。巨大的相对高差使得地表物质处于不稳定状态，容易在外力（降雨、冰雪融化、地震等）触发作用下，发生向下的滑动，形成泥石流。

（2）泥石流流域的斜坡或沟床上必须有大量的松散堆积物，才能为泥石流的形成提供必要的固体物质。作为泥石流主要成分之一的固体物质的来源有：滑坡、崩塌的堆积物，山体表面风化层和破碎层、坡积物、冰积物以及人工工程的废弃物等。

（3）水不但是泥石流的重要组成部分，而且也是决定泥石流流动特性的关键因素。因此夏季暴雨是泥石流最主要的水源，其次的水源来自冰雪融化和水库溃坝等。

（上）甘肃省舟曲 2010 年 8 月发生特大泥石流；（下）灾后在现场的悼念活动

● 泥石流流域分区（图源：孙文盛供图）

一个完整的泥石流流域可以分成为汇水区、形成区和堆积区。

在汇水区，大量积聚的泥沙、岩屑、石块等在水分的充分浸润下，沿着斜坡（更主要是沿着谷地）开始流动。在形成区，泥石流在向下流动中不断发展，沟内某些薄弱段的块石等固体物松动、失稳，被猛烈掀揭、铲刮，并与水流搅拌而形成泥石流。当大量的降雨在山坡上的时候，山坡坡面土层在暴雨的浸润击打下，土体失稳，沿斜坡下滑并与水体混合，侵蚀下切而形成悬挂于陡坡上的坡面泥石流。堆积区，多是地形较为开阔的地区，这里泥石流流速变慢，发生堆积，堆积区由于流域内来沙量的增长而不断扩展，逼近泥石流的下游，经常淹没或堵塞河道，造成原来的河道改道和变形。泥石流的形成、发展和堆积是地表的一次破坏和重新塑造的过程。

从泥石流产生过程来看，连续的暴雨是造成泥石流的自然原因，而乱砍滥伐森林，造成山体表面水土流失严重，是酿成泥石流灾难的人为原因之一。

泥石流中固体物质的大小不一，大的石块直径可在 10 m 以上，小的泥沙颗粒只有 0.01 mm，大小颗粒粒径相差 1×10^6 倍！泥石流中固体物质的体积比例变化范围很大，小至 20%，大到 80%，因此泥石流的密度可以高达 1.3～2.3 t/m^3。

如果把其中的固体物质叫作“石”，把含水的黏稠泥浆叫作“泥”的话，泥石流按其“泥”和“石”的相对比例，可分成稀性泥石流、黏性泥石流和过渡性泥石流三类。

● 黏性泥石流。“泥”少“石”多，水不是搬运介质，而是组成物质，稠度大。石块呈悬浮状态，暴发突然，持续时间短，破坏区域有限（图源：黄润秋供图）

● 四川盐源塘房沟泥石流中直径达 3 m 的石块（图源：崔鹏供图）

● 稀性泥石流“泥”多“石”少，以水为搬运介质，土、石含量少，有很大的流动性（图源：黄润秋供图）

泥石流分类

类别	固体物质比例 / %	密度范围 / (t/m^3)	流动性
稀性泥石流	20～40	1.3～1.6	强
黏性泥石流	50～80	1.8～2.3	弱
过渡性泥石流	40～50	1.6～1.8	中等

泥石流在我国分布十分广泛。特别是斜贯我国辽、京、冀、晋、陕、甘、鄂、川、滇、贵、渝等省（区、市），地处中国西部高原山地向东部平原、丘陵的过渡地带。区域内地形起伏变化大、河流切割强烈、暴雨集中，加之人类对天然植被的严重破坏和对地表斜坡的广泛改造以及搬运岩土等活动，滑坡、泥石流特别发育，分布密度大，活动频繁，是我国滑坡、泥石流等灾害最严重的地区。

滑坡和泥石流在全世界都有广泛的分布。亚洲的山区面积占总面积的 3/4，地表起伏巨大，为滑坡和泥石流形成提供了巨大的能量和良好的能量转化条件。滑坡和泥石流分布密集或较密集的国家有中国、哈萨克斯坦、日本、印度尼西亚、菲律宾、格鲁吉亚、印度、尼泊尔、巴基斯坦等近 20 个国家。

在自然状态下，纯粹由自然因素引起的山区地表侵蚀过程非常缓慢，因此坡地还能保持完整。在人类活动影响下，把只适合林业和牧业利用的土地也辟为农田，大量开垦陡坡，以至陡坡越开越贫，越贫越垦。为了开垦更多的土地乱砍滥伐森林，甚至乱挖树根、草坪，树木锐减，使地表裸露，这些都加重了水土流失，使边坡稳定性降低，引起滑坡、塌方、泥石流等更严重的地质灾害。

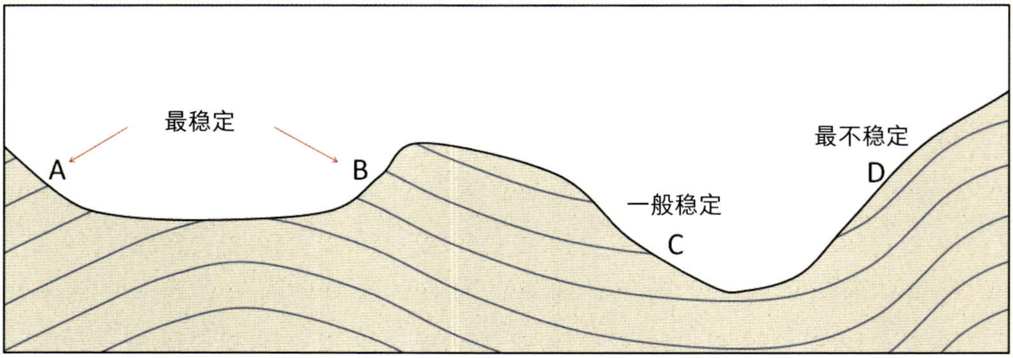

地质剖面图中对于滑坡和泥石流，A 和 B 是安全的地点，C 是危险的地点，D 是极端危险的地点

● 泥石流时要往高处跑。雨季是泥石流多发季节（雨天提防泥石流）。泥石流发生时，不要试图和泥石流赛跑，应马上往与泥石流成垂直方向两边的山坡上跑，跑得越高越好，跑得越快越好（图源：孙文盛供图）

岷江上游五县（理县、松潘、黑水、汶川、茂县），森林覆盖率在元朝时为 50%左右，新中国成立初期为 30%，20 世纪 70 年代末降至 18.8%，森林生态系统遭到极大破坏，出现干热河谷景象。尽管目前森林覆盖率有所上升，但生态系统已难以恢复。1981 年岷江上游五县雨季暴发的 129 起泥石流，都与流域内森林过度采伐造成的生态系统破坏有直接关系。

泥石流暴发突然猛烈，持续时间不长，通常几分钟就结束，时间长的也就一两个小时。泥石流较难预报，易造成较大伤亡，因此，万一没有做出预报，在遭遇泥石流之后采取正确的方法避险、逃生是非常重要的。泥石流不同于滑坡、山崩和地震，它是流动的，冲击和搬运能力很大，所以，如果突遇泥石流，要迅速转移到高处，千万不要顺沟方向往上游或下游跑，要向两边的山坡上跑。另外，不应上树躲避，因泥石流不同于一般洪水，其流动中可切除沿途一切障碍，上树逃生不可取。

YEMAKECHE

落石

山区公路往往临近陡峭的山体，在降雨、刮风和地震等外界因素的影响下，经常会有山上的岩石滚下山来，这是重力作用的结果。落石给交通和行人带来了危害。

高处落石的势能转化为动能，因此，高山的落石，高度越高，下落的能量越大，速度越快，到地面后滚动的范围越大，破坏越大。

● 汶川地震中被落石砸坏的北川县铁轨与汽车

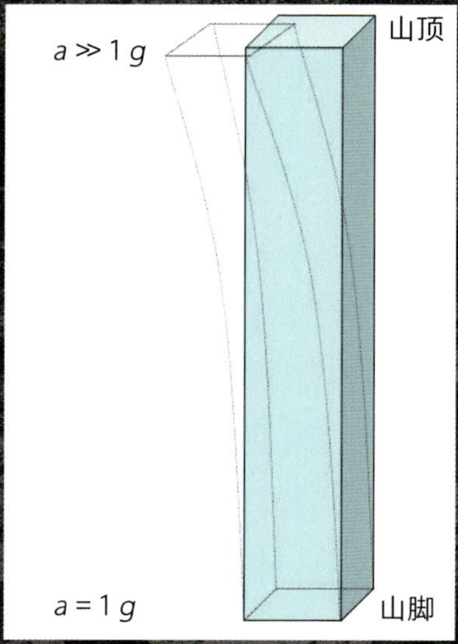

● 地震中发生落石的原理。汶川强烈地震时，山脚下记录的地面运动峰值加速度（PGA）接近 1 g（g 为地球重力加速度，1 $g \approx 9.8\ m/s^2$，当地面以 1 g 运动时，站在地面上的人会被抛起来），此时山顶的 PGA 一定大于 1 g，山顶的部分岩石会被剥离，进一步会被抛出

● 汶川地震后从山上滚落的石块。这块石块重 100 t 以上，具有新鲜的破裂面（图中箭头所示），说明它们原是山顶上完整石头的一部分，地震强烈的震动将它们从原来的岩石上剥离，抛了出来（图源：黄润秋供图）

对临近公路的陡峭的山体进行锚桩加固并设置警告牌

地面塌陷

地面塌陷是指上覆岩层发生破坏，岩土体下陷或塌落在地下空洞中，并在地表形成不同形态的塌坑。重力是塌陷的基本原因，而地下空洞的存在是地面塌陷的空间条件。

地面塌陷是地下矿产采空区或喀斯特区常见的一种自然灾害。据不完全统计，全国有 23 个省（自治区、直辖市）发生岩溶塌陷，共 1400 多起，塌坑总数超过 4 万个。

● 重庆小寨天坑位于重庆市奉节县小寨村，是世界上仅有的三例超级天坑（深度和宽度均超过 500 m）之一。小寨天坑坑口地面标高 1331 m，深 666.2 m，坑口直径 622 m，坑底直径 522 m。坑壁四周陡峭，在东北方向峭壁上有小道通到坑底。站在坑底抬头仰视看到蓝天，颇有“坐井观天”之感

自然界的地下水和空气中的 CO_2 结合，在水中生成碳酸（H_2CO_3），含 H_2CO_3 的水流经碳酸岩地区，将不溶于水的碳酸钙（$CaCO_3$）变成了溶于水的碳酸氢钙 [$Ca(HCO_3)_2$，$H_2CO_3+CaCO_3=Ca(HCO_3)_2$]，并随着水流流往别处。这样，原来的 $CaCO_3$ 变为 $Ca(HCO_3)_2$ 后被水带走，地下形成了空洞（喀斯特岩洞），相邻的空洞连通，可能形成地下河。而被带走的 $CaCO_3$，由于 $Ca(HCO_3)_2$ 的化学不稳定性，在新的地方又还原为 $CaCO_3$[$Ca(HCO_3)_2=CaCO_3+H_2O+CO_2$]。在漫长的岁月中，上面的变化不断重复发生，形成了今天令人叹为观止的喀斯特溶洞。溶洞在地下水位波动频繁的位置被侵蚀破坏形成塌陷。坍塌边沿和空洞

● 危地马拉城因暴雨发生地面塌陷。近年来，随着城市化的发展，地下水网的漏水冲出地下的空洞，导致地面塌陷，尽管规模不大，但破坏却很大。现在城市的地面塌陷、地面沉降现象与其说是自然灾害，不如说是人为导致（图源：Daniel Leclair/ 路透社）

边沿基本形成上下对应关系。由喀斯特溶洞形成的坍塌一般形成塌落洞，洞成筒状或柱状。在地下河强烈的溶蚀侵蚀作用下，地下空洞上方岩层的不断崩塌直到地表，就形成了地球表面的巨大的塌陷坑。人们往往把它称为“天坑”。重庆小寨天坑就是这种地质奇观的代表。

小寨天坑是地下河的一个“天窗”。天坑内不仅有众多暗河，还有四通八达的密洞以及大量珍奇的动植物和古生物化石，名震中外的“巫山猿人”化石，就是在距小寨天坑二三十千米外的巫山龙骨坡发现的。天坑是一种特殊的地质现象，一般出现在碳酸岩多的喀斯特地貌地区。小寨天坑容积约为 1.2 亿 m^3，它围壁圆满，体量巨大，深度为 521～662 m，宽度为 535～625 m，从深度和容积两个指标看，都是

2020年1月13日，青海西宁市城中区南大街发生路面坍塌，一辆公交车陷入其中，造成 10 人遇难，17 人受伤（图源：新华社）

真正的“世界第一天坑”。小寨天坑入选首批中国国家自然遗产、国家自然与文化双遗产预备名录。现在天坑的英文名字，也采用中国拼音的“TianKeng”。

随着地下矿产资源不断加速开采，当这些地下采空区顶部的岩石被破坏时，地面塌陷就发生了。水在地面塌陷中起着非常重要的作用。城市中地下水管的泄漏，会带走大量的土壤，形成地下空洞，进而造成地面的塌陷。随着城市化的发展，地下水泄漏和冲刷形成的城市地面塌陷也越来越多。这是所有城市市政建设面临的新问题。

目前中国城镇化率已接近 70%，城市道路结实的骨骼，让人踏实地行走在上面。2022 年 7 月，住房城乡建设部启动首批针对城市塌陷问题的“城市体检”工作，长沙、广州、南京等 11 个城市为试点城市。

● 雪线是常年积雪带的下界。雪线以上年降雪量大于年消融量，形成常年积雪区；雪线以下，气温较高，全年冰雪的补给量小于消融量，不能积累多年冰雪，只能是季节性积雪区；在雪线附近，年降雪量等于年消融量，达到动态平衡。雪线高度从低纬向高纬地区降低。雪线高度也取决于年降水量的多少。在青藏高原，雪线附近的年降水量为 500～800 mm，雪线高 5500～6000 m；阿尔卑斯山脉雪线附近的年降水量达 2000 mm，雪线高度仅 2700 m 左右。雪崩是积雪山区的一种严重自然灾害（图源：Cleveland Museum of Art，https://clevelandart.org/art/2018.216 [2024-10-08]）

雪崩

在积雪的山区，重力引起地表雪的运移产生雪崩。雪崩是一种所有雪山都会有的地表冰雪迁移过程。造成雪崩的主要原因是山坡积雪太厚。积雪经阳光照射以后，表层雪融化，雪水渗入积雪和山坡之间，从而使积雪与地面的摩擦力减小；与此同时，积雪层在重力作用下，开始向下滑动。积雪山坡上，重力将雪向下拉，而积雪的内聚力却希望能把雪留在原地。当内聚力抗拒不了重力时，雪崩就发生了。

雪崩首先从覆盖着积雪的山坡雪线上部开始。先是出现一条裂缝，接着巨大的雪体开始滑动。雪体在向下滑动的过程中，迅速获得速度向山下冲去。雪崩速度最大可达100 m/s（12 级的风速度仅为 33～35 m/s）。雪崩具有突发性、运动速度快、破坏力大等特点。它能摧毁大片森林，掩埋房舍、交通线路、通信设施和车辆，甚至能堵截河流，使河流发生临时性的涨水；同时，它还能引起山体滑坡、山崩和泥石流等可怕的自然灾害。因此，雪崩被列为积雪山区的一种严重自然灾害。

大多数的雪崩都发生在冬天或者春天降雪非常大的时候。雪崩的严重程度取决于雪的体积、温度、山坡走向，尤其重要的是坡度。最可怕的雪崩往往产生于倾斜度为25°～50° 的山坡。如果山势过于陡峭，就不会形成足够厚的积雪，而斜度过小的山坡也不太可能产生雪崩。比起泥石流、洪水、地震等灾难发生时的狰狞，雪崩真的可以形容为“美”得惊人。雪崩发生前，大地总是静悄悄的，美丽的背后隐藏的是可以摧毁一切的恐怖。雪崩的威力被称为“白色妖魔”，它的冲击力量非常惊人，会以极快的速度和巨大的力量卷走前面的一切。有些雪崩会产生足以横扫一切的粉末状的摧毁性雪云。雪崩是自然界中非常受人们关注的现象，法国哲学家伏尔泰说过：“雪崩，没有一片雪花觉得自己有责任（No snow flake in an avalanche ever feel responsible）”。

雪崩对高山探险威胁很大，探险队伍在高山探险遇到雪崩常常会造成整个探险队伍“全军覆没”。第一次世界大战的时候，意大利和奥地利在阿尔卑斯山地区打仗，双方死于雪崩的人数不少于四万。双方经常有意用大炮轰击积雪的山坡，人为制造雪崩来杀伤敌人。

1970 年秘鲁大雪崩是 20 世纪十大自然灾害之一。秘鲁是一个多山的国家，山地面积占全国总面积的一半，著名的安第斯山脉的瓦斯卡兰山峰就在秘鲁，其山体坡度较大，峭壁陡峻。山上常年积雪，“白色死神”常常降临于此。1970 年 5 月 31 日，这里发生了一次地震，并诱发了一次大规模的雪崩。

地震把山峰上的岩石震裂、震松、震碎，瞬时冰雪和碎石犹如巨大的瀑布，紧贴着悬崖峭壁倾泻而下，几乎以自由落体的速度塌落了 900 m 之多。巨大的冰雪流以极高的速度急驰而下，犹如一条冰雪巨龙，以 300～400 km/h 的速度疯狂地向山下冲去。在强大气浪的震动和冲击下，沿途的积雪纷纷落下，汇成的冰雪巨龙越来越大。崩塌而来的雪量已达到了 3000 万 m^3，其中携带着数百万立方米的岩石碎屑，形成高达近百米的龙头，继续呼啸着向山下河谷、城镇冲去。一路所过，河流被截，道路被堵，城镇摧毁，农田被淹……

地震、雪崩和泥石流给秘鲁人造成了惨重的损失。这场大雪崩所形成的冰雪巨流横扫了 14.5 km 的距离，将瓦斯卡兰山下的容加依城（Ranrahirca）全部摧毁，受灾面积达 23 km^2。地震中遇难人数 1.2 万人，由地震引发的雪崩中遇难人数为 2 万多人，由地震引发的泥石流中遇难人数约 2 万人，合计死亡人数达 5.2 万人之多，造成的经济损失达 5 亿多美元。

在雪崩中，更可怕的是雪崩前面的气浪。雪崩由于从高处以很大的势能向下运动，会形成一层气浪，有些类似于原子弹爆炸时产生的冲击波，气浪所到之处，房屋被毁、树木消失、人窒息而死。因此，有时雪崩体本身未到，而气浪已把前进路上的一切阻挡物冲得人仰马翻。1970年的秘鲁大雪崩引起的气浪，把地面上的岩石碎屑吹到了天上，竟然叮叮咚咚地下了一阵“石头雨”。

为什么人们称雪崩是“白色妖魔”？

秘鲁雪崩带下来的重达700 t的花岗闪长岩。1970年5月31日，秘鲁的安第斯山脉的瓦斯卡兰山峰附近发生了地震，诱发了一次大规模的雪崩。在瓦斯卡兰山下，有一座容加依城，当雪崩刚刚发生之时，容加依城刚刚被地震袭击，人们正在忙着抢救自己的亲人，有的准备逃离危险之地以躲避灾祸。这时，带着强大冲击力的气浪迎面袭来，把人们全部推倒在地。顷刻，冰雪巨龙呼啸而至，大多数人被压死在冰雪体之下。快速行进中的冰雪巨龙，形成的强大的空气压力，使许多人窒息而死（图源：USGS）

对雪崩可以采取人工控制的方法加以预防。人们总结了很多经验教训后，对雪崩已经有了一些防范的手段。比如对一些危险区域发射炮弹，实施爆破，提前引发积雪还不算多的雪崩，还有设专人监视并预报雪崩等。如阿尔卑斯山周边国家都在容易发生雪崩的地区都成立了专门组织，设有专门的监测人员，探查它形成的自然规律及并采取预防措施。

阿尔卑斯山预防雪崩的雪障（图源：Pixabay）

18 世纪前后，出现了三位伟人：莱伊尔（英国皇家学会会长，1793—1875，享年 78 岁）、达尔文（《物种起源》作者，1809—1882，享年 73 岁）、马克思（《资本论》作者，1818—1883，享年 65 岁），三位去世的时间前后差不到 8 年。他们共同关心的问题是自然现象的变化，是渐变还是突变。

这三位伟人都指出，无论地质作用还是社会现象，多数的变化是连续、渐进和缓慢的，而特殊的原因下可能发生突变。这指明了一种减轻灾害的方向：当滑坡、泥石流、雪崩处在渐变过程时，有许多预防措施可以实施，而当突变发生时，则应该采取及时的救援措施。不同时间做不同的事情，抢在时间前面更为重要。

第十章 近地空间

太阳系

月亮

空间天气

恐龙灭绝

空间利用

院士导读

太阳系

“近地空间”是指与地球上人类生活密切相关的那部分空间：从太阳到地球，也叫作日地空间，它是人类目前能够直接探测的一个空间。科学界一般把在地球大气层的航行活动称为“航空”，在太阳系内的航行活动称为“航天”，而把太阳系外的航行活动称为“航宇”。

太阳

太阳系中太阳是一颗自身能够发光发热的恒星，它是一颗庞大炽热的气质球体，太阳表面的温度大约是 5800 K（5500℃），直径约 140 万 km，相当于地球直径的 109 倍。太阳的形状接近理想的球体，质量大约是 2×10^{30} kg，为地球的 33 万多倍，巨大质量形成的引力，把太阳系中其他成员牢牢地吸住，使它们按轨道围绕着太阳旋转。以平均距离算，光从太阳到地球大约需要经过 8 分 19 秒。

太阳是太阳系空间活动的最主要的能量来源（图源：NASA）

太阳之所以能发光发热，是因为太阳内部有大量氢元素。氢原子是自然界最小的原子，原子核中只有一个质子，原子核外有一个电子。但是，氢原子核里的中子个数可以不同，据此可以把氢元素分为三种同位素，分别是没有中子的氕、一个中子的氘、两个中子的氚。

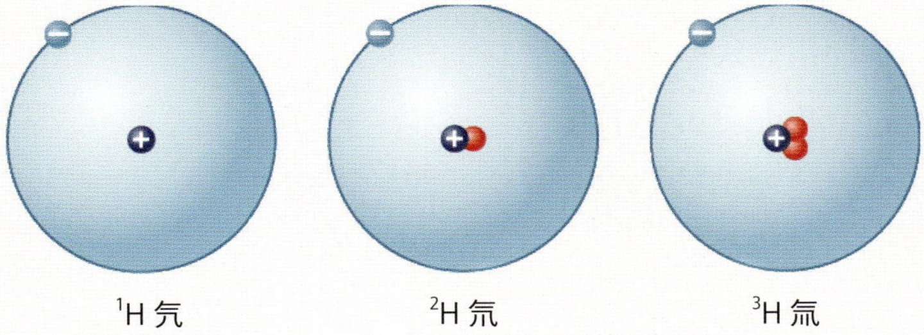

● 氢元素的三种同位素

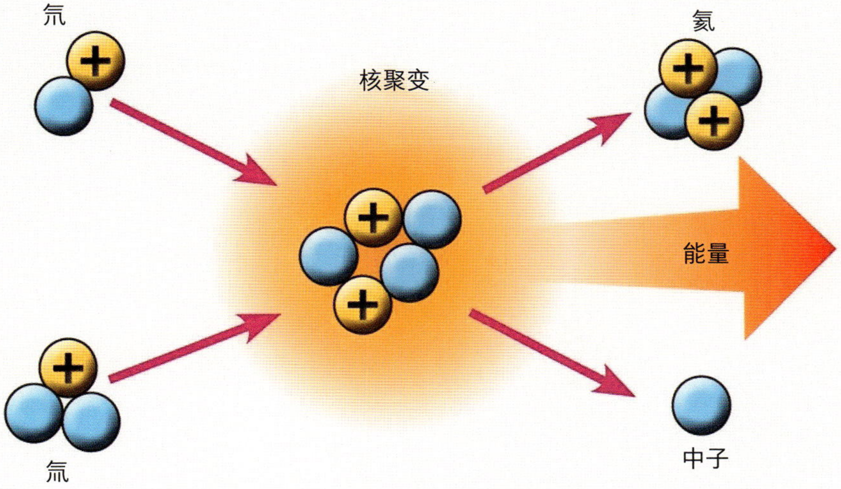

● 聚变反应示意图。在极高的温度下，氘和氚原子核可以发生聚变反应，生成一个氦原子和一个中子，同时释放巨大的能量。这些能量就通过辐射的形式散发到空间中

地球距离太阳约 1.5 亿 km，整个地球接收到的能量仅是太阳辐射能量的 22 亿分之一，即便如此，辐射到地球的太阳能，不仅支持了地球上所有生物的生长，也支配了地球的气候和天气，把地球变得欣欣向荣。

太阳系是一个受太阳引力约束在一起的天体系统。太阳占据了太阳系所有已知质量的 99.86%，其余的天体总质量还不到太阳系的 0.14%。

环绕太阳的天体分为三类：行星、矮行星和小天体。

● 太阳和太阳系的行星。图中仅大小按比例绘制，距离不按比例。在太阳系内以天文单位（AU）来表示距离，1 AU 是地球到太阳的平均距离，大约是 149597871 km。在太阳系外用光年表示距离，1 光年大约相当于 63240 AU。行星按离太阳的距离的排序是：水星（0.39 AU）、金星（0.72 AU）、地球（1 AU）、火星（1.5 AU）、木星（5.2 AU）、土星（9.6 AU）、天王星（19 AU）和海王星（30 AU）。按照与太阳由近到远的顺序，地球排名第三，位于水星和金星之后；要是按照大小排序，地球在八大行星中只能排到第五。如果太阳至海王星的距离是 100 m 的尺度，那么太阳只是一个直径大约 3 cm 的小球（大约高尔夫球直径的三分之二），木星和土星的尺度都将小于 3 mm，而地球在这种规模下会比一只跳蚤（0.3 mm）还要小得多（图源：NASA）

行星是环绕太阳且质量够大的天体。这类天体一是有足够的质量使其本身的形状成为球体，二是有能力清空邻近轨道的小天体。太阳系能成为行星的天体有八个：水星、金星、地球、火星、木星、土星、天王星和海王星。在太阳系形成的初期，小行星不断碰撞、合并、变大，直到在一个运行轨道上只剩下一个大的星球，这就是我们所说的行星。

矮行星是指质量较小且没有能力清空邻近轨道的小天体，冥王星就是一颗矮行星。

环绕太阳运转的其他天体都属于太阳系小天体。小天体是 45 亿年前行星形成时的剩余物，大多数位于火星和木星轨道之间的小行星带，距离太阳 2.3～3.3 AU。尽管小天体数量多，但小天体带仍是非常空旷，太空船经常飞越这个区域，目前尚未发生碰撞事件。卫星（如月球之类的天体），不是环绕太阳而是环绕行星，所以不属于太阳系小天体。

太阳自恒星“育婴室”诞生以来已经 45 亿岁了，而现有的燃料预计还可以燃烧 50 亿年之久。太阳对人类而言至关重要，地球大气的循环、昼夜与四季的轮替、地球冷暖的变化都是太阳作用的结果，古代神话传说也多有太阳的影子。通过对太阳的研究，人类可以推断宇宙中其他恒星的特性，人类对恒星的了解大部分都来自于太阳，对宇宙的探索，主要还是在太阳系内，太阳系内所有的行星都已经被由地球发射的太空船探访。

● 八大行星大小比例。按大小排序，依次是木星、土星、天王星、海王星、地球、金星、火星和水星（图源：NASA）

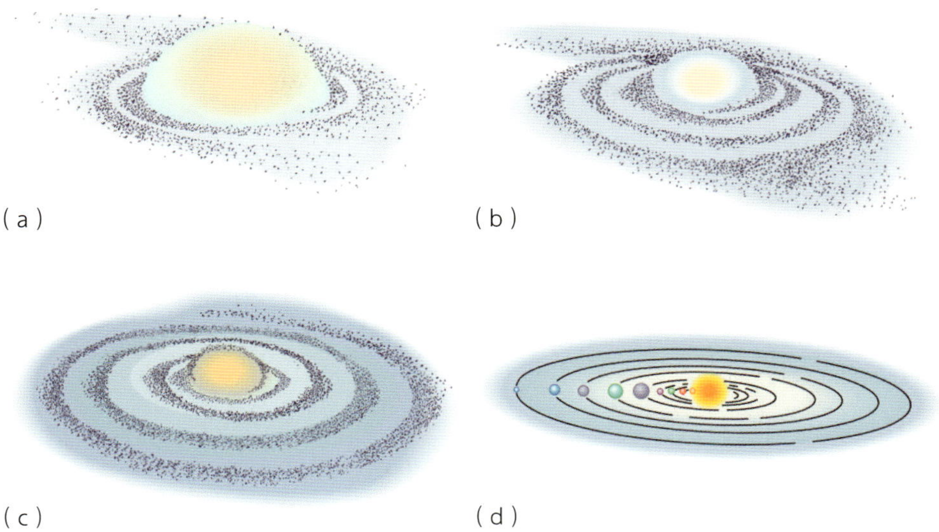

● 太阳系起源的假说。(a)最初，大量的冰、气体和碎片形成像云一样的物质围绕太阳旋转；(b)慢慢这些物质聚合到一个旋转的平面上；(c)相互间的碰撞和黏结，这些物质合并越来越大，行星开始形成；(d)点燃的太阳由行星围绕，太阳系形成

● 三星堆太阳神鸟显示了中国古人对太阳的崇拜。人类塑造出的最早的神是太阳神，最早的崇拜是太阳崇拜。原始人类关注的两大主题是：生与死。生是一种永恒的渴望；而关注死，是希望再生。因此古代先民们对具有长生不死以及死而复生能力的万物非常崇拜，太阳每天清晨从东方升起（重生），给自然以光明和温暖，傍晚从西边落下（死亡），给自然以黑暗与死寂，具有死而复生的能力，以及给万物以生机的能力

● 小行星带（小天体带）。在火星轨道和木星轨道间，集中分布着数以百万计的小天体，大的直径几千米，小的几米，数量很多，这就是小天体带。它们被认为是太阳系形成时遗留下的物质，受到太阳系质量最大的行星——木星的引力干扰而不能凝聚成形的“失败”行星，小天体带的总质量估计不会超过地球的千分之一（图源：NASA）

太阳光球上的耀斑（图源：NASA）

太阳风暴

太阳风暴，是指太阳上出现太阳耀斑、太阳黑子和太阳日冕物质抛射等太阳爆发活动，像风暴一样影响太阳系内的电磁空间环境。太阳风暴本质上是一种电磁风暴。人们用肉眼观察太阳，只能看到一个极亮的圆盘，称为光球。在光球之上可见的，第一是耀斑，第二是太阳黑子。

太阳耀斑是在太阳表面上，突然出现迅速发展的亮斑闪耀，其寿命仅在几分钟到几十分钟之间，亮度上升迅速，下降较慢。特别是在太阳活动峰年，耀斑出现频繁且强度变强。

别看耀斑只是太阳表面上的一个亮点，一次耀斑增亮释放的能量相当于数百亿枚原子弹的爆炸能量。除了太阳表面局部突然增亮的现象外，耀斑更主要表现为整个太阳系空间的电磁辐射发生变化。

太阳黑子是太阳光球上的黑点，它们在可见光下呈现比周围区域更暗的斑点。它们是由高密度的磁性活动抑制了太阳对流的激烈活动，在表面形成温度降低的区域。虽然它们的温度仍然大约有 3000～4500 K，但是与周围 5800 K 高温的物质对比之下，它们清楚地显示为黑点。如果将黑子与周围的光球隔离开来，黑子会比一个电弧更为明亮。当它们在太阳表面横越移动时，会膨胀和收缩，直径可以达到 80000 km，因此在地球上不用望远镜也可以直接看见。

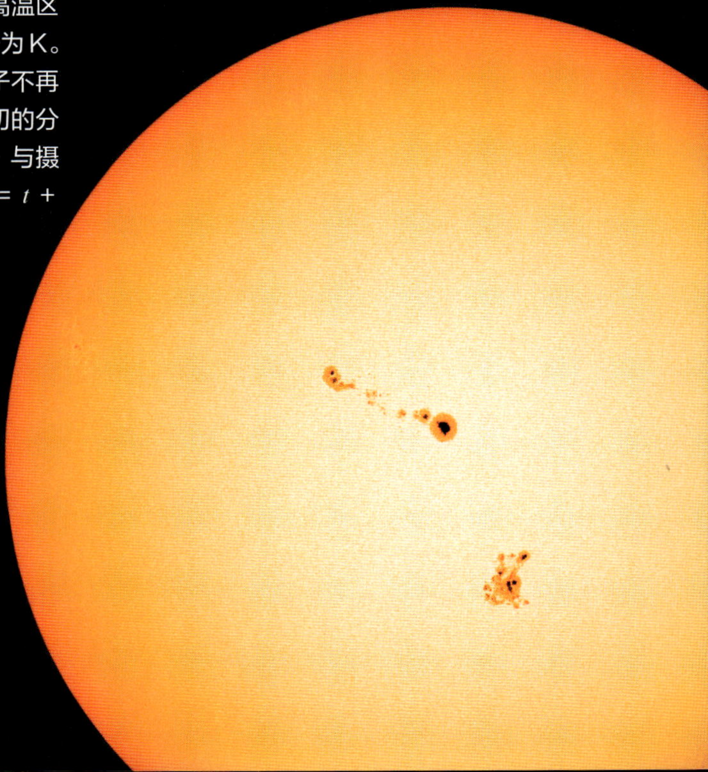

● 2017 年 9 月 4 日的太阳黑子影像。太阳表面的局部地区，受到太阳磁性活动的抑制，形成温度降低的区域，显示为太阳表面的“黑子”。虽然黑子区域温度仍然大约有 3000～4500 K，但与周围 5800 K 的高温区域相比，仍显示为黑点。[绝对温度，符号为 K。绝对零度代表着在此温度之下，物质分子不再具有任何能量来进行热运动，也就是一切的分子都会停止活动。绝对温度 T（开尔文）与摄氏温度 t（摄氏度）的数量关系是：$T = t + 273.15$]（图源：NASA）

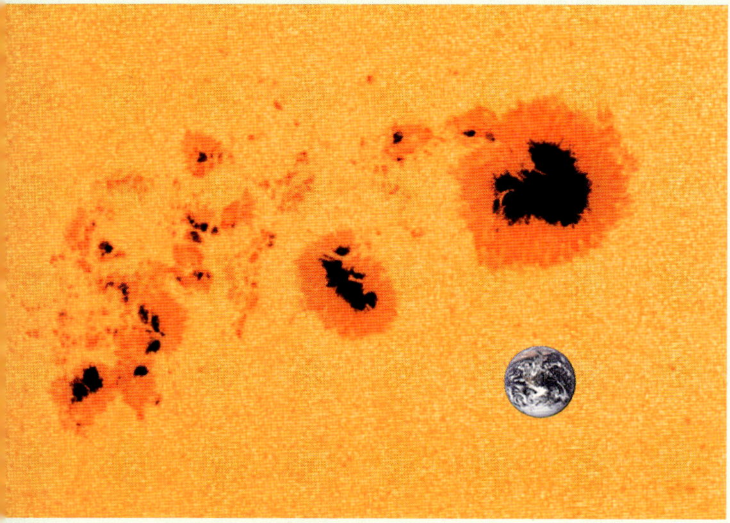

● 2014 年 1 月美国国家航空航天局的太阳动力学天文台拍摄到的太阳黑子群 AR1944。为了显示黑子群的大小，图上增加了地球的图像作为尺度对比。太阳黑子在太阳表面不断移动，会膨胀和收缩，直径可以达到 80000 km（图源：NASA）

太阳黑子很少单独活动，常是成群出现。在太阳上可以看得见的太阳黑子数量并不是固定的，它以平均约 11 年的周期变化，活跃时会对地球的磁场产生影响，导致地球电离层和大气层的变化，严重时会对各类电子产品和电器造成损害。

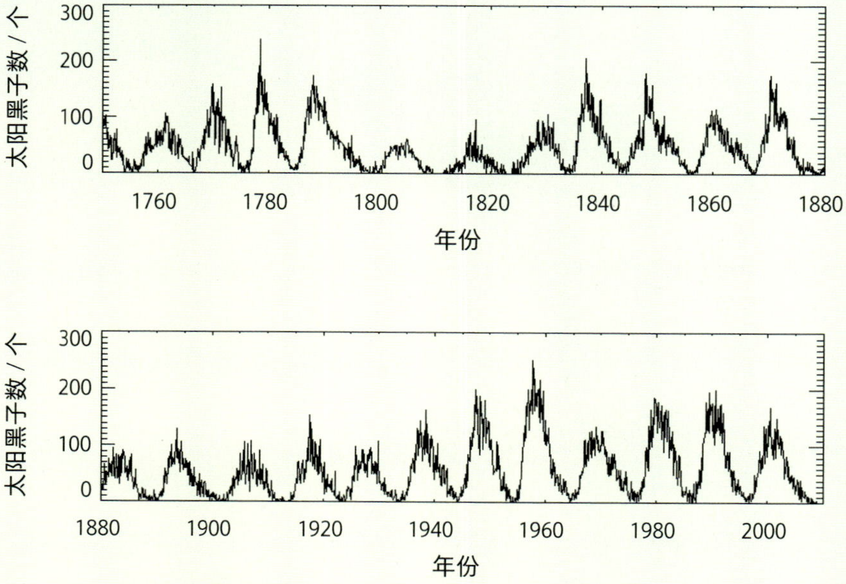

● 1750 年以来每年的国际太阳黑子数，显示太阳黑子有大约 11 年的周期，数量从接近 0 增加到超过 100 个，而后又再次减少到接近 0（图源：NASA）

● 日食时，月球挡住了光球，可以观测到太阳周围有向外放射的光芒，向外冲出的完全电离的气体，就是太阳的大气——日冕。日冕物质抛射是最重要的太阳活动现象。每次抛射的物质总量可达上百亿吨，喷出的范围比几十个地球的直径还要大。日冕抛射的物质主要是带电粒子流，带电粒子流充满整个太阳系，这就是太阳风。在地球上，每年至少有两次日食发生，发生时太阳完全被月亮遮挡的时间能持续 8 分钟，对于多数人来说，这是唯一可以看到太阳外层大气的时候。图为 1999 年法国的日全食

谈过了太阳的光球，再谈谈太阳的大气。

“太阳风”是从太阳日冕层——太阳大气的最外层中发生强大的高速运动的带电粒子流。日冕是太阳最外一层大气，温度比太阳光球部分（太阳最里的一层大气）高 300 倍左右。在这样高的温度下，日冕中的质子和电子就会由于日冕膨胀而向外运动。这些带电的粒子，运动速度每秒达 350 km 以上，最高每秒达 1000 km。尽管太阳的引力比地球的引力大 28 倍，但这样高速的粒子流，仍有一部分要冲脱太阳的引力，像阵阵狂风不断地吹向行星星际空间，所以人们称它为“太阳风”。

强劲的太阳风“吹”向地球的时候，将对地球产生一系列的影响，如地球磁场的变化、极光的产生等。

太阳发光，照亮了整个太阳系。一旦太阳出现耀斑和日冕物质抛射等爆发活动，就形成了太阳风暴，对太阳系的空间环境产生重大影响。“太阳咳一咳，地球抖三抖”。幸运的是，地球上的人类由于受到地球磁层和稠密大气层的双重保护，不借助仪器设备，我们很难直观感受到太阳风暴的来临。

● SOHO 观测到的 2003 年 10 月 28 日日冕物质抛射。图中蓝色的球代表地球的大小，地球是有意加上去的，可与日冕抛射物质大小作比较。从图中可以看出，喷出物质的范围比几十个地球的直径还要大（图源：ESA/NASA）

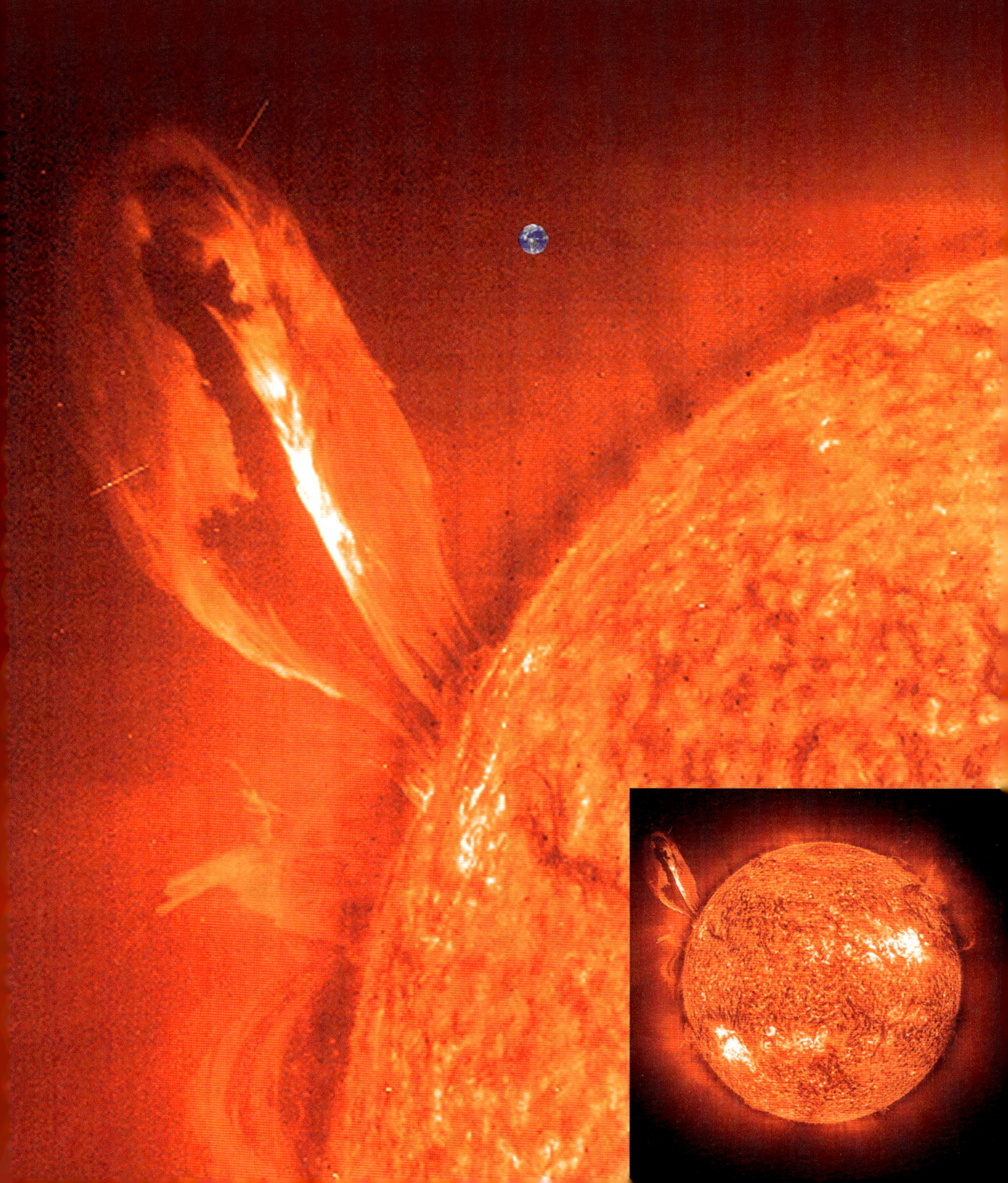

月亮

月球是围绕地球旋转的球形天体，同时也是地球的天然卫星。月球的直径是地球平均直径的 1/4，质量只是地球的 1/81，引力是地球的 1/6（不足以吸引大气）。月球与地球的平均距离约 38.44 万 km，大约是地球直径的 30 倍。月球是第一个人类曾经登陆过的地外天体。

月球的表面布满了可能由小天体撞击形成的撞击坑。约 46 亿年前，有一颗火星大小的天体——忒伊亚，撞击了原始地球，撞击后溅射出来的碎片，在环绕地球的轨道上逐渐聚集，形成了后来的月球，这就是月球形成的假说——大碰撞学说。在原始地球形成后不久月球就诞生了。多少年来，地球一直携带着自己的女儿在身边，而月球也一直伴随着自己的母亲，共同经历了 45 亿年漫长而荒古的年代。

神秘的月球背面

月球在绕地球公转的同时进行自转，因为月球的自转周期和公转周期严格相等（都是 27.32 日），因此月球始终以同一面朝向着地球，所以我们看不见月球背面。2019 年 1 月 3 日，中国发射的“嫦娥四号”探测器在月球背面成功着陆，世界第一张近距离拍摄的月背影像图通过“鹊桥”中继星传回地球，这揭开了古老月背的神秘面纱。

月球在地球引力长期的作用下，它的质心已经不在其几何中心，而是在靠近地球的一边，因此月球相对于地球的引力势能就变得最小，在月球绕地球公转的过程中，月球的质心永远朝向地球的一边，就好像地球用一根绳子将月球绑住了一样。太阳系绝大多数的卫星的自转周期和公转周期严格相等，这不是什么巧合，而是有着内在的因素。

月球是天空中除太阳之外看起来最亮的天体，再加上规律性的月相变化，自古以来就对人类文化如神话传说、宗教信仰、哲学思想、历法编制、文学艺术和风俗传统等产生重大影响。

为什么月球总是一面对着我们？

地球的潮汐

月球对地球所施的引力是地球潮汐现象的起因之一。到过海边的人都知道，海水有涨潮和落潮现象。涨潮时，海水上涨，波浪滚滚，景色十分壮观；退潮时，海水悄然退去，露出一片海滩。海水的涨落发生在白天叫潮，发生在夜间叫汐，所以也叫潮汐。我国古书上说“大海之水，朝生为潮，夕生为汐”。

● 朔望月的形成

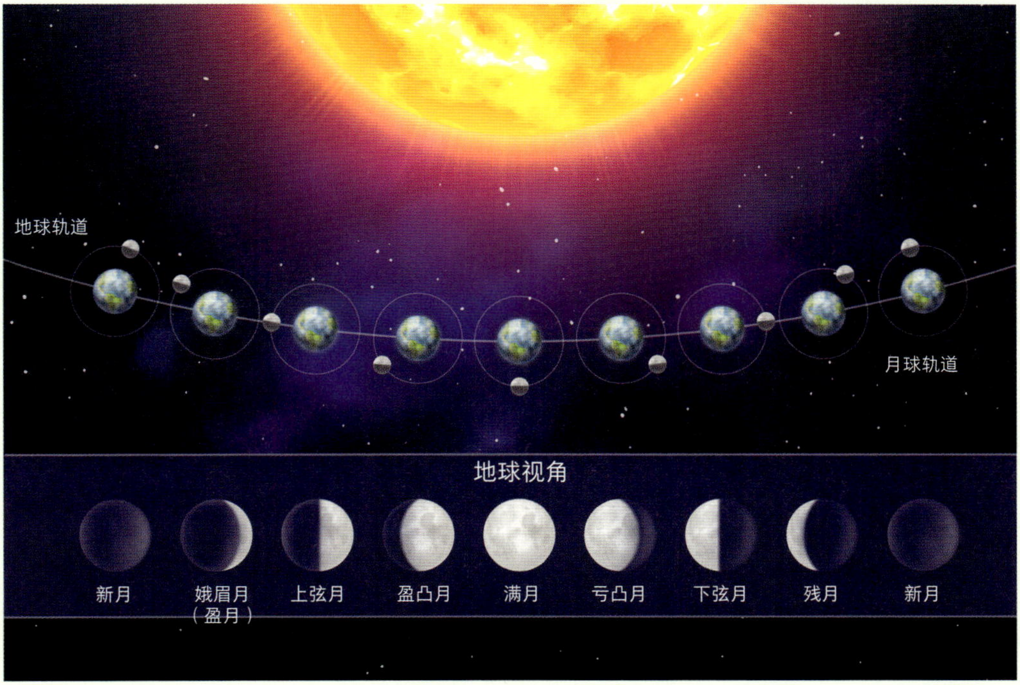

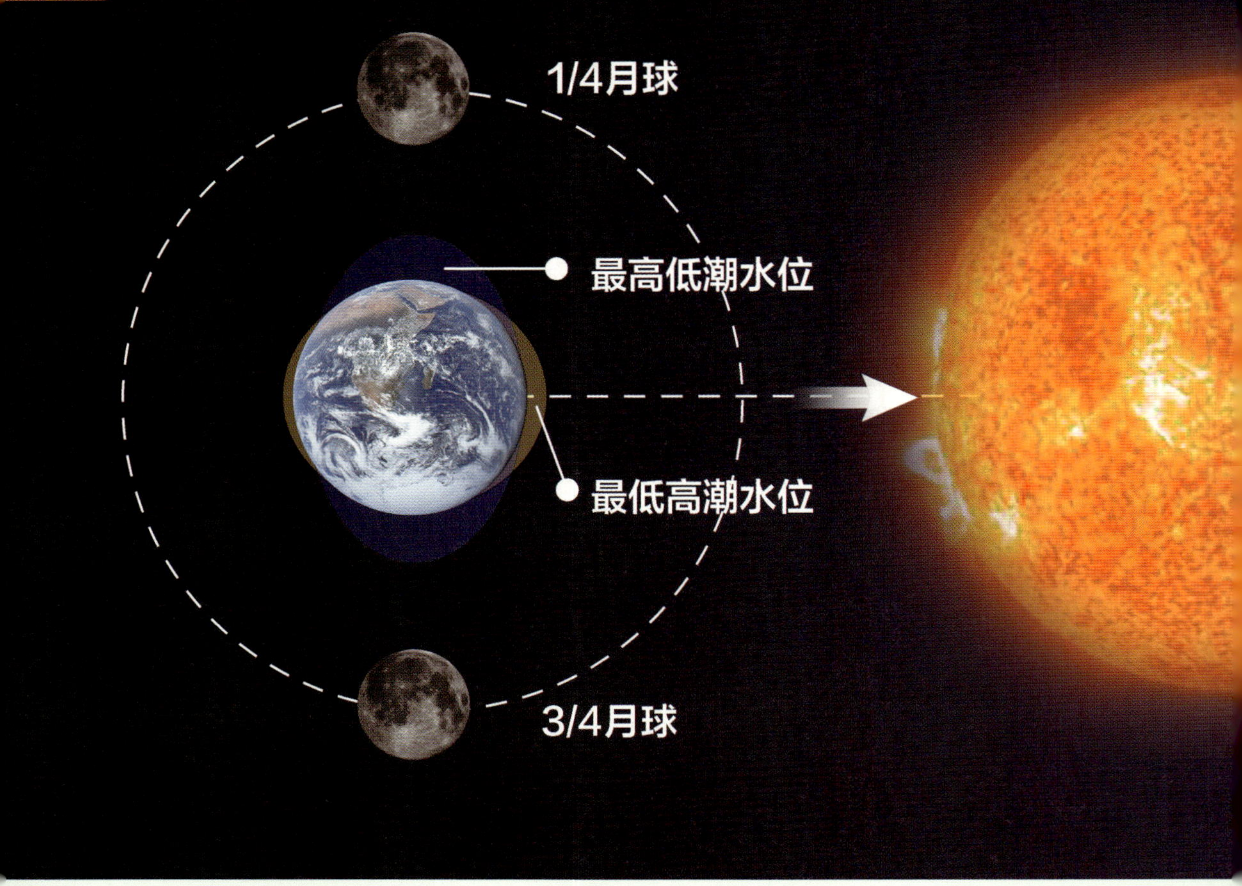

● 海水的潮汐

当月亮绕行到太阳和地球之间，月亮的阴暗的一面对着地球，这时叫朔，正是农历每月的初一。当月亮绕行至地球的后面，被太阳照亮的半球对着地球，这时叫望，一般在农历每月十五或十六日。

月球绕着地球公转的同时，它的引力吸引着地球上的水，同其共同运动，形成了潮汐。潮汐为地球早期水生生物走向陆地，帮了很大的忙。当月亮和太阳与地球成一条直线时，月亮和太阳对地球的引力加在一起，引起不同寻常的海潮。这种海潮称为大潮，阴历每月初一、十五各发生一次。当月球和地球与太阳和地球这两条连线成直角时，引潮就弱，潮差也小。潮

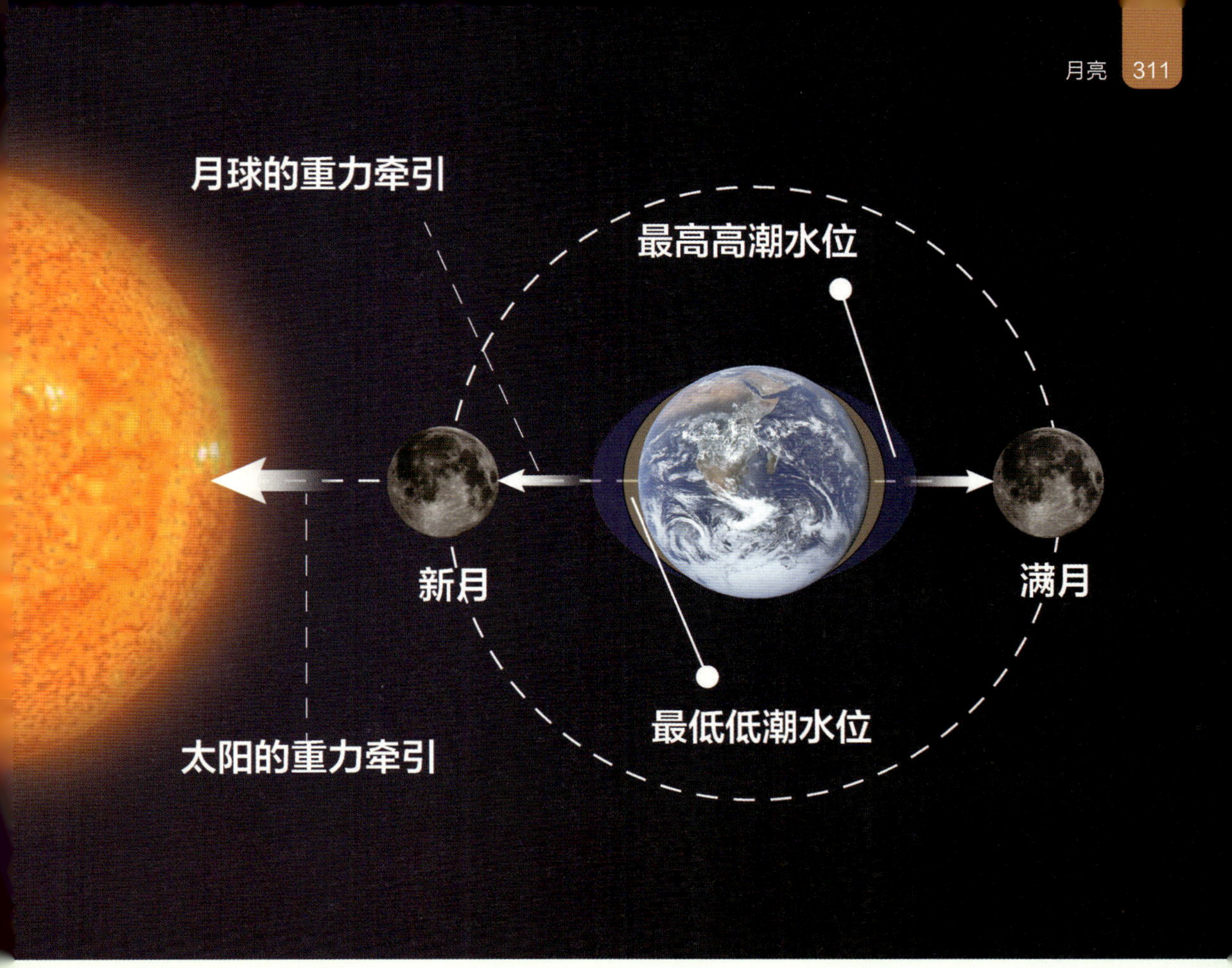

差就是高潮时海水面与低潮时海水面的高度差。潮水很低。这种潮叫做小潮。由于月亮比太阳离地球近得多，因此、月亮对海潮的影响更大。故农谚中有“初一十五涨大潮，初八二十三到处见海滩”之说。

一天有几次涨潮和落潮？

月球引力引起海水的潮汐，会不会影响地球的板块运动、地震的发生和火山的喷发？多数科学家认为：潮汐引发地球岩石圈应力变化幅度虽然不大，但它的作用是不可小视的，它是地震发生的最后助力，相当于压死骆驼的最后一根稻草。

空间天气

太阳上出现的耀斑和日冕物质的抛射等爆发活动，给近地球空间的电磁环境造成影响，人们称之为空间天气（space weather）。

传统天气是指发生在地球大气的对流层（约 10 km）内、影响人类生活的中性大气物理图像和物理状态，例如阴、晴、雨、雪、冷、暖、干、湿等。空间天气是指太阳风暴对地球电磁环境的影响，发生在距离地面 30 km 以上的范围。

人们发现，地球上的许多事件与太阳活动有关，而且这些事件均发生在太阳风暴前后：

（1）中世纪航海家在使用天然磁石磁罗盘时，有时候会偏离磁北极。

（2）1859 年 9 月，过去 200 年中最大的地磁暴导致全球电报服务普遍中断。

（3）2002 年 4 月，在一次太阳风暴时，日本“希望号”火星探测器受到撞击，最终被放弃。

● 空间天气影响地球。太阳的能量和质量太大了，它局部地区的一举一动，瞬息变化，都足以影响到所有绕着它运转的星球（图源：NASA）

20 世纪 90 年代，空间天气这个术语被广泛使用。从 1994 年开始，各国都开展了空间天气新学科的研究。

太阳风喷射到地球，就会改变地球大气圈的电磁结构。原本地球的大气圈是中性的，是不带电的，但在太阳风的作用下，高层大气分子发生电离，不带电的粒子变成了带电的粒子。地球 60 km 以上的整个地球大气层都处于部分电离或完全电离的状态，完全电离的大气区域称磁层，部分电离的大气区域称为电离层。

● 地球的高层大气在太阳风作用下发生部分电离或完全电离。磁层是完全电离的大气区域，电离层是部分电离的大气区域

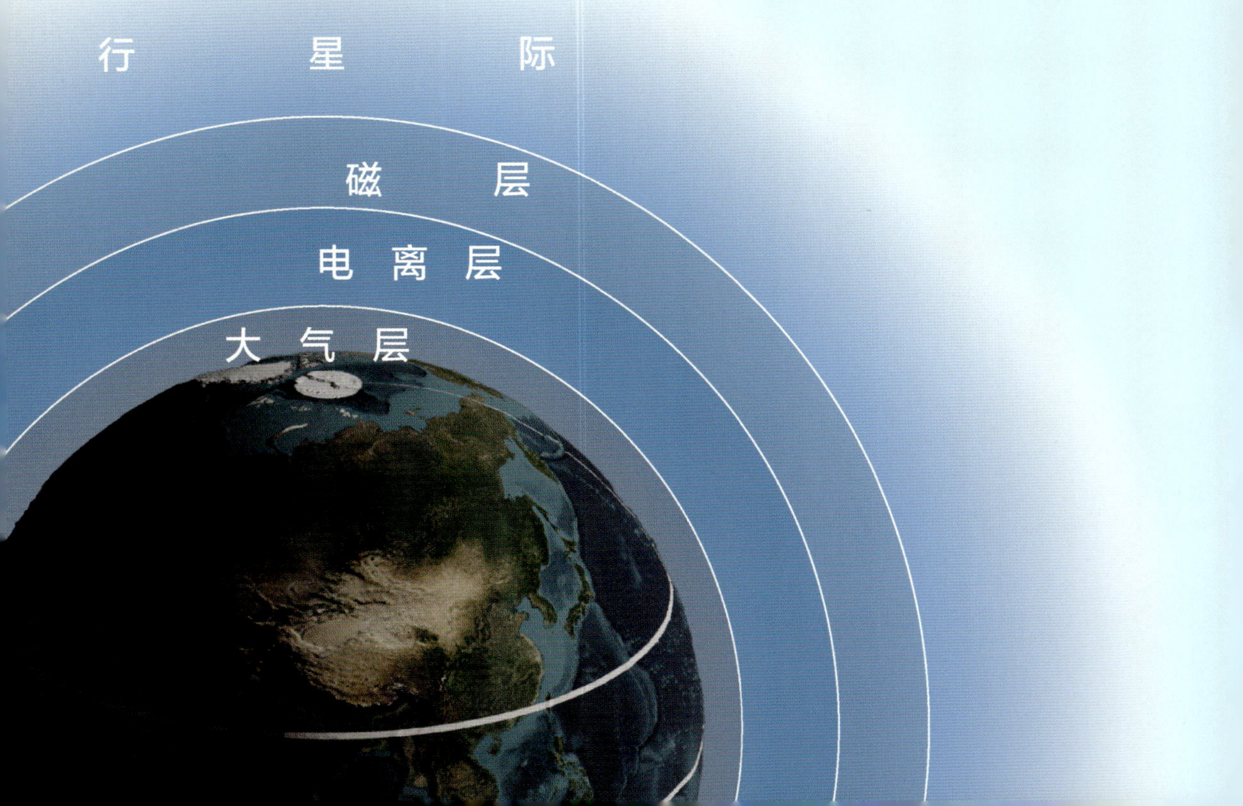

磁层

太阳风磁场对地球磁场施加作用，好像要把地球磁场从地球上吹走似的，但地球磁场抵抗太阳风的长驱直入。于是，太阳风绕过地球磁场，继续向前运动，最终形成了一个被太阳风包围的、彗星状的地球磁场区域，这就是磁层。如果太阳风消失了，那么地球地磁场还在，只是没有了磁层而已。

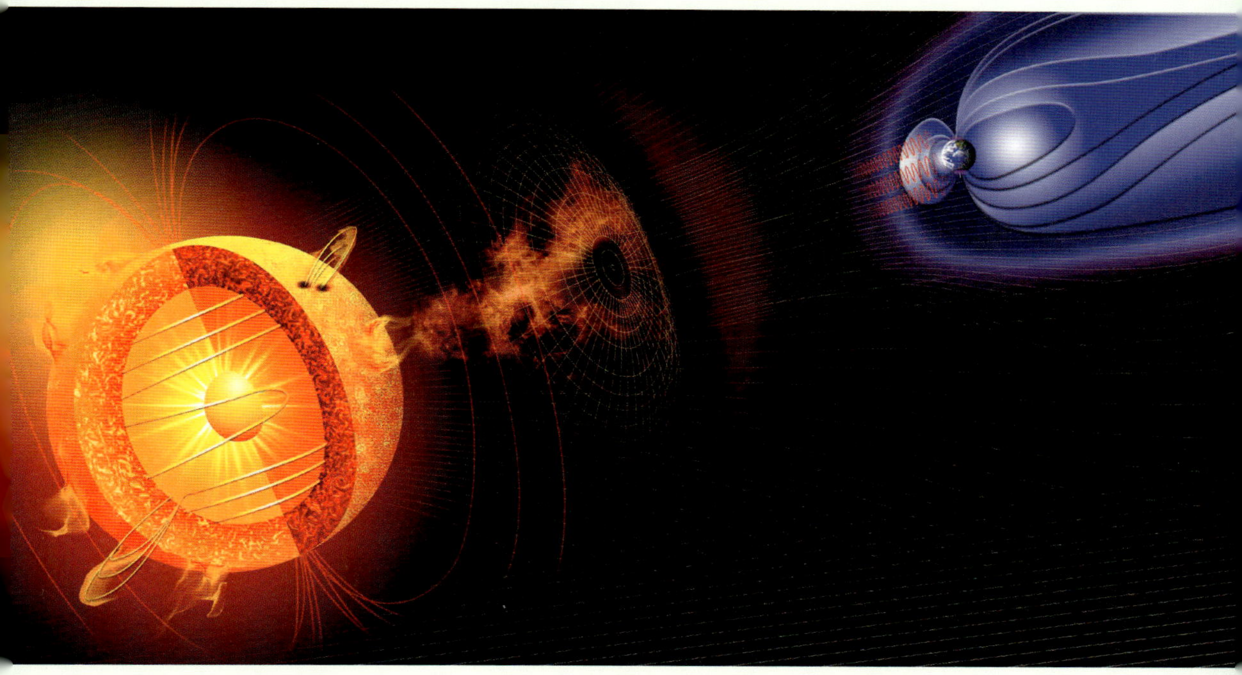

太阳风下的地磁场。在地磁场的反作用下，太阳风不能长驱直入进入地球，只能绕过地磁场继续向前运动，于是在地球外部形成了一个被太阳风包围的、彗星状的磁层。在磁层的阻隔下，太阳风大都只能绕着磁层顶吹过，而不能进入地球附近空间。在日地连心线向阳的一侧，磁层顶距地心约为 10 个地球半径。在背阳的一侧，磁层形成一个圆柱状（圆柱半径约等于 20 个地球半径）的长尾，即磁尾，其长度至少等于几百个地球半径。遥远看去，磁层好像彗星一样（图源：NASA）

电离层

在磁层下面，离地球地面60 km附近是电离层。太阳风使大气层中的氧原子和氮原子失去了电子，成为离子，形成如云状般的电子分层。电离层对于无线电通信非常重要。

在电离层下面20～25 km的高空有臭氧层。臭氧与氧气互为同素异形体（O_3），淡蓝色，气味类似鱼腥味。臭氧有强氧化性。臭氧层可吸收太阳光中对人体有害的紫光线（短波，300 nm以下），防止这种短波光线射到地面，使生物免受紫外线的伤害。

臭氧层是地球最好的保护伞。然而排放到大气的氯氟烷烃化学物质（如制冷剂、发泡剂、清洗剂等）容易破坏臭氧层，近二十年的科学研究和大气观测发现：每年春季，南极大气中的臭氧层一直在变薄，事实上在极地大气层中存在一个臭氧“洞”，下面的地区失去了臭氧层的保护。1985年英国南极考察队在南纬60°地区观测发现臭氧层空洞，引起世界各国极大关注。随后，人们发现臭氧层空洞有扩大的趋势。

● 离地面60 km附近向外的电离层，白天面对太阳时自下而上分成D、E、F层。晚上背向太阳，D层会消失，E层的密度会降低。F层在白天时分成F1和F2，夜晚时F1与F2合并成一层。电离层的反射和折射是无线电波传播的基础（图源：Thomson Higher Education, 2007）

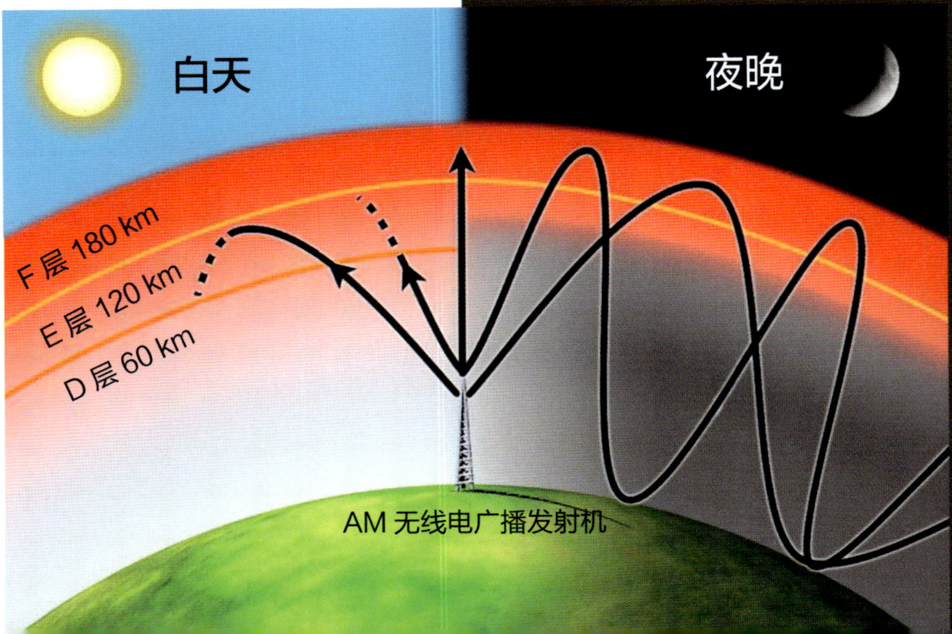

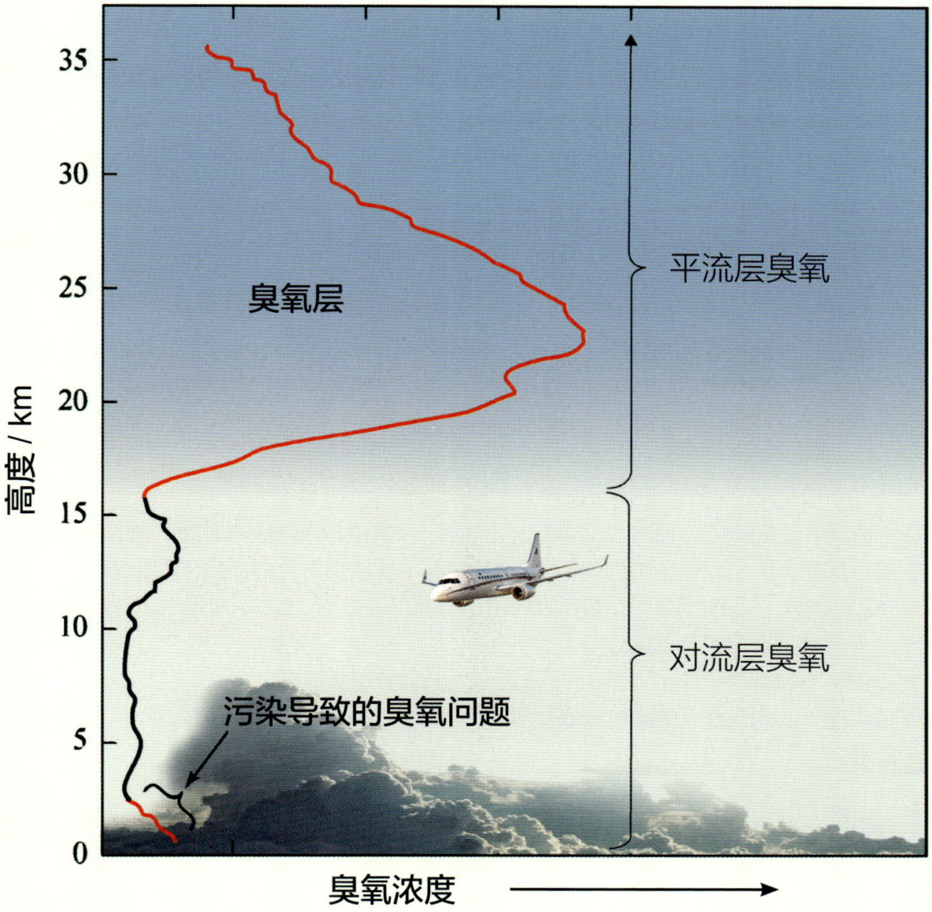

● 臭氧层是大气的平流层中臭氧浓度高的圈层，浓度最大的部分位于 20～25 km 的高度处。太阳光中的紫外线可分为三种：长波紫外线 UV-A（波长 320 nm）、中波紫外线 UV-B（波长 290～300 nm）和短波紫外线 UV-C（波长 < 290 nm）。短波紫外线对生物细胞的伤害十分严重，臭氧层能吸收全部的短波紫外线，只有长波紫外线 UV-A 和少量的中波紫外线 UV-B 能够辐射到地面，长波紫外线对生物细胞的伤害要比中波紫外线轻微得多。因此，臭氧层犹如一件保护伞，保护地球上的生物得以生存繁衍

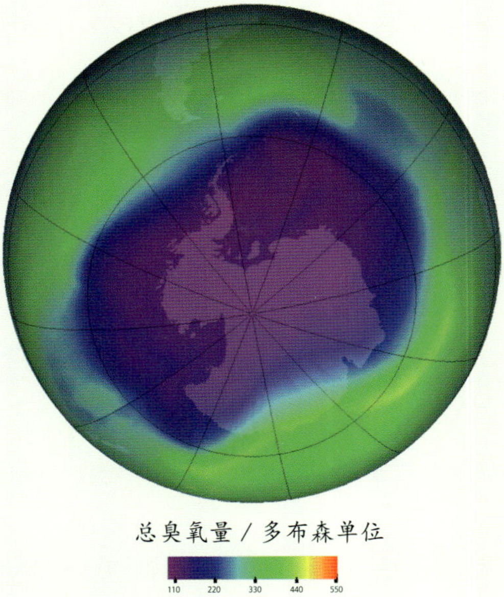

● 南极上空的臭氧层空洞。2006 年 9 月 24 日，南极上空臭氧层空洞大小和美国的面积相当。颜色表示空洞的厚度，最薄处仅 100 多布森[①]，相当于 1 mm 厚度。这张照片是用专业方法拍的，因为肉眼看不到哪里破坏了，蓝色的深浅代表臭氧的含量，颜色越深，臭氧的含量越少（图源：NASA）

● 《时代》杂志封面：消失的臭氧。臭氧减少带来的危险已受到国际社会的普遍关注，1994 年第 52 次联合国大会决定，把每年的 9 月 16 日定为国际保护臭氧层日

1998 年 9 月，臭氧层空洞创下了面积最大达到 2500 万 km^2 的历史记录。近 30 年来，人类严格限制了有害氟氯化碳的排放，地球南北两极的臭氧层空洞在缓慢缩小，2019 年南极上方的臭氧空洞已经缩小到近 10 年的最小尺寸。臭氧层空洞的缩小，人类的功劳不可忽视。

中高层大气

电离层以下，10 km 以上的地球大气称之为“中高层大气”，中高层大气主要是稀薄的中性大气，虽然稀薄，却占有巨大的体积，它与人类的生存和发展以及航天和军事密切相关。

---

①用来度量大气中臭氧柱尺度的单位。它等于在标准大气状态下，0.01 mm 臭氧层的厚度。

从航天和军事方面来看，中高层大气是各种航天器的通过区和低轨航天器的驻留区，远程战略导弹通常飞行在中高层大气中，中高层大气中各种扰动带来的大气参数偏差，将严重影响导弹的命中精度、卫星和飞船的安全发射、在轨寿命及顺利返回。

空间天气灾害主要涉及：高能带电粒子会危害航天器安全，太阳爆发性活动会对导航、通信和定位产生严重影响，引发的地磁场急剧变化（磁暴）会破坏输电系统和地下管线，高层大气密度影响航天器轨道寿命等。空间天气变化直接影响了以航天技术为代表的人类科技发展和社会生活越来越依赖的高技术。

● 空间天气对人类活动的影响示意图。电离层以上高度（80～300 km），卫星姿态、材料、太阳能电池、卫星轨道和宇航员安全受空间天气危害；电离层高度，无线电通信、卫星通信受空间天气影响；电离层以下高度，飞机乘客、GPS 信号、电网和海底通信，以及输油管道等受空间天气影响（图源：冯学尚供图）

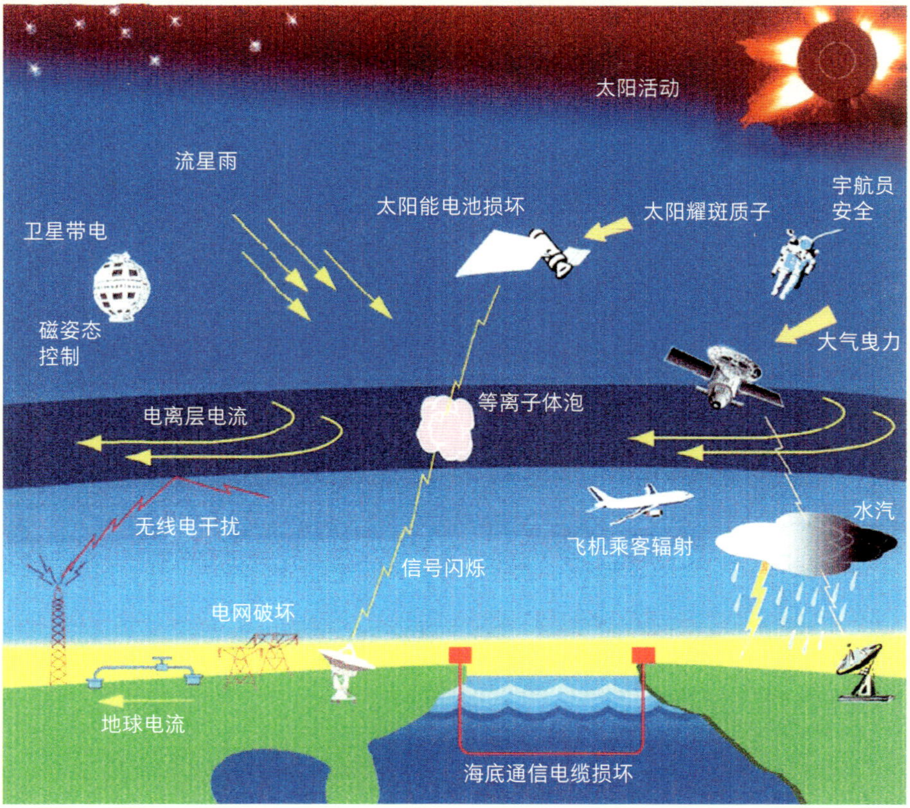

恐龙灭绝

在宇宙空间中，天体间会发生相互碰撞。地球以每小时约 10 万 km 的速度绕太阳急速飞驰，轨道速度达到 108000 km/h，动能为 2.7×10^{33} J，犹如一辆全速行驶的汽车穿过拥挤的城市街道，发生撞击也就不足为奇了。遍布月球表面的坑洞，表明它曾遭受太空物体猛烈的撞击，月球上最大的撞击坑艾特肯盆地直径达 2500 km。地球的体积和重力都比月球大，因此它受到的撞击更强烈，但由于地球有大气圈保护，而且表面的地质活动非常活跃，许多证据早已消失不见。到目前为止，地球上已辨识出 150 个陨石撞击点，每年仍不断有新的陨石坑被发现。

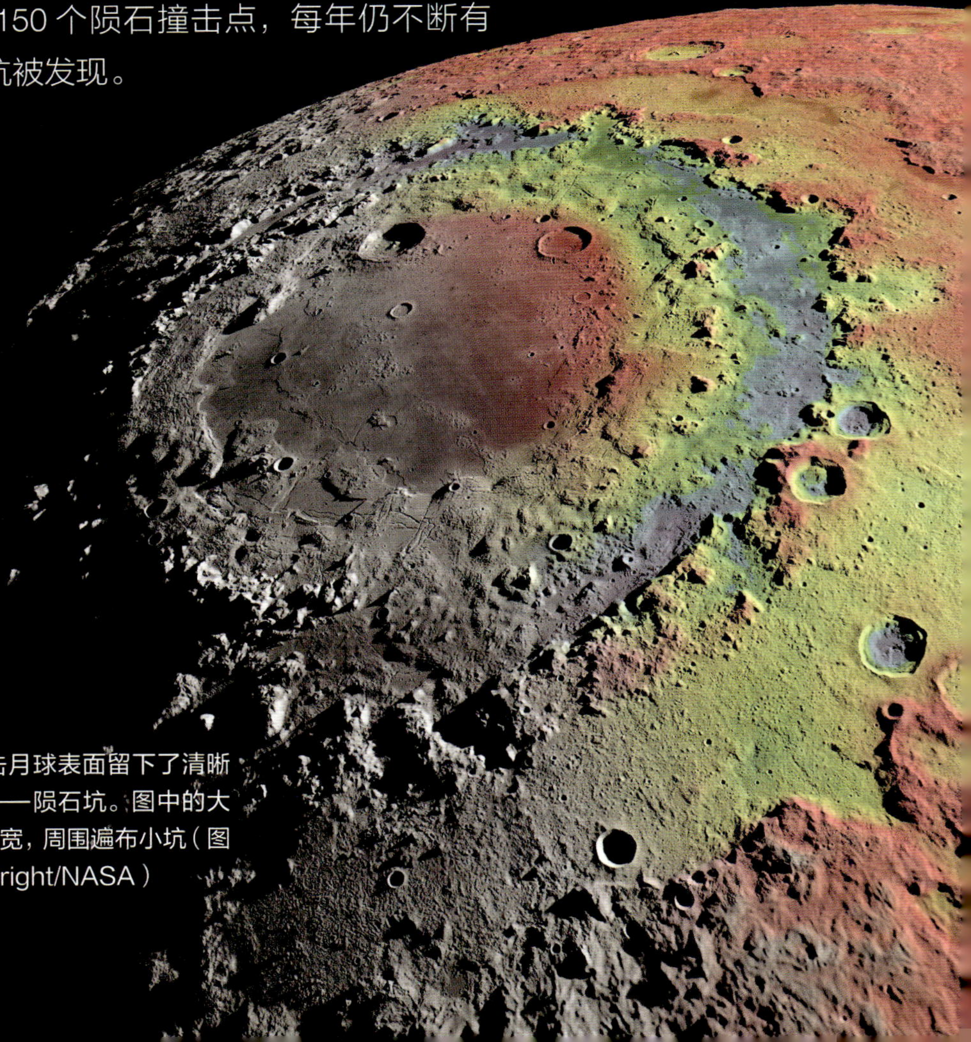

● 小行星撞击月球表面留下了清晰可见的伤疤——陨石坑。图中的大坑有 930 km 宽，周围遍布小坑（图源：Ernie Wright/NASA）

彗星撞上了木星

1994 年 7 月 16 日，“苏梅克 - 列维 9 号”彗星与木星相撞，这是人类历史上第一次预测到的天体撞击事件，场面十分令人震撼，全球的天文台组织了联合观测。“苏梅克 - 列维 9 号”彗星是美国天文学家苏梅克与天文学爱好者列维在 1993 年发现的，假如当时彗星撞击的是地球而不是木星，那么可能会发生又一次文明终结事件。

在太阳系中，木星的质量是其他所有行星总和的两倍还多，这颗巨行星一直在守卫这些在空中飘荡的砾石。作为一块巨大的“重力磁铁”，木星会把飘荡的岩石块和金属块从内太阳系吸引出来。木星是减少碰撞事件的守护神。在木星的保护下，地球避开了大部分到处飘荡的碎片。尽管这位保护神已经尽了最大的努力，但还是会有一些“漏网之鱼”，一些小行星偏离

● 苏梅克（Eugene Merle Shoemaker，1928—1997），苏梅克是天文地质学家，他长期研究亚利桑那陨石坑和月球上的陨石坑。1998 年，美国航天局将他的骨灰放在飞船上带往月球，以实现这位科学家登月研究陨石坑的遗愿，飞船上同时携带有一小块铭牌，上面是一首莎士比亚的诗，出自《罗密欧与朱丽叶》

● “苏梅克－列维 9 号”彗星撞击木星。1994 年 7 月，当彗星靠近木星的时候，木星就以其惊人的引力将彗星撕裂成大约 25 个碎块，这些撕裂的碎块排成一排，形成一串延续 3 亿 km 的“珠链”，碎块连续落入木星的大气层，产生巨大的火球，升腾起夹杂彗星碎片的尘云，并留下十多个撞痕。这是人类第一次目睹的天体碰撞的全过程（图源：NASA/JPL）

了原来的轨道，其中一些有可能撞到我们的地球。

恐龙灭绝

地球上已经发现了 100 多个陨石坑，其中最年轻的是位于美国亚利桑那州的陨石坑，它是在大约 5 万年前由一颗 27 万 t 重的铁陨石撞击而成，陨石坑直径 1200 m，深 170 m，可以放进几百个网球场，四周环绕着高达 45 m 的疏松岩石壁。

恐龙是出现于中生代（距今 2.5 亿年至 6600 万年的地质时期）的优势陆栖脊椎动物，曾支配全球陆地生态系统超过 1.6 亿年之久，并于约

6600 万年前的白垩纪晚期绝灭。有许多研究试图探索这次灭绝事件的原因，通常的解释是一个小天体撞击了地球。

科学家发现在海洋黏土中存在高浓度的稀有元素铱，这些含铱的黏土层的生成年代介于中生代的白垩纪（K）与新生代的第三纪（T，现为古近纪、新近纪）之间，这个时间在地质学上称为 K-T 界线。地球上的铱元素非常稀少，但来自天外的陨石中铱元素并不少，于是他们提出假说，认为铱浓度高的黏土层的最佳解释，是在 K-T 界线时期，曾有地球以外的天体撞击地球，接着他们进一步推测，

● 英国古生物学家理查 · 欧文。“恐龙”一词，是 1842 年由英国古生物学家理查 · 欧文（Richard Owen，1804—1892）创造的，因为它们的牙齿、利爪、巨大体型，以及其他令人印象深刻的恐怖特征，因此被称为“恐怖的蜥蜴”。中文的“恐龙”一词，最初由中国地质学家章鸿钊提出，后来在中文地区广泛使用

● 美国亚利桑那州巴林杰陨石坑。陨石坑的关键证据是在坑旁发现了相当少见的斯石英和柯石英，而这两种矿物只有在撞击事件和核试验的环境下才能形成。地球早期的撞击坑很难找，因为地质过程将大多数老的撞击坑磨灭了，巴林杰陨石坑因为它的大小、年代较近和缺乏植被，容易辨认且令人印象深刻（图源：Pixabay）

● 恐龙与人类大小比较。在中生代的中晚期，几乎所有身长超过 1 m 的陆地动物皆为恐龙，恐龙家族极为庞大。前排从左到右分别为：巨型山东龙 –16 m（红）、埃及棘龙 –15 m（绿）、有蹄剑龙 –8 m（橘）、前突三角龙 –8 m（蓝）以及后面的乌因库尔阿根廷龙 –39 m（紫），最左边浅蓝色的为现代人类的尺度，每个网格部分代表 1 m^2

● 发现天体撞击地球的阿尔瓦雷茨父子。美国核物理学家阿尔瓦雷茨（Luis Alvarez）（左）与他的儿子地质学家小阿尔瓦雷茨（Walter Alvarez）（右）。地球上的铱元素非常稀少，但阿尔瓦雷茨发现全世界生成于 6600 万年前的黏土中，铱的含量大量增加，他认为这些铱元素来自地球以外，是小天体碰撞地球时带来的，碰撞的时间在中生代的白垩纪（K）和新生代的第三纪（T）之间，提出了地质学上的著名的 K–T 界线。阿尔瓦雷茨还是 1968 年诺贝尔物理学奖的得主

陨石的撞击造成了全球性的大灾难，导致恐龙灭绝。

撞击事件短期内会造成高温，而扬尘会遮蔽天空，造成全球性长时间的气候变冷，大部分植物因无法光合作用而消失，草食性恐龙因没有食物而死亡，肉食性恐龙也因没有食物来源渐渐灭亡，仅有小型动物和少量植物幸存下来。古生物学家从地层学等证据发现恐龙灭绝的时间也是 K-T 界线。

如果真的发生了撞击，小天体星撞击地球的撞击坑在哪里？人们早就发现墨西哥湾周围铱元素含量非常高，但始终没有找到巨大的撞击坑。20 世纪 80 年代，石油公司在墨西哥探测时，意外地发现了这个直径近 200 km 的撞击坑。原来 6600 万年前形成的撞击坑，被以后沉积的厚厚的 1200 m 岩石覆盖了，因为大部分位于墨西哥的海湾中，很难从地表面发现。

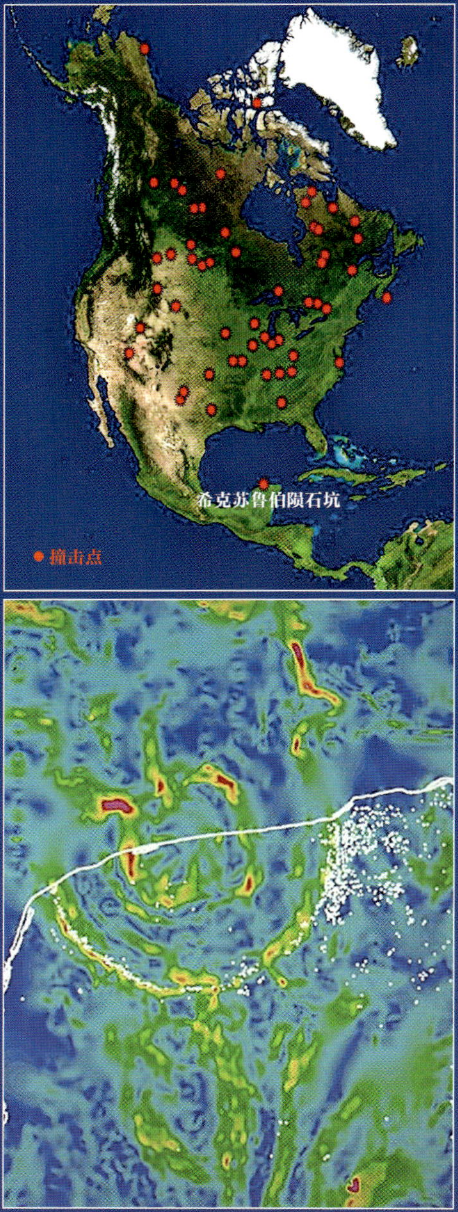

● 墨西哥尤卡坦半岛陨石坑。（上）撞击坑在墨西哥湾的位置，大约在北纬 21°，西经 90°；（下）撞击坑是石油公司在墨西哥勘探石油时意外发现的，墨西哥湾的水平重力梯度图显示了深部存在着球形分布的重物质，撞击坑被埋藏在 1200 m 厚的石灰岩底下，直径约 200 km（图源：Geological Survey of Canada）

● 墨西哥尤卡坦半岛来源于小行星撞击。6600万年前，一颗小行星撞击了今天墨西哥尤卡坦半岛附近的浅海，小行星的最初爆裂形成了无数炽热的玻璃陨石，不仅覆盖了地球，一部分还到达了太阳系的其他行星和卫星，撞击产生的灰尘和煤烟使阳光无法照射到地球表面，光合作用几乎完全停止，大部分陆地植物和海洋浮游植物死亡，地球海洋和陆地的食物链都崩溃了，大约 75% 的物种灭绝，碳循环停止。那一刻，白垩纪结束，古近纪开始了（图源：Continental Dynamics Workshop/NSF）

流星雨和陨石雨

来自太空撞击地球的岩石大小不一，大石头少，小石头多，越大的石头就越稀有。当这些石头以极快的速度撞击大气中的空气分子，燃烧变成气体，以至于发出光亮，就被称为流星。许多流星从天空中一个所谓的辐射点发射出来的天文现象，就被称为流星雨。

如果撞击地球的岩石大，穿过大气层时又没有被烧完，落在地面上就成了陨石。陨石是外太空的信使，是太阳系的免费礼物，但大多数陨落到沙漠、海洋和崇山峻岭之中，不易被人们发现。

1976 年在吉林省吉林市北郊发生了一场蔚为壮观的陨石雨。陨石在下落过程中，不断发生破裂，在距地面 19 km 的高空又发生了一次主爆裂，大大小小的陨石碎块散落下来，形成陨石雨。陨石雨数量之多（共收集到 138 块标本）、重量之大（总重量超过 2700 kg）、分布之广（东西长 72 km，南北宽 8 km，近 500 km^2），世界罕见。其中，最大的“吉林一号”陨石重达 1770 kg，是当时世界上最大的单块石陨石。

随着“吉林一号”陨石落地，落点附近翻滚着升起一股黄色的蘑菇状烟云，高约 50 m。浓烟散尽，地面出现一个直径 2 m、深 6.5 m 的陨石坑，溅起的碎土块最远达 150 m。陨石雨造成的震动相当于 1.7 级地震，地震波被吉林地震台和丰满地震台记录下来，使得吉林陨石雨的陨落有了准确的时间记录：1976 年 3 月 8 日 15 时 2 分 36 秒。

“吉林一号”陨石。1976 年 3 月 8 日呈雨状陨落在吉林市郊的陨石总重量达 2700 kg，其中最大的 1 号陨石重 1770 kg，体积为 117 cm × 93 cm × 84 cm，是迄今为止世界上收集到的最重的石陨石，图中标尺为 30 cm

1833 年狮子座流星雨的雕刻版画

空间利用

空间利用遇到的第一个问题是太空垃圾（space debris）。太空垃圾是围绕地球轨道的无用人造物体，小到人造卫星碎片、漆片、粉尘，大到整个飞船残骸。

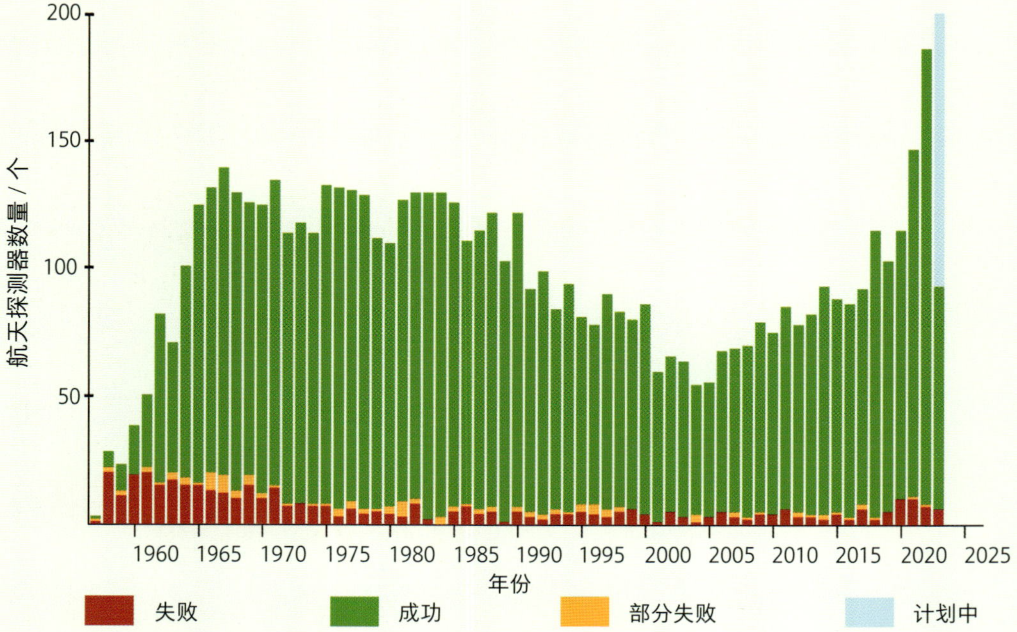

● 1957～2023 年世界各国每年发射的航天探测器的数量（浅蓝色代表计划发射的航天器，图源：wikipedia）

● 随着航天事业的发展，地球轨道上的卫星数量稳步增加——平均每年增加 200 个，图片中显示的卫星是艺术家基于实际密度数据的示意图，卫星的尺寸被放大使它们可见

人类越来越多的污染早已使地球不堪重负，而万里之遥的太空也面临同样的问题，上百万个大小不一的太空碎片已不能简单地称之为垃圾，更像是一触即发的地雷，时刻威胁着在轨航天器与地球的安全。图为太空碎片主题的艺术作品

空间利用的第二个问题，是如何在信息时代发展空间信息的应用。星链计划（Starlink）是美国 SpaceX 公司创始人马斯克在 2015 年提出的宏伟项目，旨在通过部署成千上万颗卫星，形成一个覆盖全球的太空网络，为地球上的用户带来宽带互联网服务。截至 2022 年 5 月 18 日，SpaceX 已成功发射约 1900 颗卫星，而其最终目标是发射高达 4.2 万颗卫星。

专家们对这一计划提出了担忧，认为其潜在影响可能是负面的。大量卫星进入太空可能引发与其他国家航天器的碰撞风险。2019 年 9 月 2 日，欧洲航天局“风神”气象卫星与太空探索技术公司“星链 44”卫星险些碰撞。2021 年先后两次接

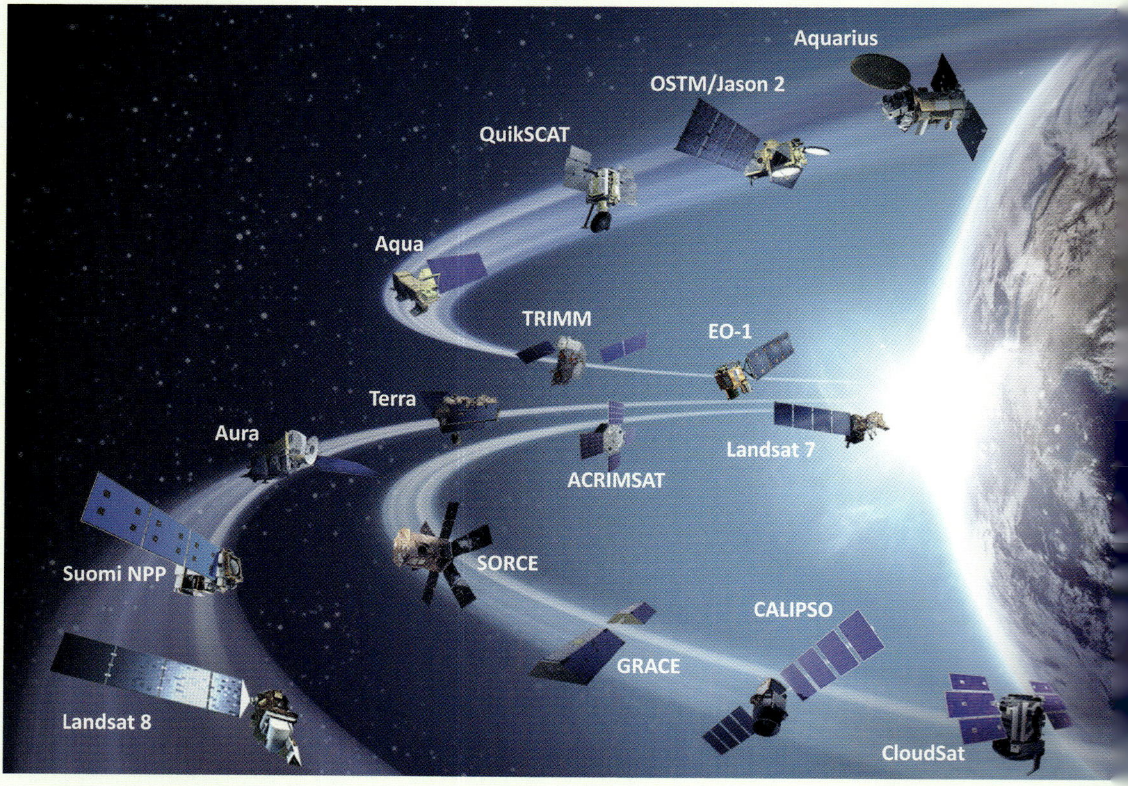

空间在轨各类卫星及飞行器碰撞风险示意图（图源：NASA）

近中国空间站。中国空间站组合体针对有关美国卫星，两次实施“紧急避碰”。星链计划将使地球近地轨道将变得异常拥挤。卫星碰撞风险随之增加数倍，并给其他国家和平利用与探索太空的相关活动带来威胁。同时引发各国对近地轨道频谱资源的竞争。

航天专家们已经开始研究限制空间垃圾的产生，以及消除空间垃圾的办法，如将停止工作的卫星推到其他轨道，用航天飞机把损毁的卫星带回地球，用激光消灭太空中的小型垃圾等。2021 年，我国多家机构决定组建小行星防御系统，为保护地球和人类安全贡献力量。

星链密布在近地轨道

另一方面，考虑到“星链”通过低轨道通信卫星提供高速互联网服务。“星链”可能在全球范围内提供低成本的互联网连接服务。在连接汽车、船舶、飞机等交通工具时被广泛的应用，2023 年 12 月，SpaceX 公司的星链（Starlink）部门表示，其全球用户数量突破了 230 万。

面对这一挑战，各国正在采取措施建立自己的星链计划。据悉，中国已经提出了“虹云工程”，计划利用 156 颗卫星构建自己的星链系统，为国内用户提供卫星互联网连接和 6G 信号服务。

第十一章 宜居地球和地球系统

宜居地球

地球系统

和谐共生

科学减灾

院士导读

宜居地球

目前已知宇宙星体中只有地球有人类居住，为什么地球会成为“宜居地球”？我们做一个“宜居星球”和“非宜居星球”的对比。

经过几十亿年的演化，今天的地球可以分成四个圈层：大气圈、水圈、生物圈和岩石圈。

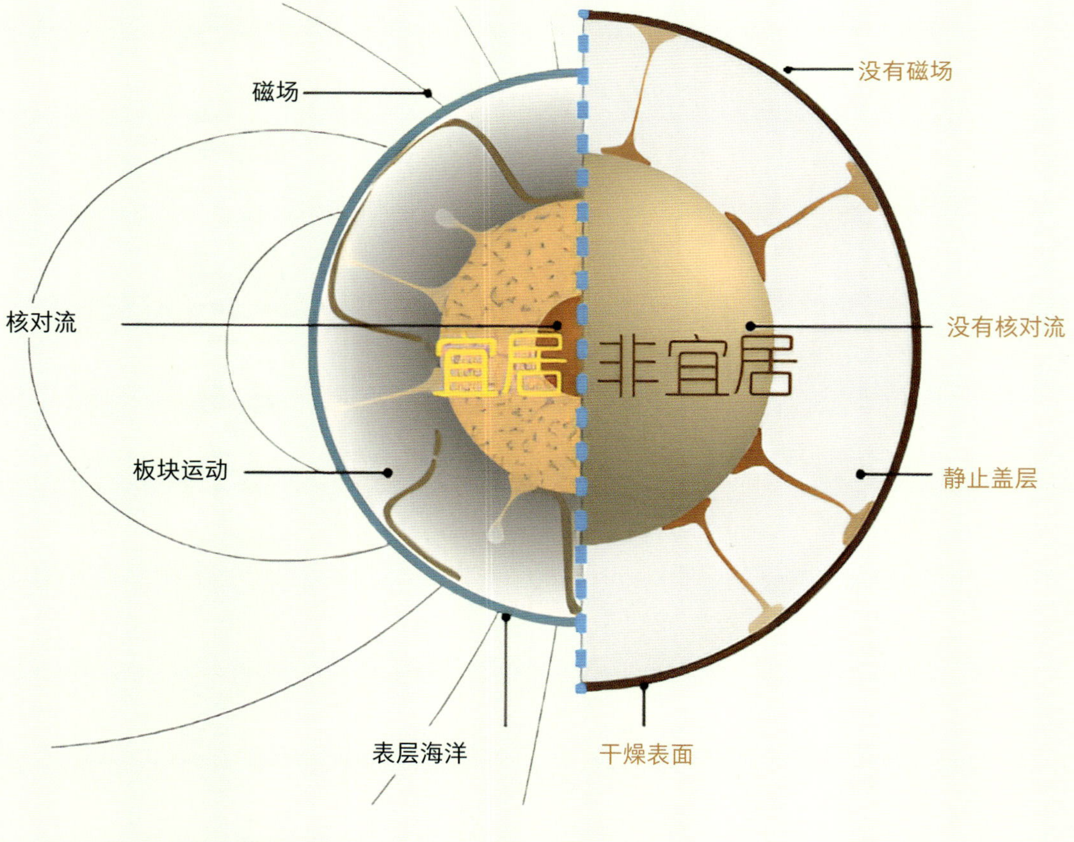

● 宜居地球和非宜居地球的比较

大气圈 大气圈是地球的毯子，是围绕在地球表面上的气体层，由氧气、氮气、二氧化碳等多种气体组成。氧气是人类和动植物维持生命所必需的生命要素，而二氧化碳是调节地球温度的温室气体。地球历史上大气圈中各种气体的比例一直发生着巨大的变化，不断改写着地球的历史：氧气太少了，人类就会“安乐死”，太多了，人类也受不了；二氧化碳太少了，地球就会变成“雪球”，太多了，又会“全球变暖”，引发全球气候变化。大气圈的存在是满足宜居地球的第一个条件。

水　圈 太阳系八大行星之中只有地球是被液态水所覆盖的星球，地球刚刚诞生的时候，没有河流，也没有海洋，更没有生命，它的表面是干燥的。大气层中也很少有水分。今天地球水圈的主体是海洋，其面积占全球面积的约 71%。陆地上的湖泊、河流、沼泽、冰川、地下水，甚至矿物中的水都是水圈的组成部分。水是地球表面分布最广泛的物质。非宜居星球的表面是干燥的。

生物圈 地球是整个宇宙中唯一已知的有生物生存的地方。一般认为生物圈是从 38 亿年前生命起源后演化而来。现在，人是生物圈中占统治地位的生物，能大规模地改变生物圈，使其为人类的需要服务。然而，人类毕竟是生物圈中的一个成员，必须依赖于生物圈提供一切生活资料。人类对生物圈的改造应有一定限度，超过限度就会破坏生物圈的动态平衡，造成严重后果。作为地球上最大的生态系统，生物圈的结构和功能够长期维持相对稳定状态，例如，大气中二氧化碳含量增加时，会使植物加强光合作用，增加对二氧化碳的吸收；一种生物绝灭后，生物圈中起相同作用的其他生物就会取代它的位置；某种植食性动物数量增加时，有关植物种群和天敌种群的数量也随之变化，从而使这种动物种群的数量得到控制。这一现象称为生物圈的稳态。生物圈虽然具有自我维持稳态的能力，但是，这种能力是有限度的。人类活动在许多方面对生物圈造成的影响已经超过这种限度，对生物圈的稳态构成严重威胁。

岩石圈 地球诞生时是个岩浆球，表面冷却后，慢慢地形成了岩石圈，地球的年纪有多大？《圣经》中的《旧约 - 创世纪》认为创造这个世界的是神，地球年龄只有 6000 年，诺亚洪水造就了地层当中所有的一切。化学家在 20 世纪 50 年代就用同位素的方法精确把地球的年龄确定为 45 亿年。岩石圈的形成历史呢？古生物学家利用各种化石给出了岩石圈的时间表。近一个多世纪提出的板块学说和海底扩张学说认为，地幔从洋中脊上涌，两边对称生长，遇到海沟的时候产生俯冲作用。从此，地球不再因为海陆固定而暮气沉沉，因为有“生”有“死”、周而复始而变得生机勃勃。活动的岩石圈是形成宜居地球的又一个重要前提。

● 科学家将地球内部、表层过程及近地空间相结合，认知“宜居地球过去、现在与未来”逐步成为地球科学的主旋律

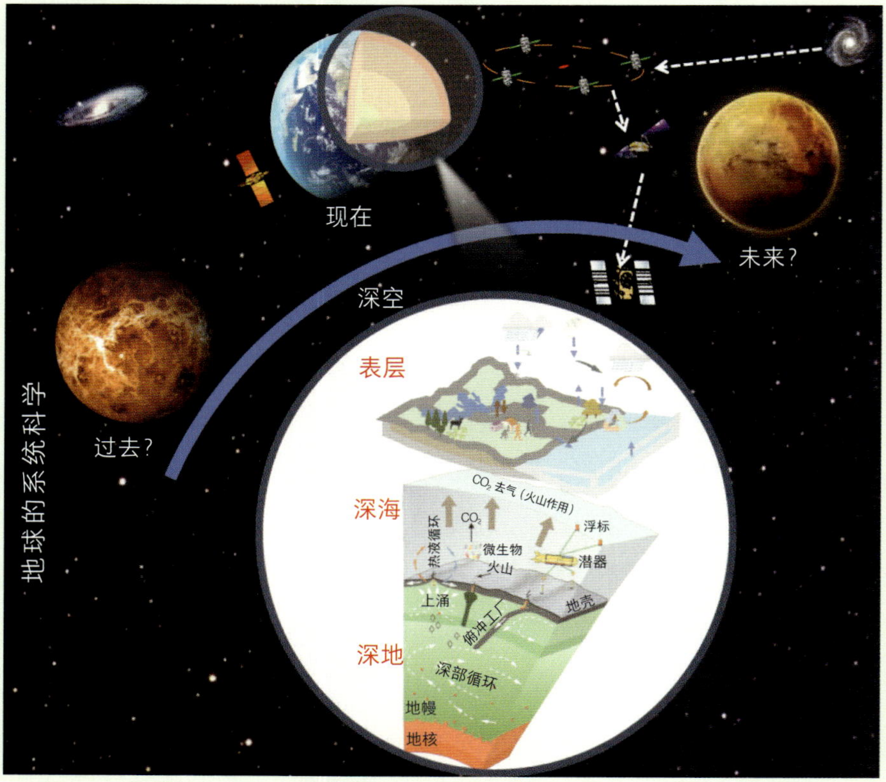

除了认识地球方面取得许多新认识外，科学家们也认识到：人类的活动创造了辉煌，也对地球系统造成了不可逆转的改变，人口增长、环境退化、城市扩张、资源枯竭、全球变暖、灾害频发、生物多样性减少……甚至有科学家已经猜测，人类可能正在经历第六次生命大灭绝。

地球系统

地球上发生的任何事情，不但与它的四个圈层有关，而且都与这些圈层的相互作用有关。当人类出现后（大英百科全书估计，2000 年前全球人口数量约为千万量级，到了 2020 年超过了 80 亿，增长了几百倍，而且发展得越来越快），情况变得更加错综复杂。例如火山喷发与地下岩浆、全球变暖、人文生态密切联系；气候、天气变化与大气环流、海洋洋流、地球自转、人类生活密切相关；洪水和干旱与大气运动、地貌变化、太阳黑子都有关系。地球变成了一个由多种物理、化学和生物过程组成的复杂系统，这些过程包括岩石的形成、大气和海洋的运动、生物多样性的产生等。

近年来，有人提出把研究这种复杂地球系统的研究起名为“地球系统科学”，地球系统科学的核心理念是整体性和相互关联性。它认为地球的各个部分并不是孤立存在的，而是通过复杂的物理、化学和生物过程相互联系和影响的。例如，气候变化不仅影响大气，还会影响到海洋、冰川、陆地生态系统，甚至影响到人类社会。因此，要全面理解和解决这些问题，就需要从整体的角度来考虑。

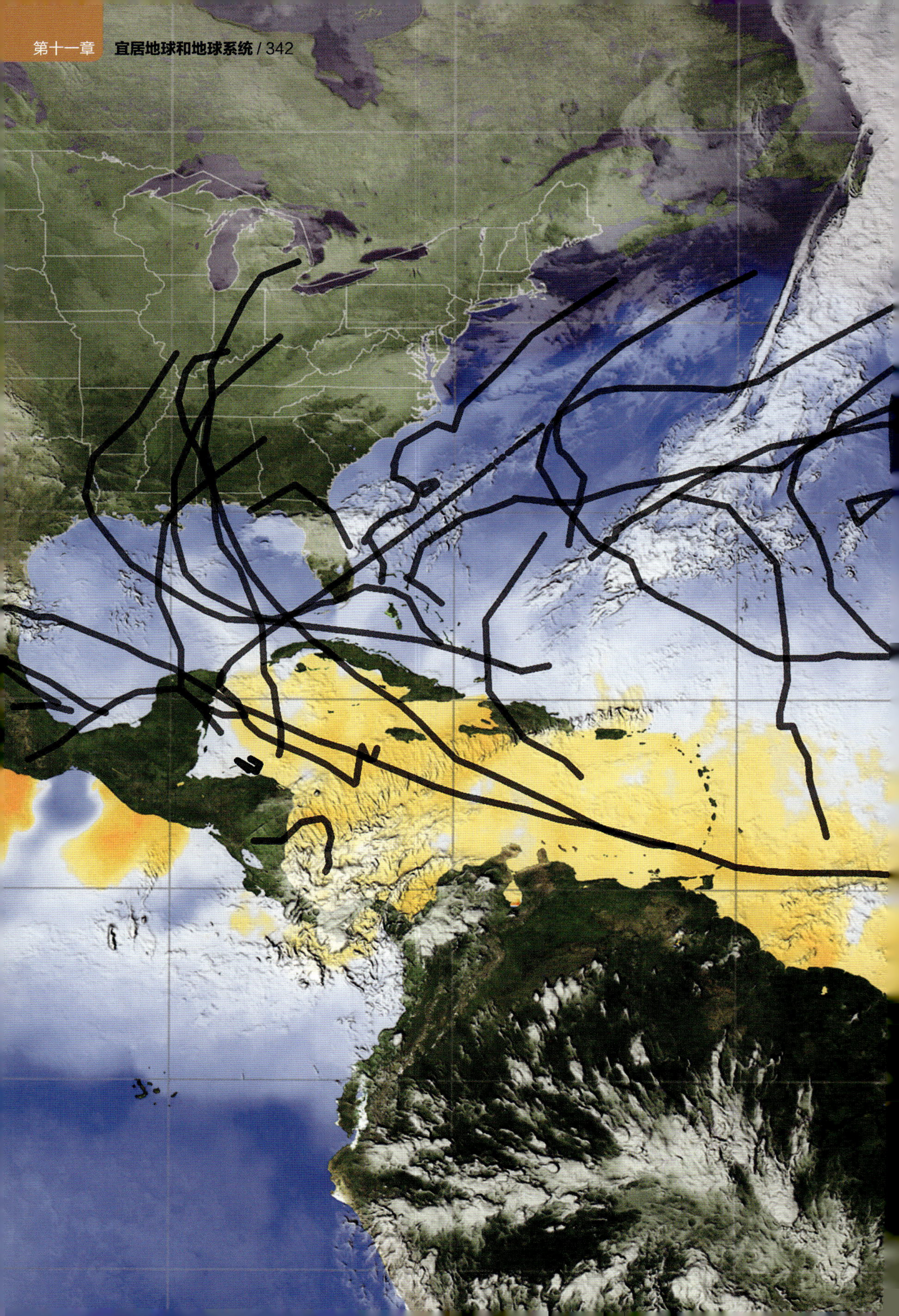

地球奥秘——实在太多了

大自然的奥秘实在太多了，在这些奥秘面前，人类显得很渺小。牛顿在临终前说：“我好像是一个在海边玩耍的孩子，不时为拾到比通常更光滑的石子或更美丽的贝壳而欢欣鼓舞，而展现在我面前的是完全未探明的真理之海。”爱因斯坦说过：“请想想：宇宙拥有多少星球，而每一星球沿某一轨道按照一定的规律运行，此种安排运行的力量究竟是什么？”。这些杰出的科学家一方面探知世界的奥秘，一方面赞叹大自然的神秘和伟大。

对于细心的普通人而言，日常生活中也到处充满着神奇，这里举个例子。

一个蜘蛛网，可以黏住昆虫，供蜘蛛食用，但为什么蜘蛛网却不粘蜘蛛本身？破坏蛛网的某一条蛛丝，蜘蛛网为什么依然稳固？原因是，由于整个蜘蛛网结构的设计和蛛丝特性，蛛丝之间的张力会重新分布和调整，从而减缓破坏的扩散，整个网也能保持相对的完整性。这涉及对自然界渐变过程到突变过程的理解。

虽然科学家新建了那么多的地震台和气象台，放了那么多的卫星，但是由于自然系统的复杂性，我们还不能准确地预测地震，甚至连天气也预测得不大准确，特别是在当前极端气候越来越多之时。

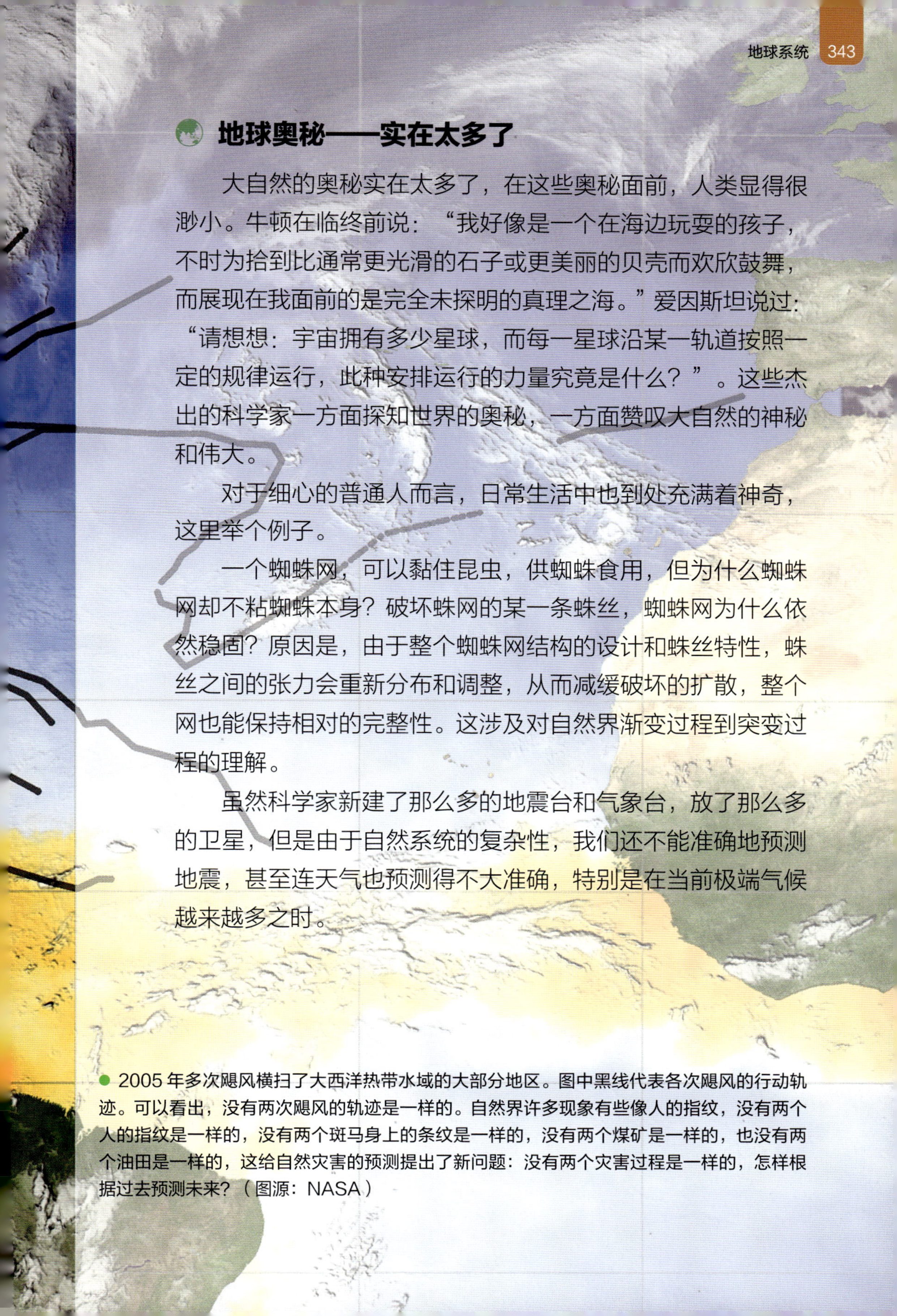

● 2005 年多次飓风横扫了大西洋热带水域的大部分地区。图中黑线代表各次飓风的行动轨迹。可以看出，没有两次飓风的轨迹是一样的。自然界许多现象有些像人的指纹，没有两个人的指纹是一样的，没有两个斑马身上的条纹是一样的，没有两个煤矿是一样的，也没有两个油田是一样的，这给自然灾害的预测提出了新问题：没有两个灾害过程是一样的，怎样根据过去预测未来？（图源：NASA）

地球力量——实在太大了

地球的变化有时很缓慢，由于人类感觉不到这种变化，会觉得大自然非常温柔可爱。实际上，是地球房东给房客创造了良好的生存条件，没有力量的房东是做不到这点的。

举例来说，华北平原是中国三大平原之一，是中国一个大粮仓。华北平原是怎么形成的？

华北平原的形成可以追溯到燕山时期，那时北方地区曾发生一次强烈的地壳运动，形成了高耸的太行山。到了距今三千万年前的喜马拉雅运动时，太行山再次抬升，东部地区继续下陷。久而久之，就在山麓东部形成一大片扇面状冲积平原，由于黄河、海河、滦河等水系每年都要挟带大量泥沙冲刷，最终形成了华北平原。其他两大平原：东北平原和长江中下游平原的情况也类似。

有时地球却不是那样温柔可爱了，一旦生气发脾气，力量惊人。历史上最大的火山，一次可以喷发出一个喜马拉雅山那么多的物质，一次大地震，可以晃动了整个太平洋。地球上生物的五次大灭绝，也是地球系统历史上环境的变化造成的。

自从人类文字出现后，人类记录下了地球因为发脾气而给人类造成巨大灾害的一些事件。

世界上一些重大的自然灾害

灾害	灾情
1556 年陕西华县大地震	死亡人数近 83 万，“山川移易，道路改观”“民庐官廨、神宇城池，一瞬而倾圮矣”，是历史记载死亡人数最多的一次地震灾害
1755 年里斯本大地震	葡萄牙是靠航海崛起的第一个大国，1755 年大地震和海啸是崛起大国葡萄牙衰落的重要原因。1755 年里斯本地震影响到西方的文化，突出了关于“人和自然”的讨论

续表

灾害	灾情
1906 年美国旧金山 8.3 级地震	6 万余人遇难。近 10 万人逃离城市。社会秩序一度混乱，抢劫杀人等事件多有发生。市长当天发布了紧急的《市长令》，全城进入非常时期，是灾害应急管理的著名先例
1923 年日本关东 7.9 级大地震	死亡人数超过 14 万，受伤人数超过 20 万。地震引发大火，市中心 3.3 万人因无路可走而被烧死。地震还引起海啸、山崩和滑坡，这次地震提出了城市综合减灾和防灾问题
2008 年 5 月 12 日汶川 8 级大地震	近 7 万人死亡，引起的滑坡灾害损失约为这次地震总损失的三分之一。提出了“灾害链”的问题。自 2009 年开始，每年的 5 月 12 日是“全国防灾减灾日”
公元 79 年意大利维苏威火山突然爆发	火山突然喷发的火山灰将庞贝城彻底掩埋到深 3～6 m 的地下，约 2000 人死亡，1748 年后，人们才发现并挖掘了庞贝地下古城
1815 年印度尼西亚坦博拉火山爆发	人类历史上最大规模的火山爆发之一，7.1 万人死亡。喷出火山灰多达 150 km^3，笼罩着大半个地球达一年之久。1816 年在历史上被称为“无夏之年”
1986 年喀麦隆火山湖 CO_2 突然喷发	喀麦隆尼奥斯火山湖湖底大量聚集的 CO_2 突然喷发，形成约 50 m 厚的紧贴地面致命云层，笼罩半径超过 23 km。1800 多人丧命，6000 多头牲畜死亡
1200 年（前后）长白山火山喷发	长白山火山的一次大喷发，喷出的火山灰远至日本海及日本北部。蓄水约达 20 亿 m^3 的天池开始形成
1542 年湖北秭归滑坡	秭归大滑坡，致使长江断航达 42 年之久。1985 年湖北秭归新滩大滑坡，约 2000 万 m^3 的滑坡体冲入长江，导致停航 12 天。由于有预报和预警，人员提前撤离，无人伤亡
1933 年四川茂县滑坡	1933 年四川茂县发生 7.5 级大地震，引起大型滑坡，阻塞水量丰富的岷江，造成许多堰塞湖。2006 年，茂县滑坡再次危害公路，堵塞岷江
1987 年孟加拉国洪水	孟加拉国历史上最大的一次水灾。64 个县中有 47 个县遭受洪灾。2000 多人死亡，2.5 万头牲畜淹死，200 多万吨粮食被毁，受灾人数达 2000 万人

续表

灾害	灾情
1998 年长江洪水	是继 1931 年和 1954 年两次洪水后，20 世纪发生的又一次全流域型的特大洪水之一；受灾面积 3.18 亿亩，受灾人口 2.23 亿人，死亡 4150 人，直接经济损失达 1660 亿元
1975 年驻马店水库垮坝	8 月，受强降雨影响，河南省驻马店附近共计 60 多个水库相继发生垮坝溃决，约 1000 万人受灾，2.6 万人死亡，直接经济损失近百亿元，成为世界最大最惨烈的水库垮坝惨剧
20 世纪 60 年代末期非洲撒哈拉沙漠旱灾	波及范围最广、影响最为严重的一次大旱，遍及 34 个国家，受灾人口 2500 万人，逃荒者逾 1000 万人，累计死亡人数达 200 万以上。仅撒哈拉地区死亡人数就超过 150 万
明朝崇祯旱灾	明崇祯年间，华北、西北从 1627 年到 1640 年发生了连续 14 年的大范围干旱，“赤地千里无禾稼，饿殍遍野人相食”。这次特大旱灾加速了明王朝的灭亡
2004 年印度尼西亚苏门答腊海啸	近海 9 级大地震产生的海啸，袭击印度洋周围的多个国家，灾害极为严重。遇难者总数两周内超过 30 万人。引起了全世界对印度洋海啸的重视
1896 年日本“明治海啸”	明治 29 年日本海域 8.5 级大地震引发的海啸波到达日本东海岸，水位高达 38.2 m，造成约 21900 人死亡，船舶损失 5720 多艘。这次海啸被称为“明治海啸”
2011 年东日本海啸	海域 9.0 级大地震引起海啸，约 16000 人死亡、2600 人失踪，福岛核电站泄漏，为日本二战后伤亡最惨重的自然灾害。日本政府宣布，每年 3 月 11 日定为“国家灾难防治日”
1960 年智利海啸	智利近海发生 9.5 级特大地震（人类有仪器之后记录到的地球上最大的地震），地震产生的巨大的海啸波以飞机的速度传遍了整个太平洋。袭击了夏威夷和日本
1970 年 5 月秘鲁大雪崩	大地震引发大雪崩，泥石流将瓦斯卡兰山下的容加依城全部摧毁，合计死亡人数达 5.2 万人之多，造成的经济损失超过 5 亿多美元

续表

灾害	灾情
2005 年美国“卡特里娜”飓风	美国历史上遭受的最大的 5 级飓风，也是美国死亡人数最多（1833 人）的飓风，灾区有 30 万至 40 万儿童无家可归。多处航天设施遭飓风破坏。美铁火车服务中断
1922 年汕头台风	8 月 2 日，太平洋台风在汕头地区登陆。海水陡涨 3.6 m，沿海 150 km 堤防悉数溃决，汕头城平均水深 3 m，死亡 7 万多人
2013 年超强台风“海燕”	11 月上旬，2013 年全球强度最强的台风“海燕”在菲律宾登陆，造成 6300 人死亡、1062 人失踪，经济损失 43.9 亿美元。“海燕”造成中国 30 人死亡、经济损失 7.5 亿美元
2019 年澳大利亚大火	9 月发生大火，燃烧了 4 个月。10 亿只动物被大火波及，至少 5 亿只动物在火灾中惨死，超过 2 万只澳大利亚国宝动物袋鼠在大火中死亡，三分之一的考拉丧生
2020 年西宁公路塌陷	1 月 13 日青海西宁南大街发生路面坍塌，一辆公交车陷入其中，10 人遇难。城镇化率已接近 70% 的中国，地面塌陷问题对城市道路带来了威胁，提出新的减灾任务
1908 年通古斯大爆炸	6 月陨石在大约离地 6～10 km 的上空爆炸，产生的爆炸效果与约 1000 万吨级的 TNT 炸药相当。如果晚到 8 小时，它就可能把伦敦城变成一片瓦砾场

不听话，有惩罚

人和自然相处的第一件事，就是认识地球系统的复杂性，探索地球的奥秘，认识地球的巨大力量，从科学上要“敬畏地球”，不断地拓展人类认知的边界。

黄河既是中华民族的母亲河，也是河岸人民的忧患。1952 年毛泽东主席视察黄河后就写下“一定要把黄河的事情办好”的嘱咐。

为了治理洪水，人类建造了许多水坝，每一座建成或毁弃的水坝，都是一座纪念碑，有的记载了人类征服和改造自然的丰功伟绩，有的却留下大自然报复人类的痕迹。

20 世纪 60 年代，我国要在黄河中游修建三门峡水库，当时委托苏联列宁格勒水电设计院进行设计。1956 年苏方提出“高水位蓄洪拦沙”方案，清华大学的黄万里教授就提出不同意见。最有意思的是，一位刚出校门的青年技术员温善章两次向国务院提出他的意见，反对苏方的方案，主张“低水位泄洪排沙”。温善章的败北是难以避免的，因为双方地位悬殊，加上人们治理黄河的愿望如此强烈，所以“胜负之数，无待蓍龟”。

1960 年 9 月，三门峡水库工程建成蓄水，投入使用。谁都没有想到，大自然的报复竟是如此的无情和迅速！运行后一年，水库内就猛淤泥沙 15 亿 t，运行后两年，淤泥沙 50 亿 t，直逼西安。1964 年，国务院紧急召开治黄会议，周恩来总理亲自主持会议，决定工程必须改建，降低水位，增加泄洪排沙能力，降低蓄水位，这又向“温善章方案”靠近一步。

周恩来的伟大之处，不仅在综合各方面意见指出了正确方向，而是在会议期间他说过的那些话：“底孔排沙，过去有人提过，温善章是个刚从学校毕业不久的学生……，当时把他批评得很厉害。我们要登报声明，他对了，我们错了，给他恢复名誉”“当时决定三门峡工程就急了点。头脑热的时候，总容易看到一面，忽略或不太重视另一面，不能辩证地看问题。”讲得多好啊，这才是一个伟人应该讲的话，可惜愿意和敢于这么讲的人太少了。三门峡水库失误的原因主要是对黄河水沙运行规律认识不足，最初提出的蓄水拦沙治黄方略被证实是错误的。

天地不仁，以万物为刍狗。大自然也有他自身的法则，这些法则既是冷酷无情的，却也是公正公平的。在大自然的法庭里，法官一锤定音，不存在再审或上诉的机会。大自然毫不吝啬给我们无数恩赐，无私地关怀人类，但同时，它要求我们学习它的法则，并遵守它的规定。

和谐共生

人类发展至今，已经逐渐懂得，地球是我们的命脉，是我们生存条件的来源，因此已经有了保护地球的意识，而且也已经开始这么做了。如对于可能诱发地震的页岩气开发，我们采取的态度是：不是不开发，也不是乱开发，而是建立“红绿灯”式的开发，要和地球“和谐共生”。人类并不是地球的“病毒”，只要我们愿意，未来我们仍然能成为地球的好公民。

人类的巨大变化

人是生物圈中最重要的部分，是改造自然的强大力量，也是最容易遭受自然灾害的脆弱群体。最近一段时间，生活在地球上的人类也发生了巨大的变化：人口快速增加和快速集中（城市化），人口分布发生巨大变化，但随着人类财富的不断增加，人类社会抗御地球变化的能力反而越来越不足（易损性）。

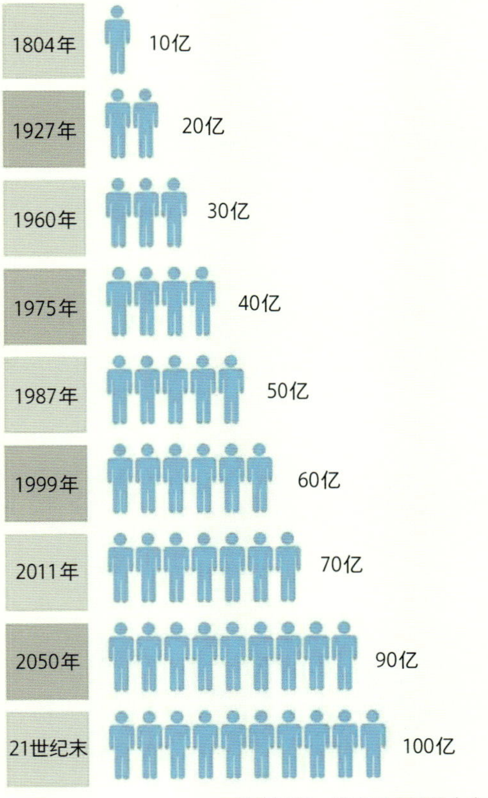

● 世界人口每增长10亿所需时间。联合国人口署给出了世界人口每增加10亿所用的时间。从自然灾害角度看，成灾因子袭击的对象——承灾体是越来越大了

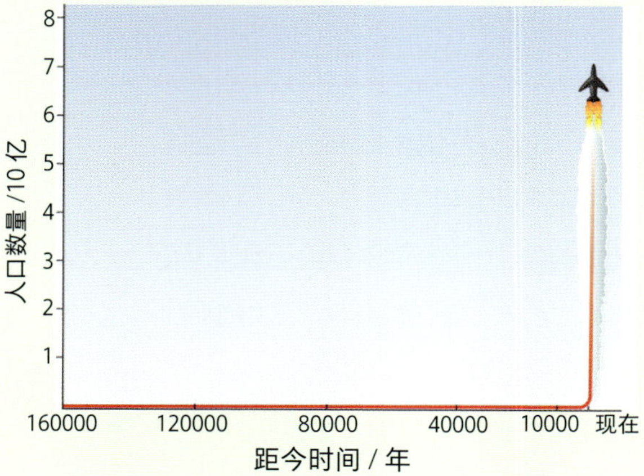

● 历史时期的人口增速。地球年龄已超过 45 亿年（4.5×10^9 年），来看看最近的 16 万年（1.6×10^5 年）地球上的变化，如果把人也看成是地球系统的一部分，那么地球上最大的变化莫过于人口的增加了，如果地球带给人类的资源基本不变，人口增加，人均数量的减少会影响社会的可持续发展

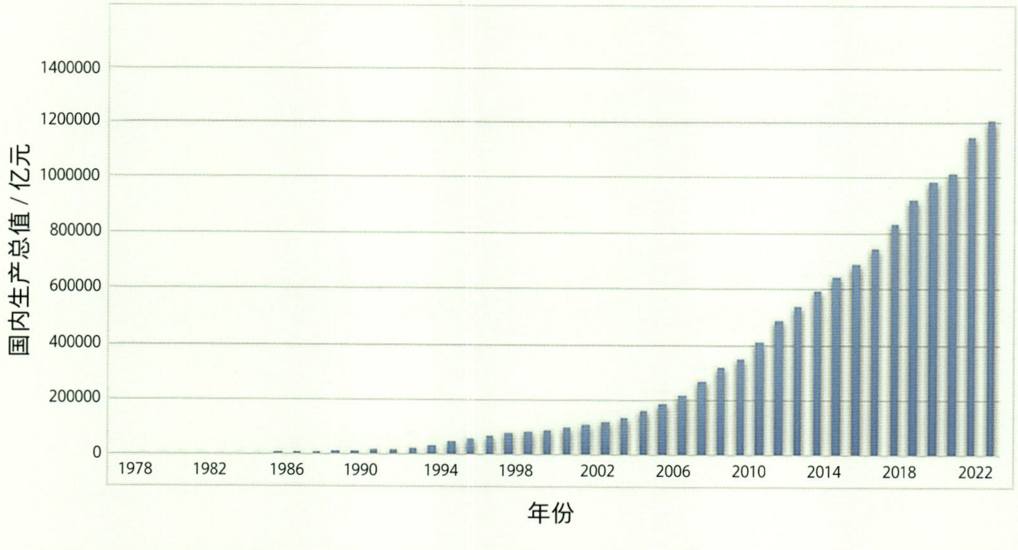

● 1978 年以来中国的国内生产总值（GDP）（数据来源：国家统计局）。用 GDP 作为社会财富的间接测量，社会财富的增长可以从中国的国内生产总值（GDP）的发展趋势看出，从 1978 到 2022 短短的 40 多年，中国的 GDP 已超过了 120 万亿元，增长了上百倍。在地球 46 亿的历史中，40 年可能连“一瞬间”都算不上，但是在“人和自然”的共同系统中，“人”的部分发生了令人意想不到的巨大变化

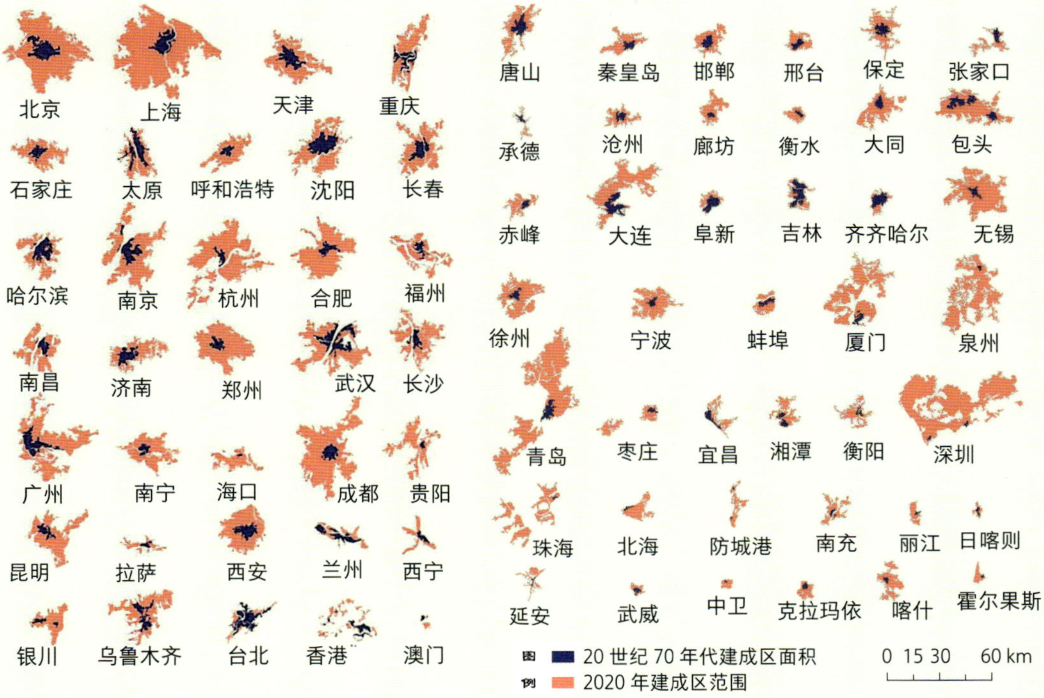

● 1972～2020 年中国城市化进程。蓝色区域为 1972 年的城市规模，红色区域为 2020 年的城市规模。除了人口快速增长，人口城市化的迅速发展，给减轻自然灾害提出了新的问题，城市灾害学的问题变得越来越重要（图源：中国科学院空天信息创新研究院，2021）

● 拥挤的东京。对于大东京城区而言，为维持该区人们的生存，需要有一块约为日本国土面积三倍大的土地来生产农作物（图源：Pixabay）

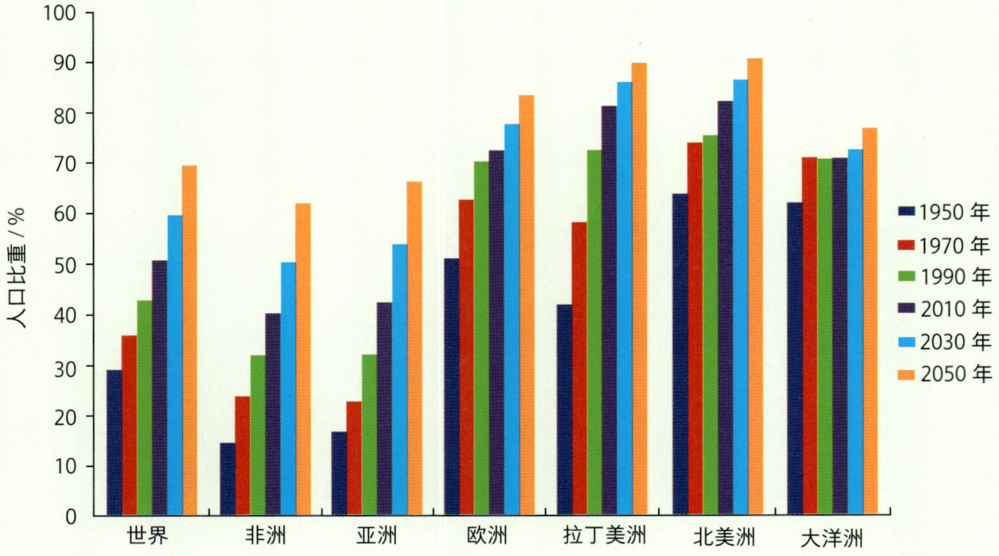

● 1950～2050 年世界各大洲的城市人口比重（数据来源：联合国人口署，2010）

● 电影《洛杉矶大地震》海报。北岭（洛杉矶附近的小城市，地名）地震后，电影《洛杉矶大地震》问世了。一个不大的 6.6 级地震，极低的人员伤亡率，引起全美国社会的高度重视，还专门拍出电影的原因是，这次地震影响的不仅仅是当地的居民，还有整个美国的经济和社会

早期，灾害造成的破坏主要是人口伤亡、房屋倒塌、桥梁破坏、财产损失等。近年来，随着城市化发展，自然界变化对人的影响从个体的人扩大到整个社会。1994 年 1 月 17 日，美国洛杉矶附近人口密集的北岭（地名）发生里氏 6.6 级地震，因为洛杉矶城市建筑具备非常好的防震功能，地震造成的死亡人数仅为 57 人。但是地震的经济损失却高达 300 亿～500 亿美元。这是因为洛杉矶地区是全美第二大城市带，经济密度相当高，灾害的放大效应非常明显，形成了低人口死亡率、高经济损失率的灾情特征。

和谐共生，绿色发展

一百年对于无尽的时间长河而言，只不过是短短的一瞬间，但人类就是这短短的百年时间里，成为了地球上每一块土地的统治者，而且现在正把大气层（想想天上有那么多飞机就了解）和海洋纳入自己的生活版图。

人来自于自然、依赖于自然，人因自然而生，是自然界长期发展的产物；人类社会早期，人类和大自然界中的动物一样服从于自然的权力，人类只能消极地顺从和敬畏自然；后来，随着生产工具的改进，人类对于开发和改造自然的能力不断提升，一开始自然界和人类尚能和谐共处，但随着工业革命，特别是进入现代科技发展的时代后，人类的观念也开始在发生变化，部分人出现了“人类主宰自然”“人定胜天”的思想，人类开始凌驾于自然界之上，“人类主宰自然”的想法使人与自然处于对立关系；伴随人类在改造和征服自然的过程中，人类这种想法得到了自然的报复，地球生态环境的恶化，使人们开始转变理念，认识到人与自然要和谐共生，要认识地球，敬畏自然。人可以通过劳动改造自然，也按照对自己有用的方式把自然界中天然存在的物质要素变成适合自己需要的东西，但是人的活动必须始终遵循自然规律，绝不可能凌驾于自然界之上。人类虽然可以能动地支配自然、改造自然，但是如果人类不尊重自然规律，不保护自然，那么，人类就会受到自然界的报复。

2024 年 4 月 22 日是第 55 个世界地球日，这一年的宣传主题是“珍爱地球 人与自然和谐共生”。

科学减灾

地球系统的研究对于人类社会具有重要的意义。首先，它可以帮助我们知道地球系统是如何运作的，从而更好地理解和预测自然灾害，如洪水、干旱、地震等。其次，它可以帮助我们知道人类活动如何影响地球系统，从而制定出更加可持续的发展策略。

严重的自然灾害

慕尼黑再保险公司（Munich Re Group）统计了全球的自然灾害，发现 1980～2010 年的 30 年间，灾害有不断增长的趋势。

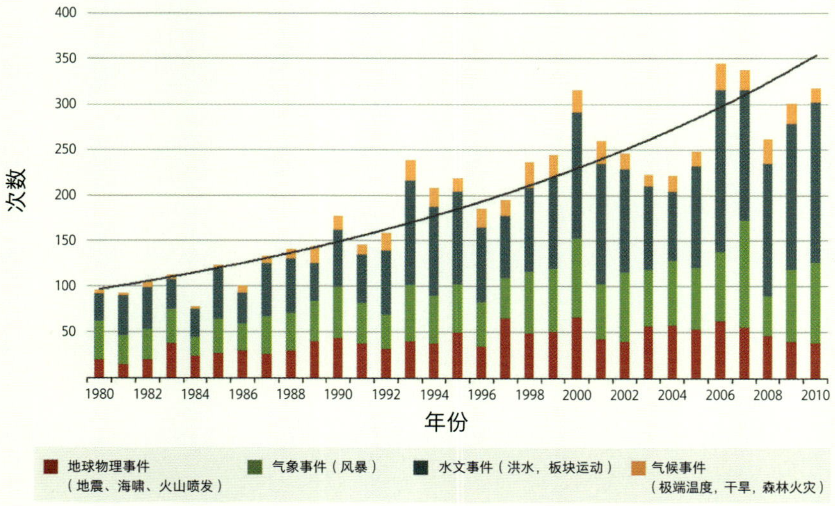

● 1980～2010 年亚洲发生自然灾害的次数和趋势统计。图中的气象事件、水文事件、地球物理事件和气候事件分别发生在地球的大气圈、水圈、岩石圈和生物圈

2022 年 2 月 6 日凌晨，土耳其南部发生两次 7.8 级地震，造成极为严重的破坏

2018 年 10 月 11 日，联合国国际减灾战略署（United Nations International Strategy for Disaster Reduction，UNISDR）发布报告称，自然灾害正在急剧增加，1998～2017 年期间，全球重大自然灾害有 7255 件。全世界因为自然灾害有 130 万人死亡，44 亿人受伤或失去生计，同期造成的财务损失为 2908 亿元，是上一个 20 年（1978～1997 年）的 2.2 倍。中低收入国家死于自然灾害的人数为 122 万，占全球总比例的 90%。

自然灾害是当今世界面临的重大问题之一，联合国于1987年12月11日确定20世纪90年代为“国际减轻自然灾害十年”（international decade for natural disaster reduction，IDNDR）。其目标是：增进每一国家迅速有效地减轻自然灾害的影响的能力。联合国发起的“国际减灾日”在1989年定于每年十月的第二个星期三。2009年，联合国大会通过决议改为每年的10月13日。

● 自然灾害已成为全世界社会公众最关心的问题，近年出现许许多多的灾害电影

历年国际减灾日主题

年份	主题
1991	减灾、发展、环境——为了一个目标
1992	减轻自然灾害与持续发展
1993	减轻自然灾害的损失，要特别注意学校和医院
1994	确定受灾害威胁的地区和易受灾害损失的地区——为了更加安全的 21 世纪
1995	妇女和儿童——预防的关键
1996	城市与灾害
1997	水：太多、太少——都会造成自然灾害
1998	防灾与媒体——防灾从信息开始
1999	减灾的效益——科学技术保护了生命和财产安全
2000	防灾、教育和青年——特别关注森林火灾
2001	抵御灾害，减轻易损性
2002	山区减灾与可持续发展
2003	面对灾害，更加关注可持续发展
2004	减轻未来灾害，核心是如何“学习”
2005	利用小额信贷和安全网络，提高抗灾能力
2006	减灾始于学校
2007	防灾、教育和青年
2008	减少灾害风险 确保医院安全
2009	让灾害远离医院
2010	让儿童和青年成为减少灾害风险的合作伙伴
2011	建设具有抗灾能力的城市——让我们作好准备
2012	女性——抵御灾害的无形力量

续表

年份	主题
2013	面临灾害风险的残疾人士
2014	提升抗灾能力就是拯救生命——老年人与减灾
2015	掌握防灾减灾知识，保护生命安全
2016	用生命呼吁：增强减灾意识，减少人员伤亡
2017	建设安全家园：远离灾害，减少损失
2018	减少自然灾害损失，创建美好生活
2019	加强韧性能力建设，提高灾害防治水平
2020	提高灾害风险治理能力
2021	构建灾害风险适应性和抗灾力
2022	早预警、早行动

自然灾害的特点和属性

自然灾害是由自然因素引起的，具有突发性、大规模性、高破坏性、不可预测性和持续性等特点，因此必须采取科学有效的预防和应对措施，以减轻其对人类社会和环境的影响。

（1）突发性。自然灾害通常都是突然发生的，很难提前预测和预防，例如地震、台风、龙卷风等。

（2）大规模性。自然灾害的影响范围广泛，涉及面积较大，可以跨越国家和地区的界限，例如地震、洪水、暴风雨等。

（3）高破坏性。自然灾害通常会造成巨大的破坏和损失，对人类的生命财产以及环境造成严重影响，例如地震、洪水、台风等。

（4）不可预测性。自然灾害的发生往往是不可预测的，虽然科技可以提供一些预测和警报，但总体上还是无法完全预测自然灾害的发生，例如地震、火山喷发、龙卷风等。

（5）持续性。自然灾害的影响通常是长期的，甚至可以持续几年或几十年，例如旱灾、沙漠化等。

自然灾害难以避免。但随着科技的进步和社会防灾知识的普及，我们可以做到减轻自然灾害。减轻自然灾害，要从认识自然灾害开始。以地震为例，地震具有三种属性——自然科学属性、工程科学属性和社会人文科学属性。不同种类的自然灾害的特性和减灾防御措施都是有所不同的，但减轻自然灾害主要思路大体是相同的。减轻灾害应该从三种属性方面着手。

● 西方版画中记载的 1805 年意大利那不勒斯地震。图中显示的灾害场面可以看出地震的 3 种属性：大地震动地面开裂——自然科学属性；教堂倒塌、建筑物破坏——工程科学属性；衣着不同的人们惊慌失措——社会人文科学属性

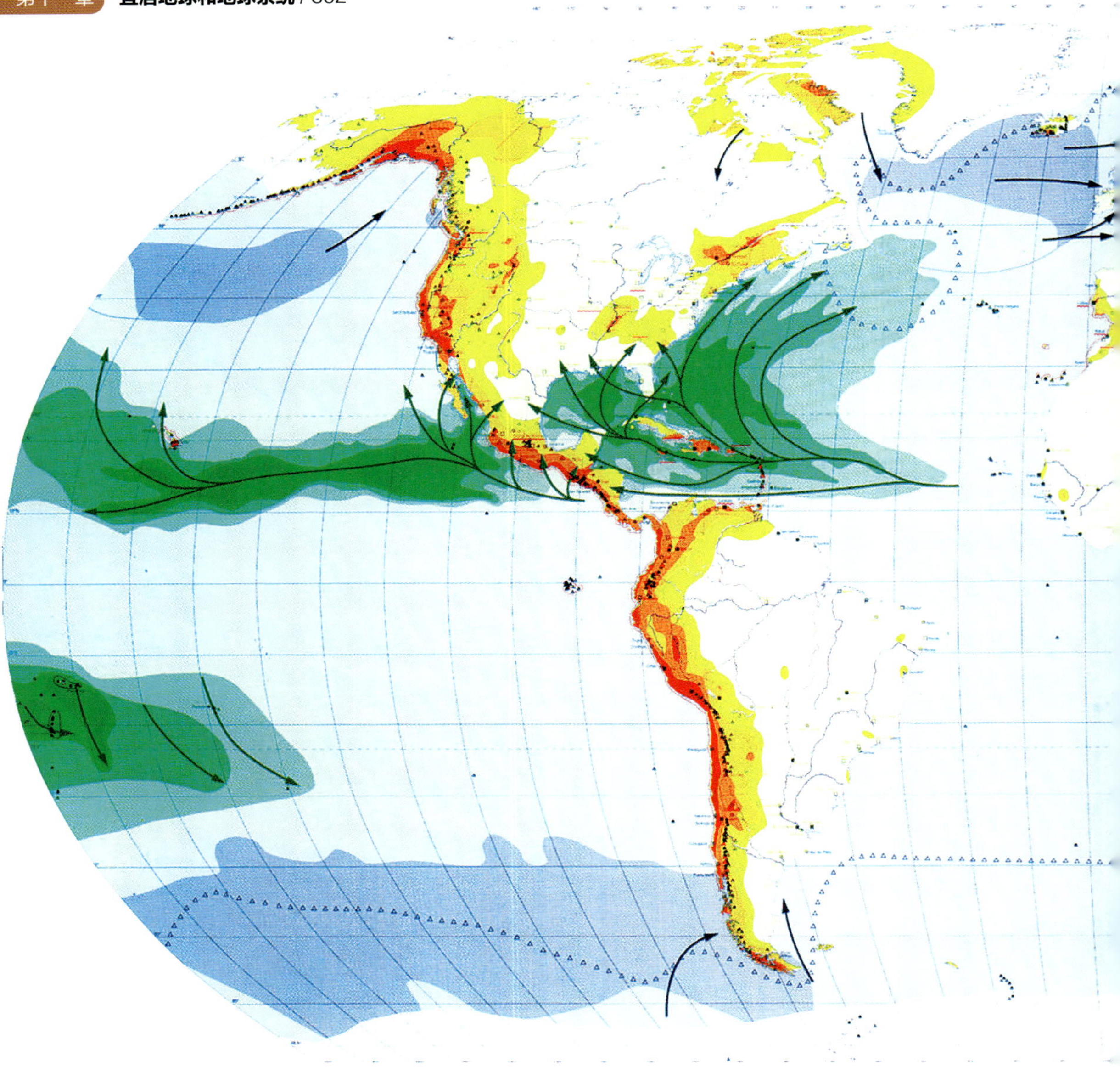

地震

- 区域 0 MM V 级或 V 级以下
- 区域 1 MM Ⅵ级
- 区域 2 MM Ⅶ级
- 区域 3 MM Ⅷ级
- 区域 4 MM Ⅸ级或Ⅸ级以上
- 具有“墨西哥城”效应的大城市

50 年超越概率 10%——相当于 475 年一遇的地震在普通底土情况下可能的最大地震烈度（MM：经修正的梅尔卡里地震烈度表）

火山

- 最后一次爆发于公元 1800 年前
- 最后一次爆发于公元 1800 年后
- 异常危险的火山

海啸和风暴潮

- 海啸灾害（地震海浪）
- 风暴潮灾害
- 海啸和风暴潮灾害

● 慕尼黑再保险公司提供的全球自然灾害分布图。自然灾害在地球上不是均匀分布的，特定种类的灾害集中发生在某些特定地区

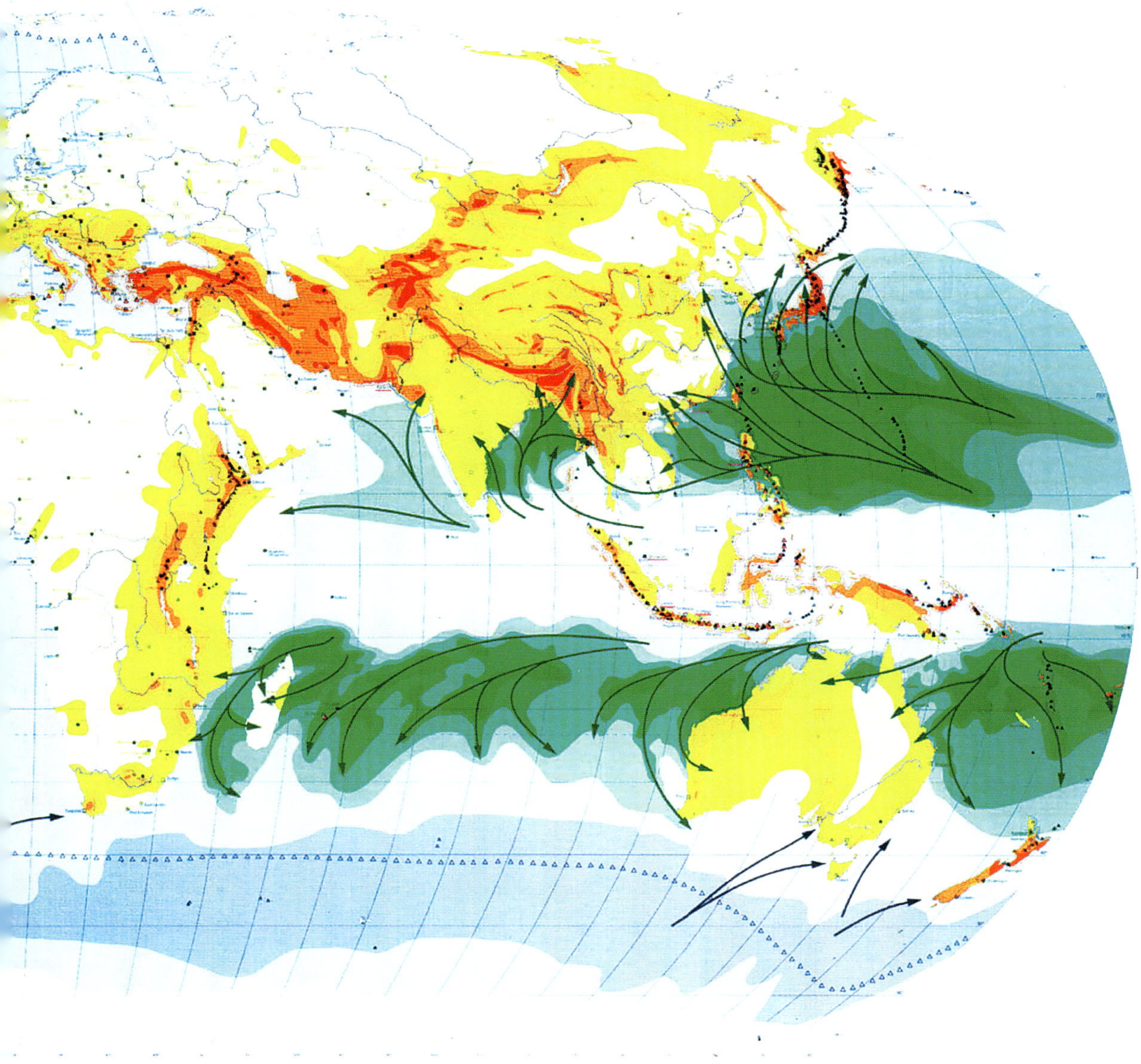

热带风暴和旋风

- 1 级区　SS1（118～153 km/h）
- 2 级区　SS2（154～177 km/h）
- 3 级区　SS3（178～209 km/h）
- 4 级区　SS4（210～249 km/h）
- 5 级区　SS5（≥ 250 km/h）
- 热带风暴的主行进路线

10 年内超越概率为 10%——百年一遇的风暴最大强度（SS：萨菲尔－辛普森飓风风力等级表）

非热带风暴 / 冬季风暴

- 主要发生在冬季的强烈非热带风暴
- 非热带风暴的主行进路线

其他自然灾害

- 冰山漂浮的界限
- 浮冰群（冬季最大限度）
- 每年超越概率为 10%——10 年一遇高度 >5 m 的怒涛巨浪

灾害预报——减灾的自然科学属性

大多数自然灾害都有特定的原因和发生机制，比如，旱涝与太平洋异常洋流和天文潮汐中的汛期有关，地震则与地壳板块运动有关，台风与赤道大气运动有关。于是，为了观测天气变化，人类发明了气象卫星；为了预警海啸，人类在海底放置传感器等。人们在地面上建立了许多对地球四个圈层进行监测的科学观测点，包括人造卫星、地面气象站、水文站、地震台、地质环境监测站等组成自然灾害监测系统，主要对自然灾害的孕育、发生、发展和致灾的全过程进行动态监测，力争在灾害发生前做出灾害预报。

灾害预测是推动人类技术进步的重要动力，但灾害预测也是全世界的科学难题。全球地面上有上万个气象台，每天上千个气球探测高空的大气参数，上百个气象卫星在天空飞来飞去。24 小时下雨 50 mm 定义为暴雨，2021 年国际气象组织（WMO）数据表明，即使有先进的观测技术，全球暴雨预报的成功率（说下雨就下雨）仅为 20%，其余为虚报（说了下雨没下雨）和漏报（没说就下雨）。再以地震预报为例，一次大地震，积累能量的时间需要几千年，至少要几百年，准确判断几百年中哪一天会发生地震，绝对是个小概率事件，不确定性极大。到目前为止，尚无成功预报地震成功的例子（1975 年海城地震预报是否成功，尚有争论。如果政府在科学家发布灾害预报后，采取一些行政规定（如涉及交通管制、停产等），也将面对极大的风险。

2024 年 8 月 8 日，日本宫崎县日向滩区域发生 7.1 级地震。日本气象厅根据历史地震数据，认为日本南海海槽发生 8 至 9 级大地震的可能性在“70% 至 80%”，届时沿海地区或将遭遇 30 m 高的巨大海啸，面临多达数十万人死亡，约数百万栋房屋被毁的威胁。于是日本气象厅发布了南海海槽将发生“巨大地震”的临时预警，呼吁民众在未来一周做好大地震防灾准备。但一周后未发现明显的地壳变动，日本当局于 15 日宣布解除预警，同时表示“发生大地震的可能性并没有消除，希望民众定期确认平时的防灾准备”。

在可能发生大地震的地区由于出现一些异常的现象，政府发布“临时预警”，拟定非强制性措施，随后又解除“预警”，这种做法颇有新意，不仅符合当前科技水平，而且适应信息社会的特点，是对传统地震预报的改进。

高质量的建筑——减灾的工程科学属性

要减轻自然灾害，就需要不断增加社会抵御灾害的能力，这包括增加建筑物的抗震和抗风能力，修建堤坝和障碍物以减少洪水和海啸的影响，制定并执行关于边坡坡度的规范来预防滑坡，并建立灾害预警系统，尽可能避免自然灾害升级为社会灾害。

● 北京大兴国际机场占地 140 万 m^2。航站楼是按照客流吞吐量 1 亿人次，飞机起降量 80 万架次的规模建设的（2040 年），是全球最大的单体隔震建筑，成为了全球减隔震行业的新标杆。航站楼设防为Ⅷ度，可抗御 20 km 外发生的 8 级大地震

台北 101 大楼。台北 101 大厦在 88 至 92 层挂置一个重 660 t 的钢球，被称为“减震球”。其直径达到了 5.5 m，重达 660 t，是世界上最大的摆式减震装置之一。在台风和地震情况下，利用大球的惯性来减缓建筑物的晃幅。台北 101 大楼占地面积 30277 m^2，建筑面积 39.8 万 m^2，高 508 m，包含办公塔楼 101 层及高 60 m 的商业裙楼 6 层和地下楼面 5 层。2004 年 10 月，台北 101 大楼当时被认定为三项世界第一，分别为世界最高建筑物、世界最高使用楼层以及世界最高屋顶高度（图源：Pixabay）

上海中心大厦高 632 m，是目前东亚地区最高的大楼。2024 年 9 月 16 日台风“贝碧嘉”在上海登陆，登陆时中心附近最大风力 14 级（42 m/s，强台风级），是 1949 年以来登陆上海的最强台风！上海中心大厦的抗台风阻尼器重达 1000 t（目前世界上最重的阻尼器），位于大厦 125 层，台风时，阻尼器晃动工作，台风过后，大厦平安无事（图源：Pixabay）

科学知识——减灾的社会人文属性

信息时代的到来给自然灾害减灾带来了许多机遇，也带来了挑战。科学知识的普及、灾害信息的收集与快速传播，各种灾害网络平台的出现，对提高社会公众对灾害的科学认识和防范意识是十分重要的。但目前人类预测未来的能力还是十分有限的，社会公众应对这种预测能力应有客观、科学的认识，不应相信各种“灾害谣言”。科技工作者也应实事求是地向公众说明这一点。

● 孙思邈画像。中国唐代医学家孙思邈说过：大医医未病之人，中医医欲病之人，下医医已病之人。这段文字精辟地说明了预防的重要。有人说：“天灾总是在人们将其淡忘时来临”。在灾害来临之前，做好减灾准备，就是预防为主的中心思想

自然灾害的小灾多，中灾少，大灾更少。例如，每年小地震有几百万次，而 8.5 级的大地震每 3 年才发生 1 次。全球中等规模的洪水一年发生 50 余次，特大洪水要千年才发生 1 次。在灾害面前，应树立“小灾靠自己，中灾靠社区，大灾靠国家”的思想。

联合国在新世纪开始时提出的减灾口号是：发展以社区为中心的减灾战略。从 21 世纪开始，中国政府开展了建设“综合减灾示范社区”的行动，到目前为止，已经在全国乡镇建设了许多“综合减灾示范社区”，在提高社区防灾减灾能力方面起到了良好的示范作用。

● 部队赶赴唐山地震现场救援。克服依赖思想，增强民众的防震减灾意识十分重要。1976 年唐山大地震从废墟中救出来的人员，家庭成员对被困者的救治贡献为 55.9%，街坊邻居的贡献为 40.9%，外来力量的贡献仅为 3.2%。据后来统计，驻唐部队万余人，仅占唐山救灾总兵力的 20%，然而他们抢救出了 15893 名被埋压的居民，占救灾部队抢救出总人数的 96%。这从另一个侧面说明，当地的力量，一旦组织起来，就会成为救灾的主要力量，即使对于特大型灾害也是如此（图源：唐山市政协文史资料委员会）

人生活在天地之间，以天地自然为生存之源、发展之本，在与自然的相互作用中，既要利用自然，发展人类文明，又要减轻自然变化给人类带来的灾害。自然灾害造成的死亡和毁灭的场景，如 2004 年印度洋海啸、2008 年中国汶川大地震、2011 年日本大海啸等，常常会浮现在社会公众的眼前。自然灾害虽然难以避免，但是科学技术的发展为应对减灾问题提供了机遇，社会有效的灾害应急管理增加了减灾的实效。加强自然灾害的成因研究，分享已经取得的减轻自然灾害及其影响的相关知识，一个更安全的世界等待我们共同创建。

主要参考文献

比尔 · 布莱森 . 2017. 万物简史 . 南宁 : 接力出版社 .

陈颙 . 2015. 自然灾害 (第四版). 北京 : 北京师范大学出版社 .

DK 公司 . DK 小科学馆 : 火山 . 2020. 叶红婷 , 赵薇译 . 北京 : 中信出版集团股份有限公司 .

房龙 . 2013. 房龙地理 . 北京 : 中国友谊出版社 .

哈钦森等 . 2011. 中国国家地理自然百科系列 : 海洋 . 王辉 , 李旭奎译 . 北京 : 中国大百科全书出版社 .

蒋沛含 , 蒲勇 . 2019. 传承 " 三线精神 " 铸就矿山辉煌——记攀钢矿业攀枝花铁矿发展历程 . http://www.csteelnews.com/special/1034/dsf12aa/201908/t20190814_15808.html[2025-04-01]

杰弗里 · 贝内特 , 塞思 · 肖斯塔克 . 2016. 宇宙中的生命 . 北京 : 机械工业出版社 .

劳伦 · 塔西斯 . 2022. 海啸奇迹 . 付畅园译 . 南宁 : 接力出版社 .

潘家铮 . 2011. 千秋功罪话水坝 . 北京 : 清华大学出版社 .

钱钢 , 耿庆国 . 1999. 二十世纪中国重灾百录 . 上海 : 上海人民出版社 .

宋键 , 吴庆举 , 杨歧焱等 . 2015. 蒙古—贝加尔裂谷区地壳构造运动的 GPS 研究 . 地球物理学进展 , 30(1): 40–46.

汪品先 . 2022. 科坛趣话 : 科学、科学家与科学家精神 . 上海 : 上海科技教育出版社 .

汪品先 , 田军 , 黄恩清 , 等 . 2018. 地球系统与演变 . 北京 : 科学出版社 .

王琛岩 周浩亮 鞠晓刚 . 2021. 威海 : 市区出现 " 冰河世纪 " 奇观 . http://sd.cma.gov.cn/gslb/whsqxj/xwzx/qxwh/202112/t20211227_4328960.html[2025-04-01]

徐义刚 . 2024. 地球科学对人类文明的贡献 . 中国科学院学部第九届学术年会 .

徐义刚，黄小龙，王强，等 . 2024. 地球宜居性的深部驱动机制 . 科学通报，69(2): 169–183.

伊恩 · 斯图尔特，约翰 · 林奇 . 2013. BBC 科普三部曲——地球：行星的力量 . 王昭力，聂永革译 . 北京：北京理工大学出版社 .

英国 DK 公司 . 2018. DK 地球大百科 . 王纯纯等译 . 北京：电子工业出版社 .

英国 DK 公司 . 2018. DK 儿童太空大百科 . 孙降生译 . 北京：中信出版社 .

英国 DK 公司 . 2019. 太阳系 /DK 小科学馆 . 韩魏译 . 北京：中信出版集团股份有限公司 .

张九辰 . 2022. 人文地球：人类认识地球的历史 . 北京：北京大学出版社 .

张玉祥 . 1982. 古代世界七大奇迹 . 北京：商务印书馆 .

郑度 . 2005. 地球 . 上海：上海科学技术出版社，上海科技教育出版社 .

中国大百科全书出版社《不列颠百科全书》国际中文版编辑部 . 2007. 不列颠百科全书 . 北京：中国大百科全书出版社 .

中国大百科全书总编辑委员会 . 2002. 中国大百科全书：固体地球物理学、测绘学、空间学 . 北京：中国大百科全书出版社 .

中国地震年鉴编辑部 . 2012. 中国地震年鉴 . 北京：地震出版社 .

中国气象爱好者 . 2020. 云南大理洱海突现龙吸水，网友拍下奇特一幕！分析：危险又罕见 . https://news.qq.com/rain/a/20200805A0YPP100 [2020-08-05].

朱莉 · 罗格 . 火山的故事 . 2023. 成都：四川科学技术出版社 .

朱日祥，侯增谦，郭正堂，等 . 2021. 宜居地球的过去、现在与未来——地球科学发展战略概要 . 科学通报，66(35): 4485–4490.

Angela M. 2023. Unearth Intriguing Facts about Dinosaurs: Unveiling Their History[2025-04-01].

Bettany H. 2024. The Seven Wonders of the Ancient World. New York: Penguin Random House.

Catling D C, Zahnle K J. 2020. The Archean atmosphere. Science Advances, 6(9): eaax1420.

Chen Y, Booth D C. 2011. The Wenchuan Earthquake of 2008: Anatomy of a Disaster. Beijing: Science Press.

Gower J. 2005. Jason-1 detects the 26 December 2004 tsunami. EOS, 86(4): 37–38.

Guidoboni E, Boschi E. 2006. Vesuvius before the 1631 eruption. Eos, Transactions American Geophysical Union, 87(40): 417–423.

Healy J H, Rubey W W, Griggs D T, et al. 1968. The denver earthquakes. Science, 161(3848): 1301–1310.

IPCC. 2001. Climate Change 2001: The Scientific Basis. Contribution of Working Group I to the Third Assessment Report of the Intergovernmental Panel on Climate Change. New York :Cambridge University Press.

Kiehl J T, K E Trenberth. 1997. Earth’s annual global mean energy budget.Bulletin of the American Meteorological Society, 78, 197–208.

Patrick L Abbott. 2018. Natural Disasters. New York: Mc Graw Hill.

Sepkoski J J. 1984. A kinetic model of Phanerozoic taxonomic diversity. III. Post-Paleozoic families and mass extinctions. Paleobiology, 10(2): 246–267.

Steven Earle. 2015. Factors That Control Slope Stability. https://open.maricopa.edu/physicalgeology/chapter/15-1-factors-that-control-slope-stability/[2025-04-01].

Steven Earle. 2020. Environmental Geology. Kamloops: Thompson Rivers University.

Thompson L G, Mosley-Thompson E, Davis M E, et al. 2002. Kilimanjaro ice core records: Evidence of Holocene climate change in tropical Africa. Science, 298, 589–593.

Wang K, Chen Q F, Sun S, et al. 2006. Predicting the 1975 Haicheng earthquake. Bulletin of the Seismological Society of America, 96(3): 757–795.

附录

P8

问题：从地面温度 15℃的山下登顶泰山（1532.7 m），山顶的温度和气压是多少？

提示： 根据国际计量大会标准，每上升 100 m，温度下降约 0.65℃，从海平面开始，每上升 100 m，气压下降约 1.0 kPa。因此，在 1532 m 高的泰山山顶，温度约为$(15-0.65\times15.32)$℃ $\approx$ 5.3℃左右，气压约为$(101.325-1.0\times15.32)$ kPa $\approx$ 86.95 kPa。需要注意的是，实际气压还会受到天气变化等因素的影响，具体数值可能会有所偏差。同样的方法可以估计珠峰顶上的温度和气压值。

P10

问题：为什么中国－北美之间喜欢选择北极航线？

提示： 北极的平流层底部海拔较低，飞行高度也较低，相比南北太平洋航线的飞行高度在 10～13 km 左右的平流层，飞行高度更低的北极航线有利于降低飞行阻力，进一步减少燃油消耗和碳排放。而且，相比传统的南北太平洋航线，北极航线更为直接，可以节省飞行距离和时间。随着全球变暖导致北极冰层逐渐消融，北极航线的可行性和经济性也在不断提高。

问题：珠穆朗玛峰离太阳更近，为何峰顶温度却很低？

提示： 珠穆朗玛峰虽然很高，相比太阳到地球的距离，就算不上什么了。它的温度主要由地球大气圈的温度分布决定的。高海拔地区的大气比较稀薄，保温效果差，来自地面的长波辐射也少，海拔每升高 100 m，温度大约下降 0.65 ℃。位于赤道附近的乞力马扎罗山（位于肯尼亚）的高峰上就有常年积雪。

P11

问题：如果没有大气层，地球会怎样？

提示：如果没有大气层，地球将会变得非常不适宜生命存在：①地球表面将迅速失去热量，导致温度骤降；②没有大气层，地球上就没有氧气，生命将无法在这样的环境中存活；③强烈辐射：地球将暴露在来自太空的强烈辐射中，包括紫外线和X射线；④大气层还为地球提供了保护层，能够阻挡来自太空的陨石和彗星碎片。

P12

问题：地球上是山高，还是水深？

提示：喜马拉雅山的珠穆朗玛峰高8848.86 m，马里亚纳海沟深10909 m

P16

问题：海水是咸的，为什么海冰却是淡的？

提示：普通的淡水在零度时会结冰，而海水含有许多盐，所以到了零度也不会结冰，只有温度更低时才会结冰。海水可以视为纯水和盐分的混合，当纯水开始凝结时，它们会首先和同类结成冰晶，而把盐分排斥在外，用通俗的话说，水不带盐分玩。附近的盐分只能融入还没有结冰的海水。因此，我们如果有机会尝尝海水结的冰，一定会发现它是淡的。这些海冰也就是北极圈因纽特人淡水的来源。但如果把海水直接放到冰箱里速冻，那盐分也将无处可融，所结的冰也一定是咸的。

P18

问题：地球上有多少冰？

提示：地球大约 1/10 的陆表被冰覆盖，在南北两极形成厚厚的冰盖。南极冰盖的厚度达 3000 多米，体积多达 2500 km^3，要是全部融化的话，足以使海平面升高 60 m。而在北极，冰只有 5 m 厚。所以，破冰船在北极可以用得很好，但到了南极就要非常谨慎了。

P20

问题：海水能淡化吗？

提示：海水淡化（sea water desalination）是人类追求了几百年的梦想，有人预言，19 世纪人们争煤，20 世纪争油，21 世纪可能争水。常用的淡化方法有蒸馏法、反渗透膜法（利用只允许溶剂透过、不允许溶质透过的半透膜，从而将海水与淡水分隔开），以及冻结法等。这些方法也面临着一些挑战，目前最大的挑战包括能耗高、成本高昂以及环境影响等问题。

P47

问题：月球距离太阳和地球几乎相当，为什么不适合人类居住？

提示：活力地球内部活跃的岩浆喷出大量气体，帮助建立了大气层，还为我们提供了磁场，使我们不受宇宙辐射的伤害，它还给了我们板块构造，不停地更新地面。从星球演化角度看，月球是一颗死亡的星球。

P56

问题：煤和石油是如何生成的？

提示：煤和石油都是化石燃料，是从古代植物和动物的遗体和生物碎屑中形成的。煤的生成是在古代的沉积作用中，植物遗体和生物碎屑被埋在泥沙和碎石中，逐渐被压实和加热，水分和气体被排出，形成煤炭。

石油的生成是在古代的海洋沉积作用中，微生物和浮游生物死后沉积在海底，被覆盖在泥石中，逐渐被压实和加热，形成油藏。它们储藏了古代的太阳能。

P58

问题：家中每天平均用电 2 度（2kW · h），欲安装太阳能电池供电，如何选择电池的面积？

提示： 太阳能电池的平均发电潜力约为 1 kW/m^2。现代太阳能电池的效率通常在 10% 到 20% 之间。假设所在地日照时间为 8 小时，使用 20% 效率的太阳能电池，需要安装的电池面积为：

$$2\text{kW} \cdot \text{h/d} \div (8\text{h/d} \times 0.2) = 1.25\ \text{m}^2$$

因此，如果每天平均用电量为 2 度（2 kW · h），并希望使用太阳能电池供电，需要安装大约 1.25 m^2 的太阳能电池。需要注意的是，这只是一个粗略的估计，实际情况还需要根据具体的条件进行计算。

P64

问题：为什么地下室冬暖夏凉？

提示： 地下室冬暖夏凉是因为地下室位于地下深处，可以得到地下深处的恒定温度，这个温度通常比地面温度稳定，地面温度的变化对地下室温度影响很小。冬季时地下深处比地面温度更高，夏季时地下深处比地面温度更低。此外，地下室四周被土壤包围，土壤的保温性能比建筑墙体要好，也有助于保持地下室的温度稳定。井水冬暖夏凉，也是同样的道理。

P84

问题：地球岩浆海冷却，表面形成固体的外壳；湖水、江水结冰，表面形成固体的冰层，北方的人，能听到冬天的“冰震”吗？

提示： 请看纪录片：《西伯利亚大解冻》（*The Great Thaw: Siberia*）

P89

问题：某地 A，一般建筑物的设防地震烈度是Ⅷ度。什么地震能在 A 地造成烈度Ⅷ的影响？

提示：对于大多数地震，在 A 点附近发生的 6 级地震的震中烈度是Ⅷ度。50 km 外发生的地震，能够在 A 点造成Ⅷ度破坏的，地震震级要达到 7 级，100 km 外的地震，能够在 A 点产生Ⅷ度破坏的，震级要达到 8 级。

P111

问题：离你 50 ~ 200 km 的地方发生地震，人会感到两次明显的震动，根据两次震动的时间差，可以判断地震离你有多远吗？

提示：在这种距离，地震主要产生两类波，P 波和 S 波，它们速度不一样，时间秒数差乘以 8，就是地震离你千米为单位的距离。

P123

问题：世界陆地最热的地方在哪里?

提示：世界上最热的地方不在赤道，赤道地方主要是海洋。最热的地方而在火山熔岩出露地方附近，如埃塞俄比亚的达洛尔，它在非洲板块和印度板块分离的东非大裂谷附近，裂谷中出露火山熔岩，使达洛尔附近的年平均温度达到 43℃。是世界公认的地球热极。火山的加温，是热极产生的根本原因。

P127

问题：北京密云水库的库容是 2.5 km^3，请将大型火山喷出的岩浆与北京密云水库的库容作一比较。

提示：小规模的火山喷发可能只有几百立方米的岩浆喷出。1815 年印尼爪哇岛的坦博拉火山喷发的岩浆体积约为 160 km^3，相当于 60 多个密云水库的库容。需要注意的是，与水相比，岩浆的密度更大，因此即使体积相同，岩浆所含的物质量也要远大于同体积的水。

P147

问题：为什么火山产地的葡萄酒性价比较高？

提示：火山土壤中含有丰富的矿物质和微量元素，如铁、镁、钾等，这些元素对葡萄的生长和果实的成熟有很好的促进作用。此外，火山土壤还具有良好的排水性和保水性，这样可以使葡萄根系更好地吸收养分和水分，从而更好地生长，这也是其性价比较高的原因之一。

P151

问题：如果地球上没有火山会怎么样？

提示：从大自然的奇观、火山岛屿、土壤、农业、科学研究、气候变化、钻石宝藏等方面加以考虑。

P156

问题：如果地球的自转轴倾角是0°，会发生什么？为什么南北回归线的纬度和地球自转轴的角度是一样的？

提示：自转轴倾角是行星的自转轴与轨道平面垂直线的夹角。现在地球自转轴倾角为23.4°，如果倾角为0°的话，地球将不会经历春夏秋冬的季节变化，没有季风，极昼极夜现象消失。

P158

问题：为什么飞机从伦敦飞北京比北京飞伦敦要快1小时？

提示：因为飞机航线经过的平流层底部受到对流层顶部的西风带影响，所以几乎常年都吹着西风。伦敦飞北京，顺风，北京飞伦敦，逆风。

P165

问题：2023 年冬奥会为什么不在东北，而在北京举行？

提示： 国际奥委会在选择冬奥会申办城市时有一个限制性条件，即温度不能低于零下十八摄氏度（冰雪运动的摩擦力在低温下会变大）。中国东北地区属于内陆高寒气候，受西伯利亚寒流影响，冬季常有零下二十摄氏度以下的低温，过于寒冷。另外还考虑到，东北地区的基础设施建设、场地打造等还有欠缺。

P183

问题：与“温室效应”对应，会有“冰箱效应”吗？

提示： “雪球地球”即全球冰冻现象。科学家推测，由于火山喷发以及蓝菌或蓝绿藻等的作用，温室效应被破坏，全球温度下降到 –50℃。“雪球地球”在地球历史中出现过多次。但是在当今的气候变化中，“温室效应”是主要因素，而“冰箱效应”则相对很小。

P222

问题：你能在脸盆中制造“浅水波”吗？

提示： 脸盆盆底放一块面积为 S 的玻璃薄板（密度比水重的任何薄板均可），倒入厚度为 H 的自来水，想办法突然向上提升薄板 1 cm，只要 S >> H，即可产生浅水波。如果脸盆盆底是弧形的（盆口比盆底大很多），你就可以看见水波沿脸盆侧面上冲得很高，一个人造海啸就产生了。

P223

问题：船长在深海上得到了发生海啸的消息，船应开往何处？

提示： 远离海岸，因为海啸波在深海的传播速度虽然快，但波浪平缓，比波浪越来越高的近岸更加安全。

P289

问题：为什么人们称雪崩是“白色妖魔”？

提示：雪崩时，积雪从山体高处借重力作用顺山坡向山下崩塌，随着雪体的不断下降，速度也会飞速增大，一般 12 级台风速度为 32 m/s，而雪崩能达到 97 m/s，速度极大，具有突发性、破坏力强等特点，被人们称为积雪山区的“白色妖魔”。

P309

问题：为什么月球总是一面对着我们？

提示：月球对地球有吸引力，反过来，地球对月球同样也有吸引力引潮力。所以它们互相作用的力是相等的，然而，由于月球上没有水，所以地球的引潮力无法在月面上“兴风作浪”，但对月球的自转起了制动作用，使月球变成一颗同步自转的卫星，所以月球总以一面对着我们。

P311

问题：一天有几次涨潮和落潮？

提示：引起海水涨落的引潮力（或称起潮力）来自太阳和月球的引力（由于距离近，月球引潮力约为太阳的 2 倍），在新月或满月时，太阳和月球在同一方向或正相反方向施加引力，产生高潮；但在上弦或下弦时，月球的引力作用对抗太阳的引力作用，产生低潮，生活在海边上的人，每天都可以看到海水有规律地升落两次。白居易“早潮才落晚潮来，一月周流六十回”的佳句便由此而来。

后记

我 50 多年一直从事科学研究工作。曾经写过教科书（如《岩石物理学》《分形几何学》《自然灾害》），也写过几本专著。到了晚年，一个科研人员，怎么会写起科普书来了？

人像一个瓶子，知识像瓶中的水。

有人说自己是一个半瓶水的人，许多事只懂一点点，属于皮毛的水平，极为肤浅。说话也比较小心，有点自知之明。半瓶水的人，平时总不断提问题，总想找老师，多装点水。糊里糊涂就有了点好奇心，因为很多东西自己不知道。

我也遇到满瓶子的人，多数对事情了解透彻，令人钦佩。但也有个别满瓶子的人，水太满了，灌不进去了，对新的东西没有兴趣了。

人生下来瓶子的大小相差不多（基因等因素决定），后天的努力和价值观决定了瓶子最终的大小，瓶子即规定了一个人的境界，随着一个人对社会、对自然的认识越深入，他的境界也就越来越高，这个瓶子也就越来越大，生活也越来越丰富。但是，有限人生所掌握的知识——水——永远无法填满这瓶子。如果自己觉得是满瓶子的人，可能是你的瓶子太小了。

我非常幸运，上学时候，遇到了许多良师，让我从会考试的圈子里走了出来，知道圈子外许许多多不会的东西。在中国科学院学部工作时，经常接触许多老科学家，和他们的接触和谈话，比在学校上课让我知道更多的东西。瓶子又变大了，我从半瓶水的人变成了小半瓶水的人了……

有一次上课时，新生问我，我们一年级大学新生如何科技创新？我没有想到会提这样的问题，思考后回答：首先，应该学习和了解什么是“旧”，没有“旧”，哪来的“新”？新生必须踏踏实实学习“旧”，再考虑“创新”，除非你是神仙。其次，自然界是一个充满奥秘的整体，最初，探讨这些奥秘的学问统称为“博物学”，后来开始了学科分类，特别是20世纪后期，学科越分越细，分成若干学科门类，门类下面又分成一级学科、二级学科……无数的专业，每个专业都有读不完的书，看不完的文献，无暇到相邻的学科去串串门儿，更谈不上学科交叉和学科融合，这是科学的悲哀。

最近看到一篇文章，讲生产方式发生的巨大变化，过去社会发展靠钱、土地和蛮力，现在主要靠知识和智慧。我想，不仅是社会，对于一个人也是如此。

新生的问题启发了我，科普书是引人入道的书，是介绍天下“水”的书，让人在轻松愉快地读书时，不知不觉就往自己的瓶子里加了点水。开阔视野，丰富知识。

但好的科普书太难写了，一难，难在语言上，要把关于地球的许多故事用通俗易懂的语言讲出来，前提是你自己得懂这方面的科学内容，只有自己真懂了，才能用讲故事的语言写出来；二难，难在内容上，地球科学有许多理论和假说，既要介绍成就，更要介绍不足，把这些不足留给今天的年轻人去解决和完善。我写科普书，期望做到：讲——过去的故事，想——今天的事情。二十几年写下来，我真的感觉到，我是一个半瓶子水的人。

好在很多人一路相助，包括科技界的师长、朋友、热心的读者，以及科学出版社韩鹏团队——他们在本书的出版过程中给予了我极大的支持与悉心指导。我向所有给予我帮助的人，致以衷心的感谢。

陈颙

2025年4月

院士导读